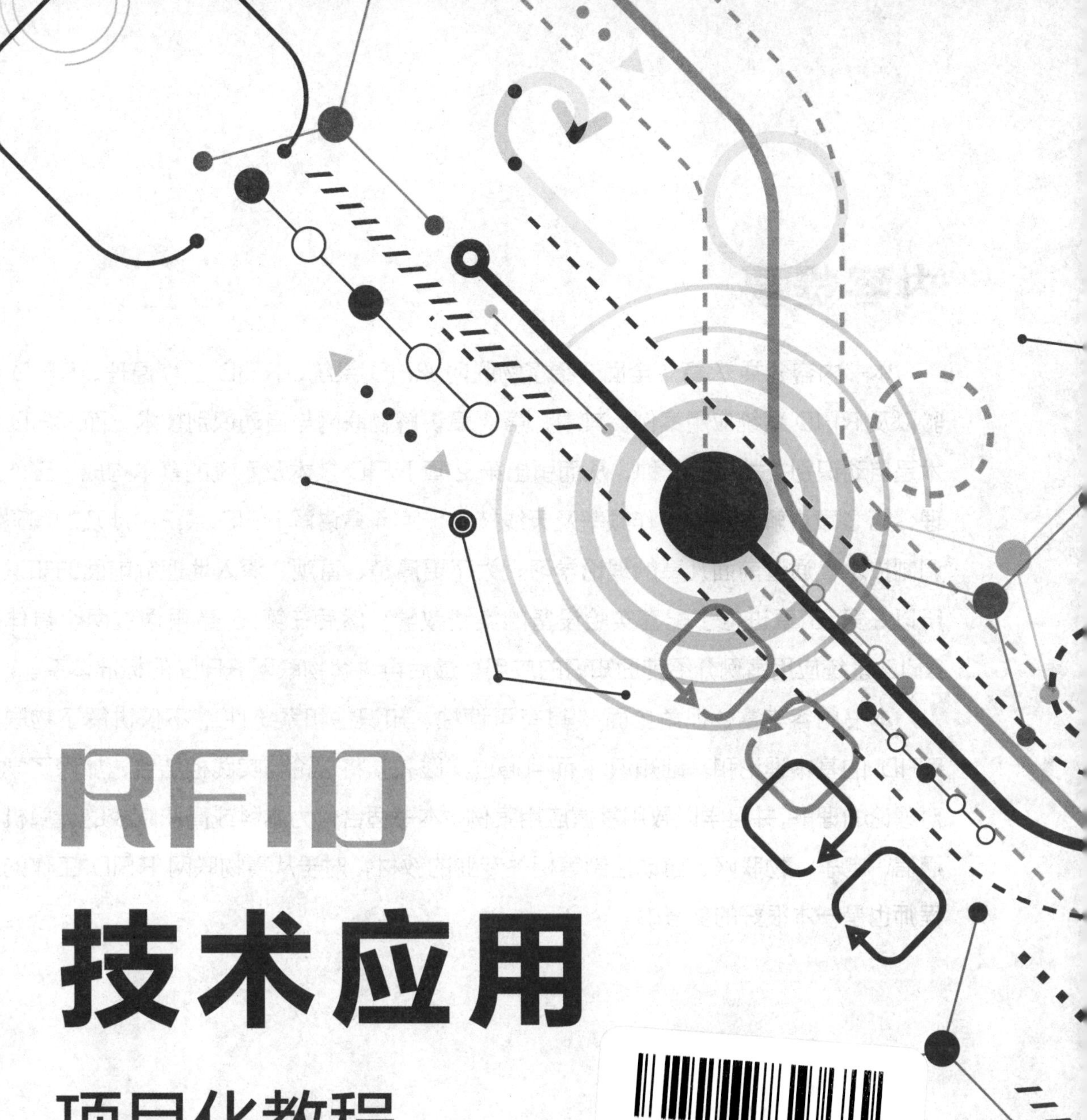

RFID

技术应用

项目化教程

主 编 何 东

副主编 刘洪宾 李万华 陈明逊

复旦大学出版社

内容提要

本书内容分共 7 章，全面介绍了物联网 RFID 系统、RFID 工作原理、RFID 实验以及 RFID 系统应用案例。其中，第 1 章讲解物联网与自动识别技术，而 RFID 技术是自动识别技术中的一种，从而引出第 2 章 RFID 技术及系统的基本构成、工作原理；第 3 章讲解 RFID 工作频率及天线技术；第 4 章讲解 RFID 系统中涉及的编码与调制技术；通过前面几章的理论学习，为了更清楚、直观、深入地理解前面的知识，所以在第 5 章进行了配套实验设备的实践教学；然后在第 6 章再通过两个具体的 RFID 系统应用案例介绍前面知识的应用；最后再讲解物联网 RFID 的标准体系。

本书内容丰富、视角全面，具有可读性、知识性和系统性，不仅讲解了物联网 RFID 的基本理论和基础知识，而且通过实践教学将理论与实践相结合，加深了学生对理论的理解，并且学以致用掌握应用案例。本书适合作为本科或高职院校的计算机、通信、电子、物联网、自动控制等相关专业的教材，对于从事物联网 RFID 工作的工程师也是一本很好的参考书。

前　言

物联网(Internet of Things，IoT)是在互联网的基础上，将用户端延伸和扩展到任何物体进行信息交换和通信的一种网络。最初美国科研人员提出物联网的概念时，只是想给全球每个物品1个代码，实现物品的跟踪和信息的共享。目前，物联网已经发展成为我国的国家战略，被称为继计算机、互联网之后世界信息产业的第三次浪潮。自动识别技术是物联网体系的重要组成部分，可以对每个物品进行标识和识别，并可以将数据实时更新，是构造全球物品信息实时共享的重要组成部分，是物联网感知层的重要技术。

射频识别(Radio Frequency Identification，RFID)技术，又称无线射频识别，是一种通信技术，可通过无线电信号识别特定目标并读写相关数据，无须识别系统与特定目标之间建立机械或光学接触，是一种非接触式的自动识别技术。

RFID通过对物体实现透明化追踪、通信、管理，通过与互联网技术相结合，可以实现全球范围内物体的追踪，位置、信息共享，从而实现人与人、物与物的沟通，最终实现万物互联的物联网。

随着高等教育人才培养模式的转变，要求学生注重知识的基础性、系统性和应用性，本书一方面讲解RFID的基本概念、原理，另一方面通过实验讲解，加深同学对原理的理解，最后还通过应用案例的讲解使学生懂得如何应用，达到融会贯通。

本书特色：

(1)既有理论，又有实践，还有应用。

(2)体系架构灵活，内容丰富而且互相关联，又相对独立。

(3)突出技术融合，物联网RFID是涵盖众多技术、面向多领域应用的一个体系，汇集、整合和连接现有技术。

(4)由浅入深，循序渐进。

本书在编写过程中得到武汉创维特信息技术有限公司的大力支持和帮助，在此表示衷心感谢。

由于编者水平有限，书中难免存在一些缺点和错误，恳请广大读者批评指正。

编　者

2021年3月

目 录

物联网与自动识别技术

1.1 物联网概述

1.1.1 物联网技术的产生与发展

1988年，美国施乐公司帕洛阿尔托研究中心(Palo Alto Research Center, PARC)计算机科学实验室的技术员马克·维瑟(Mark Weiser)，提出了计算机将是继大型机和个人电脑之后信息技术领域的另一波浪潮的想法。维瑟用“无处不在的计算机”来描述个人电脑被嵌入日常用品后被不可见计算机代替的未来。他相信这种技术将会引领计算时代的到来，会帮助忙碌的人们专注于真正重要的事情。维瑟的想法被个人电脑行业的许多人分享并接受了。

第一个实际出现的“无处不在的计算机”是在20世纪90年代早期。当时一个叫约翰·杜尔(John Doerr)的风险投资家疯狂地把资金投入到了被称为“pen-computing”的计算机的研发和生产中。到1991年的时候，“pen-computing”浪潮已经成为科技圈的“下一个大事件”。然而，尽管有这个“pen-computing”冲锋陷阵，但也只是旧金山湾东部的 GRiD Systems 计算机公司的一个产品完成了商业化。

苹果公司首席执行官约翰·斯库利在一次关于被他称为个人数字助手或者 PAD 的手持电脑的演讲上再次点燃了“pen-computing”的热火。他告诉听众：“10年之后掌上电脑将会像计算器一样无处不在。”斯库利重复了维瑟的愿景，他认为计算机从大型机到小型机再到个人电脑，最终将一步步地走得更远。1992年5月，苹果公司发布了一个令人惊奇并充满野心的手持电脑——PAD。斯库利预测 PAD 等苹果公司的产品很快就会贡献一个万亿美元的市场，他的预测点燃了整个计算机世界的热情，而且他还声称这个产品是“市场之母”。物联网的最初概念以及初步的产品就这样诞生了。

物联网的实践最早可以追溯到1990年施乐公司的网络可乐贩售机(Networked Coke Machine)。在1999年，美国麻省理工学院(MIT)自动识别中心(Auto-ID Center)的艾什顿(Ashton)提出了物联网的基本思想，其目的是为全球每个物品提供一个唯一的电子标识符，实现对所有实体对象的唯一有效标识。这种电子标识符就是现在经常提到的电子产品编码(Electronic Product Code, EPC)。物联网最初的构想是建立在 EPC 之上的。通过 EPC 系统搭建自动识别全球物品的物联网，实现全球物品实时识别和信息共享的网络平台的建设，从而达到追踪和管理物品的目的。艾什顿在研究射频识别(Radio Frequency Identification, RFID)时提出了结合物品编码、RFID 和互联网技术的一些解决方案。当时基于互联网、RFID 技术、EPC 标准,利用 RFID、无线数据通信等技术,构造了一个实现全球物品信息实时共享的实物互联网"Internet of things"(简称物联网),这是 2003 年掀起第一轮物联网热潮的基础。1999 年,在美国召开的移动计算和网络国际会议上科研人员提出"传感网是下一个世纪人类面临的又一个发展机遇"。

2003 年,美国《技术评论》提出传感网络技术将是未来改变人们生活的十大技术之首。美国沃尔玛公司宣布 2005 年将使用 EPC 系统的 RFID 技术。随后,联合利华、宝洁、卡夫、可口可乐、吉列和强生等公司也宣布将采用 EPC 系统。2004 年,EPC 系统推出了第一代的全球标准——EPC 电子标签标准 EPC Genl,并在部分应用中进行了测试。EPC 系统以 RFID 技术作为物联网的一种实现模式,构建了全球的、开放的、物品标识的物联网。

2005 年 11 月 17 日,在突尼斯举行的信息社会世界峰会(World Summit on the Information Society, WSIS)上,国际电信联盟(International Telecommunication Union, ITU)发布《ITU 互联网报告 2005:物联网》,引用了"物联网"的概念。现在,物联网的定义和范围已经发生了变化,覆盖范围有了较大的拓展,不再只是指基于 RFID 技术的物联网。

2008 年后,为了促进科技发展,寻找新的经济增长点,各国政府开始重视下一代的技术规划,将目光放在了物联网上。同年 11 月,在北京大学举办的第二届"知识社会与创新 2.0"中国移动政务研讨会上提出,移动技术、物联网技术的发展代表着新一代信息技术的形成,并带动了经济社会形态、创新形态的变革,推动了面向知识社会以用户体验为核心的下一代创新(创新 2.0)形态的形成。创新与发展更加关注用户、注重以人为本,而创新 2.0 形态的形成又进一步推动新一代信息技术的健康发展。

2009 年 1 月 9 日,IBM 全球副总裁麦特·王博士做了主题为"构建智慧的地球"的演讲,提出把感应器嵌入和装备到家居、电网、公路、铁路、桥梁、隧道、建筑、供水系统、大坝、油气管道等各种物体中,并且普遍连接,形成物联网,然后将物联网与现有的互联网整合起来,实现人类社会与物理系统的整合。2009 年 1 月 28 日,奥巴马就任美国总统后,与美国工商业领袖举行了一次"圆桌会议",作为仅有的两名代表之一,IBM 首席执行官彭明盛首次提出"智慧地球"的概念,建议新政府投资新一代的智慧型基础设施。当年,美国将新能源和物联网列为振兴经济的两大重点。

2009 年 8 月,温家宝总理在视察中国科学院无锡物联网产业研究所时提出建设"感知中国"中心以来,物联网被正式列为国家五大新兴战略性产业之一写入《政府工作报告》。物联网在中国受到了极大的关注,而且其受关注程度是美国、欧盟以及其他各国不可比拟的。现在物联网已经成为"中国制造"的概念,它的覆盖范围已经超越了 1999 年艾什顿教授和 2005 年国际电信联盟报告所指的范围,物联网已被贴上"中国式"标签。

当前,全球互联网连接增长步入动力转换阶段。全球互联网正从"人人相连"向"万物互联"迈进,物联网作为互联网的网络延伸和应用拓展,实现了对物理世界的感知识别、实时控制、精确管理和科学决策。

从连接规模看,全球联网设备数量保持高速增长,全面超越移动互联网的设备数量。在消费领域,融合互联网与物联网特征的智能可穿戴设备快速普及;在生产领域,Forrester 公司研究表明 3%的企业已经或计划部署物联网解决方案,25%的企业则已经开展评估;在城市管理领域，物联网成为智慧城市核心要素，在公共安全、城市交通、管网监测等方面取得广泛应用。从未来发展前景看，物联网市场规模巨大。据麦肯锡全球研究院(Mckinsey Global Institute)预测，2025年物联网对全球经济贡献将达到11.1万亿美元，占全球GDP总量的11%。

1.1.2 物联网的定义

物联网是在互联网的基础上，将用户端延伸和扩展到任何物体，进行信息交换和通信的一种网络。最初美国提出物联网时，只是想实现物品的跟踪和信息的共享。现在物联网被认为是继计算机、互联网之后世界信息产业的第三次浪潮。

IBM首席执行官彭明盛提出的“智慧地球”，是使用先进信息技术改善商业运作和公共服务，并以此来构建新的世界运行模型的一个愿景。“智慧地球”的核心是以一种“更智慧”的方法来改进政府、公司和人们交互的方式，以便提高交互的明确性、灵活性、效率和响应速度。“智慧地球”的主要内容是把新一代IT技术充分运用到各行各业之中，把感应器嵌入全球每个角落的电网、公路、铁路、桥梁、隧道、建筑、供水系统、大坝、油气管道等各种物体中，并且相互连接，形成物联网，并通过超级计算机和云计算技术将物联网整合起来，实现人类社会与物理系统的整合。在此基础上，人类可以以更加精细和动态的方式管理生产和生活，从而达到智慧状态。“智慧地球”的最大价值是进一步拓展了客观世界的信息化范围，可以认为“智慧地球”是互联网(计算机网络)与物联网的融合，即“智慧地球”=互联网+物联网。

物联网的英文名称为“The Internet of Things”。由英文名称可知，物联网就是“物物相连的互联网”，这有两层意思：第一，物联网的核心和基础仍然是互联网，是在互联网基础上延伸和扩展的一种网络；第二，其用户端延伸和扩展到了任何物品与物品之间进行的信息交换和通信。因此，物联网的定义是通过RFID装置、红外感应器、全球定位系统、激光扫描器等信息传感设备，按约定的协议，把任何物品与互联网相连接，进行信息交换和通信，以实现智能化识别、定位、跟踪、监控和管理的一种网络。这里的“物”要满足以下条件才能够被纳入物联网的范围：

① 有相应信息的接收器。

② 有数据传输通路。

③ 有一定的存储功能。

④ 有CPU。

⑤ 有操作系统。

⑥ 有专门的应用程序。

⑦ 有数据发送器。

⑧ 需遵循物联网的通信协议。

⑨ 在全球网络中有可被识别的唯一编号。

2009年9月，在北京举办的物联网与企业环境中欧研讨会上，欧盟委员会信息和社会媒体司RFID部门负责人洛伦特·弗雷德里克斯(Lorent Ferderix)博士给出了欧盟对物联网的定义：物联网是一个动态的全球网络基础设施，它具有基于标准和互操作通信协议的自组织能力，其中物理的和虚拟的“物”具有身份标识、物理属性、虚拟的特性和智能的接口，并与信息网络无缝整合。物联网将与媒体互联网、服务互联网和企业互联网一道，构成未来的互联网。

物联网的定义目前还有很多争议,不同组织和国家对于物联网都有自己的定义。

美国的定义:将各种传感设备,如 RFID 设备、红外传感器、全球定位系统等与互联网结合起来而形成的一个巨大的网络,其目的是让所有的物理设备都与网络连接在一起,方便识别和管理。

国际电信联盟的定义:任何时间、任何地点,我们都能与任何东西相连。

2010 年温家宝总理在第十一届人大第三次会议《政府工作报告》上对物联网的定义:物联网是指通过信息传感设备,按照约定的协议,把任何物品与互联网连接起来,进行信息交换和通信,以实现智能化识别、跟踪、定位、监控和管理。它是在互联网基础上延伸和扩展的网络。

物联网的不同定义,可以从技术和应用两个方面进行理解:

1) 技术理解

物联网是物体的信息利用感应装置,经过传输网络,到达指定的信息处理中心,最终实现物与物、人与物的信息自动化交互与处理的智能网络。

2) 应用理解

物联网是把世界上所有的物体都连接到一个网络中,然后又与现有的互联网相连,实现人类社会与物体系统的整合,使得可以更加精细和动态的方式去管理。

从物联网产生的背景及物联网的定义我们可以总结出物联网的几个特征:

1) 全面感知

利用无线 RFID 技术、传感器、定位器和二维码等手段随时随地对物体进行信息采集和获取。感知包括传感器的信息采集、协同处理、智能组网,甚至信息服务,以达到控制、指挥的目的。

2) 可靠传递

通过各种电信网络和互联网的融合,对接收的感知信息进行实时远程传送,实现信息的交互和共享,并进行各种有效的处理。在这一过程中,通常需要用到现有的电信运行网络,包括无线和有线网络。由于传感器网络是一个局部的无线网,因而无线移动通信网、4G 网络、5G 网络是作为承载物联网的一个有力的支撑。

3) 智能处理

利用云计算、模糊识别等各种智能计算技术,对随时接收的跨地域、跨行业、跨部门的海量数据和信息进行分析处理,提升对物理世界、经济社会各种活动和变化的洞察力,实现智能化的决策和控制。

1.1.3 物联网技术应用领域

物联网应用涉及国民经济和人类社会生活的方方面面,由于物联网具有实时性和交互性的特点,因此物联网的应用主要有如下领域:

1) 智能电网

传统的电网采用的是相对集中的封闭管理模式,效率不高。如果没有智能电网负载平衡或电流监视,全球电网每年浪费的电能足够印度、德国和加拿大 3 个国家使用 1 年。

物联网在智能电网中的应用完全可以覆盖现有的电力基础设施,可以分别在发电、配送和消耗环节测量能源,然后在网络上传输这些测量结果。智能电网可以自动优化相互关联的各个要素，使整个电网施行更好的供配电决策。电力用户通过智能电网可以随时获取用电价格(查看用电记录)，根据了解到的信息改变其用电模式；电力公司可以实现电能计量的自动化，摆脱大量人工烦杂工作，通过实时监控，实现电能质量监测、降低峰值负荷，整合各种能源，以实现分布式发电等一体化的高效管理；政府和社会可以及时判断浪费的能源设备以及决定如何节省能源、保护环境。最终实现更高效、更灵活、更可靠的电网运营管理，从而达到节能减排和可持续发展的目的。

2) 智能家居

智能家居产品融合自动化控制系统、计算机网络系统和网络通信技术于一体，将各种家庭设备(如音视频设备、照明系统、窗帘控制、空调控制、安防系统、数字影院系统、网络家电等)通过智能家庭网络联网实现自动化，通过宽带、固定电话和 4G、5G 无线网络，可以实现对家庭设备的远程操控。与普通家居相比，智能家居不仅提供舒适宜人且高品位的家庭生活空间，实现更智能的家庭安防系统，还将家居环境由原来的被动静止结构转变为具有能动智慧的工具，提供全方位的信息交互功能。

3) 智能医疗

智能医疗系统借助简易实用的家庭医疗传感设备，对家中病人或老人的生理指标进行自测，并将生成的生理指标数据通过固定网络或 4G、5G 无线网络传送到护理人或有关医疗单位。智能医疗系统真正解决了现代社会子女们因工作忙碌无暇照顾家中老人的无奈。

4) 智能城市

智能城市产品包括对城市的数字化管理和城市安全的统一监控。前者利用“数字城市”理论，基于 3S(地理信息系统 GIS、全球定位系统 GPS、遥感系统 RS)等关键技术，深入开发和应用空间信息资源，建设服务于城市规划、城市建设和管理，服务于政府、企业、公众，服务于人口、资源环境、经济社会的可持续发展的信息基础设施和信息系统。后者基于宽带互联网的实时远程监控、传输、存储、管理的业务，利用无处不达的宽带和 4G、5G 网络，将分散、独立的图像采集点进行联网，实现对城市安全的统一监控、统一存储和统一管理，为城市管理和建设者提供一种全新、直观、视听觉范围延伸的管理工具。

5) 智能交通

随着城镇化的加速发展和汽车数量的爆炸式增长，我国已经进入了汽车化的时代。然而，交通基础设施和管理措施跟不上汽车的增长速度，产生了诸如交通阻塞频发、交通事故增加等诸多问题。

要减少交通问题，除了修路以外，智能交通系统也可使交通基础设施发挥最大效能。通过物联网可将智能注入城市的整个交通系统，包括街道、桥梁、交叉路口、标识、信号和收费，等等。通过采集汇总地埋感应线圈、数字视频监控、车载 GPS、智能红绿灯、手机信令等交通信息，可以实时获取路况信息并对车辆进行定位，从而使车辆优化行程，避免交通阻塞。交通管理部门可以通过物联网技术对公交车等公共交通进行智能调度和管理，对私家车辆进行智能引导以控制交通流量，侦察、分析和记录违反交通规则行为，并对进出高速公路的车辆进行检测、标识和自动收费，最终提高交通通行能力。在上海，由道路传感器实时采集数据并输入控制中心的模型来预测未来的交通情况，已达到 90%的准确性。2016 年 9 月，阿里巴巴集团的城市大脑交通模块在杭州市萧山区市心路投入使用。初步实验数据显示：通过智能调节红绿灯，道路车辆通行速度平均提升了 3%至 5%，在部分路段甚至有 11%的提升。

6）智能司法

智能司法是一个集监控、管理、定位、矫正于一体的管理系统，能够帮助各级司法机构降低刑罚成本、提高刑罚效率。目前，电信部门已实现通过手机定位技术对矫正对象进行位置监管，同时具备完善的矫正对象电子档案、查询统计功能，并包含对矫正对象的管理考核，使矫正工作人员具有了信息化、智能化的高效管理平台。

7）智能农业

在农业领域，物联网的应用非常广泛，如对地表温度、农作物灌溉情况、土壤酸碱度变化、降水量、空气、风力、氮浓缩量、土壤的酸碱性和土地的湿度等监测，进行合理的科学评估，为农民在减灾、抗灾、科学种植等方面提供很大的帮助，提高了农业综合效益。

8）智能物流

物流就是将货物从供应地向接收地准确、及时、安全地进行物品配送的过程。传统的物流模式达到了物流的基本要求，但随着经济的发展和对现代物流要求的提高，传统物流模式的局限性日益显现，如采购、运输、仓储、生产、配送等环节孤立，缺乏协作，无法实时跟踪货物状态，而且成本较高、效率低下等。

智能物流在货物或集装箱上加贴 RFID 电子标签，同时在仓库门口或其他货物通道安装 RFID 识别终端，就可以自动跟踪货物的入库和出库，识别货物的状态、位置、性能等参数，并通过有线或无线网络将这些位置信息和货物基本信息传送到中心处理平台。通过终端的货物状态识别，可以实现物流管理的自动化和信息化，改变人工盘点和识别方式，使物流管理变得非常顺畅和便捷，从而大大提高物流的效率和企业的竞争力。

不仅如此，智能物流通过使用搜索引擎和强大的数据分析可以优化从原材料至成品的供应链，帮助企业确定生产设备的位置，优化采购地点，制定库存分配战略，实现真正从端到端的无缝供应链。这样不仅能提高企业控制力，同时还能减少资产消耗、降低成本（交通运输、存储和库存成本），也能改善客户服务（备货时间、按时交付、加速上市）。

9）智能仓储

目前，我国拥有成熟的智能仓储解决方案——RFID 智能仓储解决方案。智能仓储是物流过程的一个环节，智能仓储的应用，保证了货物仓库管理各个环节数据输入的速度和准确性，确保企业及时准确地掌握库存的真实数据，合理保持和控制企业库存。利用 SNHGES 系统的库位管理功能，可以及时掌握当前所有库存货物所在的位置，有利于提高仓库管理的效率。RFID 智能仓储解决方案配有 RFID 通道机、查询机、读取器等诸多可选硬件设备。

10）智能文博系统

智能文博系统是基于 RFID 和电信公司的无线网络，在移动终端运行的导览系统。该系统在服务器端建立相关导览场景的文字、图片、语音以及视频介绍数据库，以网站形式提供专门面向移动设备的访问服务。移动设备终端通过其附带的 RFID 读写器，得到相关展品的 EPC 编码后，可以根据用户需要，访问服务器网站并得到该展品的文字、图片、语音或者视频介绍等相关数据。该产品主要应用于文博行业，实现智能导览及呼叫中心等应用的拓展。

11）环境与安全检测

我国正处于工业化、城镇化的快速发展时期，各种传统和非传统、自然和社会风险及矛盾并存，公共安全和应急管理工作面临严峻形势，亟待构建物联网来感知公共安全隐患。

12）智能制造

制造领域涉及行业范围较广。制造与物联网的结合，主要是数字化、智能化的工厂，有机械设备监控和环境监控。环境监控是监控温湿度和烟感。设备生厂商们能够通过机械设备监控远程升级和维护设备，了解使用状况，收集关于产品的其他信息，有利于以后产品的设计和售后服务。

物联网技术应用的发展目前还处于初级阶段，未来将会是一个长期发展的过程。

1.1.4　物联网体系结构概述

物联网系统有三个层次，一是感知层，即利用RFID读写器、传感器、二维码识读器等随时随地获取物体的信息；二是网络层，通过各种电信网络与互联网的融合，将物体的信息实时准确地传递出去；三是应用层，把感知层得到的信息进行处理，实现智能化识别、定位、跟踪、监控和管理等实际应用。图1-1为物联网三层架构示意图：

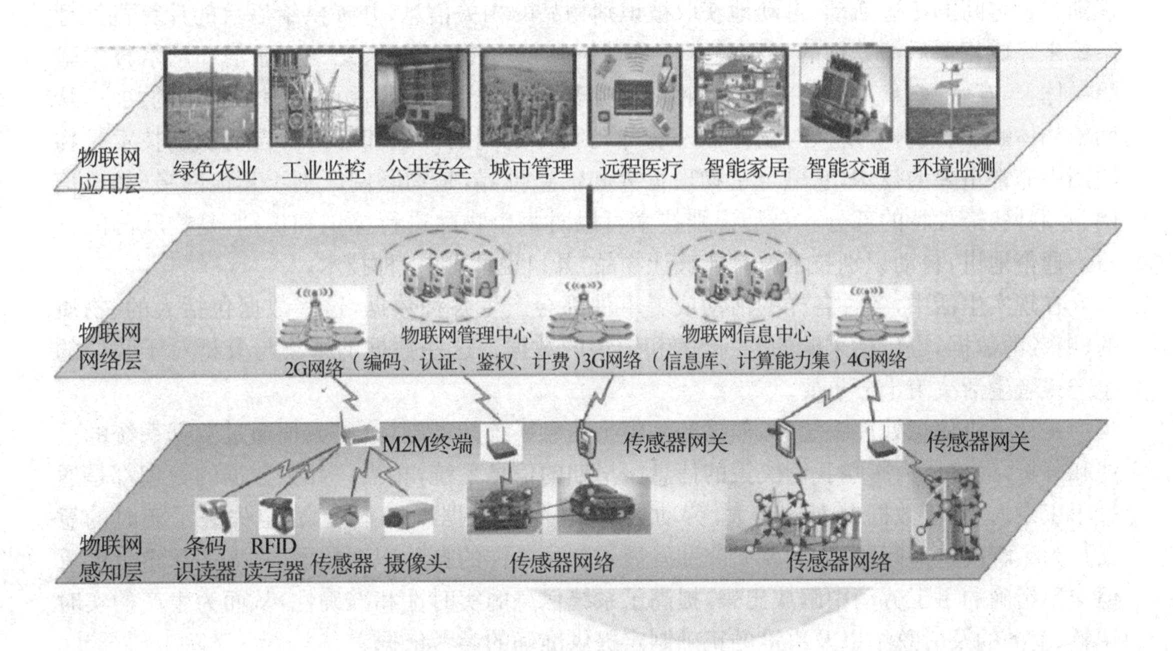

图1-1　物联网三层架构示意图

1）感知层

感知层由各种传感器以及传感器网关构成，包括光照强度传感器、温度传感器、湿度传感器、条码标签和识读器、RFID标签和读写器、摄像头、GPS等感知终端。感知层是物联网识别物体、采集信息的来源，其主要功能是识别物体、采集信息，它的作用相当于人体的皮肤和五官。

2）网络层

网络层由各种私有网络、互联网、有线和无线通信网、网络管理系统和云计算平台等组成，包括各种远距离无线传输技术，如GPRS技术、GSM技术等，短距离无线传输技术，如

Zigbee、WIFI 技术等。网络层将感知层获取的信息进行传递和处理，相当于物联网系统的神经中枢。

3）应用层

应用层是物联网和用户（包括人、组织和其他系统）的接口。它与行业需求结合，通过物联网的智能应用，实现行业智能化，类似人的社会分工构成丰富多彩的人类社会。

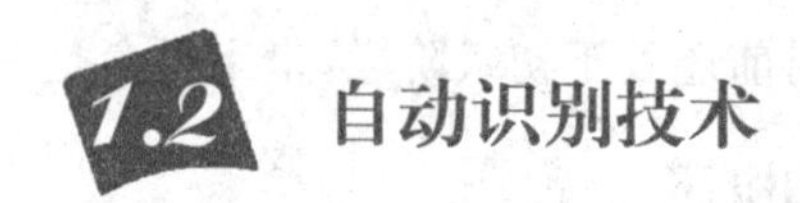

1.2 自动识别技术

1.2.1 自动识别技术的概述

1）自动识别技术的概念

自动识别（Automatic Identification）技术就是应用一定的识别装置，通过被识别物品和识别装置之间的接近活动，自动地获取被识别物品的相关信息，并提供给后台的计算机处理系统来完成相关后续处理的一种技术。自动识别技术将计算机、光、电、通信和网络技术融为一体，与互联网、移动通信等技术相结合，实现了全球范围内物品的跟踪与信息的共享，从而给物体赋予智能，实现人与物体以及物体与物体之间的沟通和对话。自动识别技术是物联网中非常重要的技术，它融合了物理世界和信息世界，是物联网区别于其他网络（如电信网、互联网）最独特的部分。自动识别技术可以对每个物品进行标识和识别，是物联网的基石。通俗地讲，自动识别技术就是能够让物品"开口说话"的一种技术。

在现实生活中，各种各样的活动或者事件都会产生各种数据，这些数据包括人的、物质的、财务的数据，也包括采购的、生产的和销售的数据。这些数据的采集与分析对于我们的生产或者生活决策十分重要。

在计算机信息处理系统中，数据的采集是信息系统的基础，这些数据通过数据系统的过滤和分析，最终成为影响我们决策的信息。早期的信息系统，相当一部分数据的处理都是通过手工录入，不仅数据量十分庞大，劳动强度大，而且数据误码率较高，也失去了实时的意义。为了解决这些问题，人们就研究和发展了各种各样的自动识别技术，将人们从重复繁重但又不精确的手工劳动中解放出来，提高了系统信息的实时性和准确性，从而为生产的实时调整，财务的及时总结以及决策的正确制定提供准确的参考依据。

近几十年，自动识别技术在全球范围内得到了迅猛发展，初步形成了一个包括条码技术、磁条磁卡技术、IC 卡技术、光学字符识别、射频技术、声音识别及视觉识别等集计算机、光、磁、物理、机电、通信技术为一体的高新技术学科。

2）自动识别技术的分类

自动识别技术根据识别对象的特征可以分为两大类，分别是数据采集技术和特征提取技术。它们的基本功能都是完成物品的自动识别和数据的自动采集。数据采集技术的基本特征是需要被识别物体具有特定的识别特征载体（如标签等，仅光学字符识别例外），而特征提取技术则根据被识别物体本身的行为特征（包括静态的、动态的和属性的特征）来完成数据的自动采集。数据采集技术包括光存储的一维码、二维码技术，磁存储的磁条存储技术，电存储的 RFID、IC 卡、智能卡技术；特征提取技术包括提取静态特征的视觉及其他能量扰动,动态特征的声音、步态等,属性特征的化学感觉、物理感觉。

1.2.2 条码识别技术

20世纪20年代美国西屋电气公司的工程师克莫德(Kermode)发明了最早的条码标识,设计方案非常的简单,即一个“条”表示数字“1”,两个“条”表示数字“2”,以此类推。之后,他又发明了由基本元件组成的条码识读设备:一个扫描器(能够发射光并接收反射光);一个测定反射信号条和空的方法,即边缘定位线圈;一个译码器。

条码(barcode)是将宽度不等的多个黑条和空白,按照一定的编码规则排列,用以表达一组信息的图形标识符。常见的条码是由反射率相差很大的黑条(简称条)和白条(简称空)排成的平行线图案。条码可以标出物品的生产国、制造厂家、商品名称、生产日期、图书分类号、邮件起止地点、类别、日期等许多信息。20世纪80年代中期,我国一些高等院校、科研部门及出口企业就开始研究和推广条码技术。在一些部门,如图书馆、邮电、物资管理部门和外贸部门也率先开始使用条码技术。

1991年4月9日,中国物品编码中心正式加入了国际物品编码协会。国际物品编码协会分配给中国的前缀码为“690、691、692”。许多企业获得了条码标记的使用权,使得中国的商品大量进入国际市场,给企业带来了可观的经济效益。

条码技术是实现POS系统、EDI、电子商务、供应链管理的技术基础,是物流管理现代化的重要技术手段。条码技术包括条码的编码技术、条码标识符号的设计、快速识别技术和计算机管理技术,是实现计算机管理和电子数据交换必需的前端采集技术。

当前条码技术广泛应用于商业、邮政、仓储、工业、交通等领域,它是在计算机应用中产生并发展起来的,具有输入快、准确度高、成本低、可靠性强等优点。

条码的种类很多,大体可以分为一维条码和二维条码。

1) 一维条码

一维条码指条码中条和空的排列规则,只能在一个方向(水平方向)表达信息。常用的一维条码的码制包括:EAN码、39码、128码、93码、交叉25码、ISBN码及Codabar(库德巴)码、UPC码等。

EAN码:是国际通用的符号体系,是一种长度固定、无含意的条码,所表达的信息全部为数字,主要应用于商品标识。

39码和128码:是目前国内企业内部自定义码制,可以根据需要确定条码的长度和信息,它编码的信息可以是数字,也可以包含字母,主要应用于工业生产线、图书管理等领域。39码是目前用途广泛的一种条形码,可表示数字、英文字母以及“-”、“.”、“/”、“+”、“%”、“$”、“”(空格)和“*”共44个符号,其中“*”仅作为起始符和终止符。

93码:是一种类似于39码的条码,它的密度较高,能够替代39码。

交叉25码:主要应用于包装、运输以及国际航空系统的机票顺序编号等。

Codabar码:应用于血库、图书、包裹等的跟踪管理。

ISBN码:应用于图书的管理。

每一种物品的编码是唯一的。对于普通的一维条码来说,还要通过数据库建立条码与商品信息的对应关系,当条码的数据传到计算机上时,由计算机上的应用程序对数据进行操作和处理。因此,普通的一维条码在使用过程中仅作为识别信息,它的意义是通过在计算机系统的数据库中提取相应的信息而实现的。但是，一维条码制作简单，编码码制较容易被不法分子获得并伪造；其次，一维条码几乎不可能表示汉字和图像信息。

一个完整的一维条码的组成次序依次为：静区（前）、起始符、数据符、（中间分割符，主要用于 EAN 码）、（校验符）、终止符、静区（后），如图 1－2 所示。

图 1－2　完整的一维条码

静区指条码左右两端外侧与空的反射率相同的限定区域，它能使阅读器进入准备阅读的状态。当两个条码距离相距较近时，静区则有助于对它们加以区分，静区的宽度通常应不小于 6 mm（或 10 倍模块宽度）。

起始/终止符指位于条码开始和结束的若干条与空，标志着条码的开始和结束，同时提供了码制识别信息和阅读方向的信息。

数据符位于条码中间的条、空结构，它包含条码所表达的特定信息。

构成条码的基本单位是模块。模块是指条码中最窄的条或空，模块的宽度通常以 mm 或 mil（千分之一英寸）为单位。构成条码的一个条或空称为一个单元，一个单元包含的模块数是由编码方式决定的，有些码制中如 EAN 码，所有单元由一个或多个模块组成，而另一些码制如 39 码中，所有单元只有两种宽度，即宽单元和窄单元，其中的窄单元即为一个模块。

在图书的背面都有如图 1－3 所示的 ISBN 码。中国标准书号由“国际标准书号”（ISBN）和“图书分类——种次号”两部分组成。“图书分类——种次号”由 13 位数字组成，前面冠以字母 ISBN。13 位数字由国家号、组号、出版者号、书名号和校验位五组符号组成，之间用“-”分开，即 ISBN　国家代号-国际图书代号-出版者号-出版序号-校验位。

图 1－3　ISBN 码

① 国家代号,我国的国家代号是“978”。

② 国际图书代号,国际 ISBN 中心分配我国的组号是“7”。

③ 出版者号,我国出版社的出版者号(出版社代号)由中国 ISBN 中心分配,分为五档,其长度为 2～6 位数字,如:01 为人民出版社,100 为商务出版社,5064 为中国纺织出版社。

④ 出版序号,是由出版社将自己的出版物按出版先后编制的图书序号。

⑤ 校验位,是最后一位数字(即第 13 个数字),由 0～9 或 X 组成,用于检验该书号是否正确的检验码。

2) 二维条码

二维条码(2-dimensional bar code)是用某种特定的几何图形按一定规律在平面(二维方向上)分布的黑白相间的图形记录数据符号信息;在代码编制上巧妙地利用构成计算机内部逻辑基础的“0”、“1”比特流的概念,使用若干个与二进制相对应的几何形体来表示文字数值信息,通过图像输入设备或光电扫描设备自动识读以实现信息自动处理。它具有条码技术的一些共性:每种码制有其特定的字符集;每个字符占有一定的宽度;具有一定的校验功能等,同时还具有对不同行的信息自动识别及处理图形旋转变化点的功能。

二维条码是一种比一维条码更高级的条码格式。一维条码只能在一个方向(一般是水平方向)上表达信息,而二维条码在水平和垂直方向都可以存储信息。一维条码只能由数字和字母组成,而二维条码能存储汉字、数字和图片等信息,因此二维条码的应用领域要广。

下图 1-4 为常见的二维条码样图。

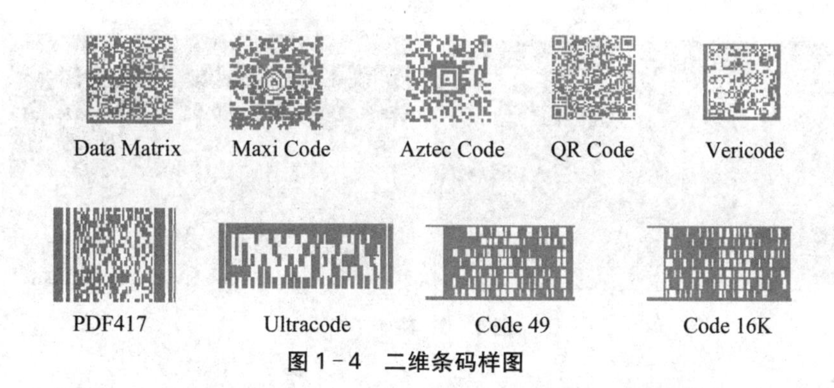

图 1-4 二维条码样图

3) 条码识别原理

当打开条码扫描器开关时,条码扫描器光源发出的光照射到条码上,其反射光经凸透镜聚焦后,照射到光电转换器上。光电转换器接收到与空和条相对应的强弱不同的反射光信号,并将光信号转换成相应的电信号输出到放大电路进行放大。

条码扫描识别的处理过程中信号的变化如图 1-5 所示。整形电路的脉冲数字信号经译码器译成数字、字符信息,它通过识别起始字符、终止字符来判断条码符号的码制及扫描方向,通过测量脉冲数字电信号 1、0 的数目来判断条和空的数目,通过测量 1、0 信号持续的时间来判别条和空的宽度,这样便得到了被识读条码的条和空的数目及相应的宽度和所用的码制。根据码制所对应的编码规则,便可将条形符号转换成相应的数字、字符信息。通过接口电路,将所得的数字和字符信息输入计算机系统处理。

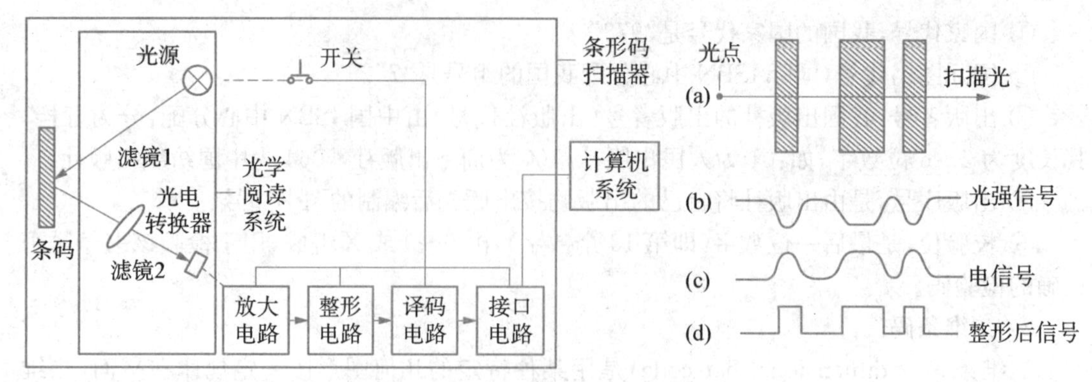

图 1-5 条码识别的处理过程

1.2.3 磁卡识别技术

磁卡是一种卡片状的磁性记录介质,利用磁性载体记录字符与数字信息,用来标识身份或其他用途。磁卡由高强度、耐高温的塑料或纸质涂覆塑料制成,能防潮、耐磨且有一定的柔韧性,携带方便,使用较为稳定可靠。例如银行卡就是一种最常见的磁卡。由于磁卡使用方便,造价便宜,用途极为广泛,可用于制作信用卡、银行卡、地铁卡、公交卡、门票卡、电话卡等,如图 1-6 所示。

图 1-6 磁卡

通常,磁卡的一面印刷有提示性信息,如插卡方向;另一面则有磁层或磁条,具有 2～3 个磁道以记录有关数据信息。

磁条是一层薄薄的由定向排列的铁性氧化粒子组成的材料(也称之为颜料),用树脂黏合剂严密地黏合在一起,并黏合在诸如纸或塑料这样的非磁基片媒介上。磁条从本质上讲和计算机用的磁带或磁盘是一样的,它可以用来记载字母、字符及数字信息。通过黏合或热合与塑料或纸牢固地整合在一起形成磁卡。磁条中所包含的信息一般比长条码多。磁条内可分为 3 个独立的磁道,称为 TK1、TK2、TK3。TK1 最多可写 79 个字母或字符;TK2 最多可写 40 个字符;TK3 最多可写 107 个字符。

磁条记录信息的方法是转变小块磁物质的极性。在磁性氧化的地方具有相反的极性(如 S—N 和 N—S),识读器材能够在磁条内分辨出这种磁性变换,这个过程被称作磁变。一部解码器识读到磁性变换,并将它们转换回字母和数字的形式以便计算机处理。

磁条标准主要在两个方面有所发展:物理标准和应用标准。物理标准规定记录磁条的位置、编码方法、信息密度和磁条记录的质量。应用标准是有关不同市场使用的信息内容和格式。目前，在金融系统中使用的磁卡，这些标准的要求是强制性的，但是在其他应用领域中是非强制性的。现在每年有100多亿张磁卡通过各种应用使用，而应用的范围也正在不断扩大中。

磁条的特点是：数据可读写，即具有现场改变数据的能力；数据的存储一般能满足需要；使用方便、成本低廉。磁卡技术的限制因素是数据存储的时间长短受磁性粒子极性的耐久性限制，另外，磁卡存储数据的安全性一般较低，如磁卡不小心接触磁性物质就可能造成数据的丢失或混乱，如果要提高磁卡存储数据的安全性能，就必须采用另外的安全技术，需要增加成本。

1.2.4　IC卡识别技术

1）IC卡

IC卡（Integrated Circuit Card）是集成电路卡，也称智能卡（Smart card）、智慧卡（Intelligent card）、微电路卡（Microcircuit card）或微芯片卡等，是继磁卡之后出现的又一种信息载体，是将一个微电子芯片嵌入符合ISO/IEC7816标准的卡基中，做成卡片形式。IC卡的成本一般比磁卡高，但保密性更好。IC卡与读写器之间的通信方式根据通信接口可以分成接触式IC卡、非接触式IC和双界面卡（同时具备接触式与非接触式通信接口）。

接触式IC卡是集成电路卡，通过卡里的集成电路存储信息。它将一个微电子芯片嵌入卡基中，做成卡片形式，通过卡片表面8个金属触点与读卡器进行物理连接完成通信和数据交换，如图1-7所示。

图1-7　接触式IC卡

非接触式IC卡又称射频卡，成功地解决了无源（卡中无电源）和免接触这一难题，是电子器件领域的一大突破，主要用于公交、电信、金融等行业。它的主要功能包括安全认证、电子钱包、数据储存等。常用的门禁卡、二代身份证属于安全认证的应用，而银行卡、地铁卡等则是利用电子钱包功能，如图1-8所示。

2）IC卡与磁卡的比较

IC卡的外形与磁卡相似，它与磁卡的区别在于数据存储的媒体不同。磁卡是通过卡上磁条的磁场变化来存储信息的，而IC卡是通过嵌入卡中的电擦式可编程只读存储器集成电路芯片（EEPROM）来存储数据信息的。与磁卡相比较，IC卡具有以下优点：

① 存储容量大。磁卡的存储容量大约在200个字符；IC卡的存储容量根据型号不同，小的几百个字符，大的上百万个字符。

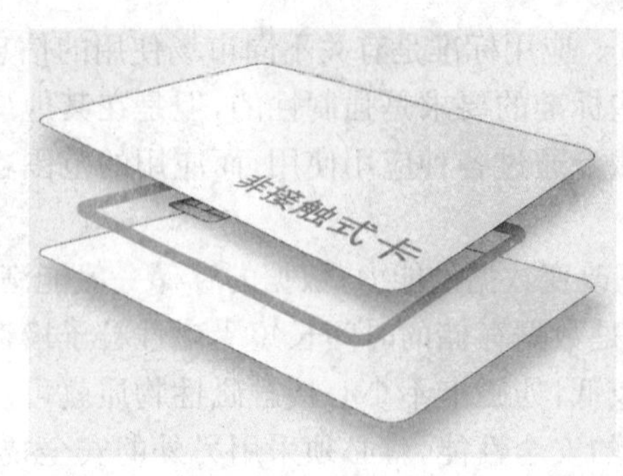

图1-8 非接触式IC卡

② 安全保密性好，不容易被复制。IC卡上的信息需要通过密码读取、修改、擦除。

③ 具有数据处理能力。在与读卡器进行数据交换时，可对数据进行加密、解密，以确保交换数据的准确可靠，而磁卡则无此功能。

④ 使用寿命长，可以重复充值。

⑤ 具有防磁、防静电、防机械损坏和防化学破坏等能力，信息保存年限长，读写次数在数万次以上。

⑥ 能广泛应用于金融、电信、交通、商贸、社保、税收、医疗、保险等方面，几乎涵盖所有的公共事业领域。

IC卡缺点：制造成本高。

1.2.5 RFID技术

RFID(Radio Frequency Identification)技术即射频识别技术，又称无线射频识别技术，是一种通信技术，可通过无线电信号识别特定目标并读写相关数据，而无须识别系统与特定目标之间建立机械或光学接触。

RFID电子标签：由耦合元件(天线)及芯片组成，每个标签具有唯一的电子编码，附着在物体上标识目标对象；根据应用需求，RFID标签可以封装成柔性贴纸、塑料卡片、钥匙扣、手表、动物耳标、托盘等多种形式。

RFID电子标签的天线通过无线电波将物体的数据发射到附近的RFID读写器，RFID读写器就会根据接收到的数据进行相应处理。RFID是一项易于操控，简单实用且特别适合用于自动化控制的灵活型应用技术，可在各种恶劣环境下工作：短距射频产品不怕油渍、灰尘污染等，可以替代条码，例如用于工厂的流水线上跟踪物体；长距射频产品多用于交通领域，识别距离可达几十米，如车辆自动收费或车辆身份识别等。

RFID技术的特点如下：

1) RFID电子标签读取方便快捷

数据的读取无须光源，甚至可以透过外包装进行。有效识别距离更大，采用自带电池的主动标签时，有效识别距离可达到30 m以上。

2) RFID电子标签识别速度快

标签一进入磁场，解读器就可以即时读取其中的信息，而且能够同时处理多个标签，实现批量识别。

3）RFID 电子标签数据容量大

数据容量最大的二维条形码(PDF417)最多也只能存储 2 725 个数字，若包含字母，存储量则会更少。RFID 标签则可以根据用户的需要扩充到存储几万个数字。

4）RFID 电子标签使用寿命长，应用范围广

其无线电通信方式，使其可以应用于粉尘、油污等高污染环境和放射性环境，而且其封闭式包装使得其使用寿命大大超过印刷的条形码。

5）RFID 电子标签数据可动态更改

利用编程器可以向标签写入数据，从而赋予 RFID 标签交互式便携数据文件的功能，而且写入时间相比打印条形码更少。

6）RFID 电子标签具更高的安全性

不仅可以嵌入或附着在不同形状、类型的产品上，而且可以为标签数据的读写设置密码保护，从而具有更高的安全性。

7）RFID 电子标签可动态实时通信

标签以每秒 50～100 次的频率与解读器进行通信，所以只要 RFID 标签所附着的物体出现在解读器的有效识别范围内，就可以对其位置进行动态的追踪和监控。

1.2.6 生物识别技术

生物识别技术就是通过计算机与光学、声学、生物传感器等密切结合，利用生物统计学原理，结合人体固有的生理特性和行为特征进行个人身份的鉴定。

传统的身份鉴定方法包括身份标识物品(如钥匙、证件、ATM 卡等)和身份标识知识(如用户名和密码)，但由于主要借助体外物，一旦证明身份的标识物品和标识知识被盗或遗忘，其身份就容易被他人冒充或取代。

生物识别技术比传统的身份鉴定方法更具安全性、保密性和方便性。除此之外，生物识别技术具有不易遗忘、防伪性能好、不易伪造或被盗、随时随地可用等优点。生物识别技术识别的生理特征多为先天性，行为特征则多为后天性，将生理和行为特征统称为生物特征。生物识别常用的生理特征有脸像、指纹、虹膜等；生物识别常用的行为特征有步态、签名等，而声纹兼具生理和行为的特点，介于两者之间。

身份鉴定可利用的生物特征必须满足以下几个条件：

① 普遍性，即必须每个人都具备这种特征。

② 唯一性，即任何两个人的特征是不一样的。

③ 可测量性，即特征可测量。

④ 稳定性，即特征在一段时间内不改变。

生物识别系统对生物特征进行取样，提取其唯一的特征并且转化成数字代码，并进一步将这些代码组成特征模板。在应用过程中，还要考虑其他的实际因素，例如识别精度、识别速度、对人体无伤害、被识别者的接受性，等等。生物识别的过程：生物样本采集→采集信息预处理→特征抽取→特征匹配。

由于微处理器及各种电子元器件成本不断下降，精度逐渐提高，生物识别系统逐渐应用于商业上的授权控制如门禁、企业考勤管理系统安全认证等领域。基于生物的生理和行为特征，人们已经发展出手形识别、指纹识别、面部识别、发音识别、虹膜识别、签名识别等多种

生物识别技术。

目前，生物识别技术主要应用在以下方面：

① 终端门禁：国家机关、企事业单位、科研机构、高档住宅楼、银行金库、保险柜、枪械库、档案库、核电站、机场、军事基地、计算机房等的出入控制。

② 公共安全：流动人口管理、出入境管理、身份证管理、驾驶执照管理、犯罪嫌疑犯排查抓逃、失踪儿童寻找、司法证据等。

③ 医疗社保：献血人员身份确认、劳保人员身份确认等。

④ 网络安全：电子商务、网络访问、电脑登录等。

⑤ 其他应用：考勤、信息安全等。

1）指纹识别技术

指纹识别技术是通过取像设备读取指纹图像，然后用计算机识别软件分析指纹的全局特征和指纹的局部特征，特征点如嵴、谷、终点、分叉点和分歧点等，可以非常可靠地通过指纹确认身份。

指纹识别技术的优点表现在：研究历史较长，技术相对成熟；指纹图像提取设备小巧；同类技术中，指纹识别的成本较低。其缺点表现在：指纹识别是物理接触式的，具有侵犯性；指纹易磨损，手指太干或太湿都不易提取图像。图 1－9 为各种基于指纹识别的应用。

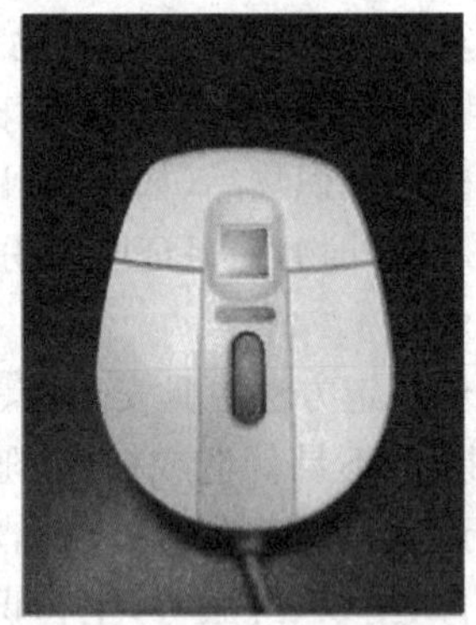

图 1－9　基于指纹识别的应用

2）虹膜识别技术

虹膜识别技术是利用虹膜终身不变性和差异性的特点来识别身份的。虹膜是指眼球中瞳孔和眼白之间充满了丰富纹理信息的环形区域。每个虹膜都包含一个独一无二的基于水晶体、细丝、斑点、凹点、皱纹和条纹等特征的结构。

虹膜识别的优点表现在：虹膜在眼睛的内部，用外科手术很难改变其结构；瞳孔随光线的强弱而变化，想用伪造的虹膜代替是不可能的；与指纹识别相比，虹膜识别技术操作更简便，检验的精确度也更高。图 1－10 为虹膜识别过程。

3）基因(DNA)识别技术

生物的全部遗传信息都储存在 DNA 分子里。DNA 识别的原理是利用不同人体的细胞中具有不同的 DNA 分子结构。人类个体的 DNA 具有唯一性和永久性。因此，除了对双胞胎个体的鉴别可能失去它应有的功能外，这种方法具有权威性和较高准确性，而且准确性优

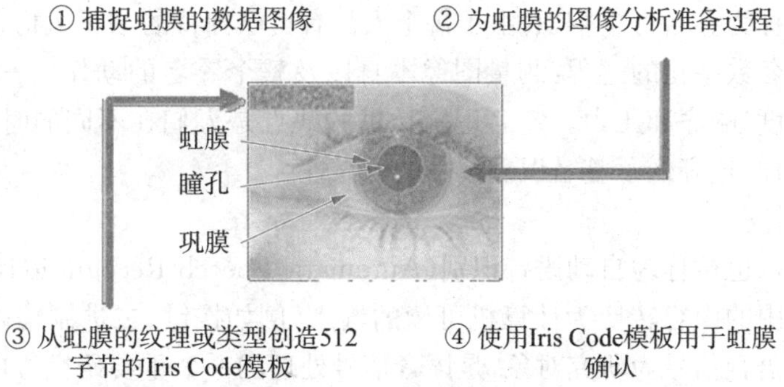

① 捕捉虹膜的数据图像
② 为虹膜的图像分析准备过程
虹膜
瞳孔
巩膜
③ 从虹膜的纹理或类型创造512字节的Iris Code模板
④ 使用Iris Code模板用于虹膜确认

图 1-10 虹膜识别过程

于其他任何生物特征识别方法，因此广泛应用于罪犯的识别。

DNA 识别的缺点主要涉及伦理问题；必须在实验室中进行，不能做到实时识别以及抗干扰；耗时长也限制了 DNA 识别技术的应用；某些特殊疾病可能改变 DNA 的结构，导致系统无法对这类人群进行 DNA 识别。

4）步态识别技术

步态是指人们行走时表现的姿态，这是一种复杂的行为特征。步态识别主要提取的特征是人体每个关节的运动。尽管步态不是每个人都不相同，但是它也提供了充足的信息来识别人的身份。步态识别时需要输入一段行走的视频图像序列，因此其数据采集与人脸识别类似，具有非侵犯性和可接受性。图 1-11 为步态识别过程。

由于视频图像序列数据量较大，因此步态识别的计算比较复杂，处理起来也比较困难，可用于犯罪分子追踪，家庭防盗，手机、笔记本电脑等物品防盗等。

图 1-11 步态识别过程

5）签名识别技术

签名作为身份认证的方法已经用了几百年了，如《水浒传》中吴用请萧让和擅刻金石印记的金大坚到梁山伪造蔡京的签名文书，救出关押在江州的宋江；在日常生活中，银行将格式表单中的签名作为我们身份的认证。

签名识别又称为签名力学辨识，由于每个人都有自己独特的书写风格，具有一定的不变性和独特性。签名数字化的过程：测量图像本身以及整个签名的动作——在每个字以及字之间的不同的速度、顺序和压力。签名识别技术的缺点是人们在不同的时期和不同的精神状态下签名不一样，这降低了签名识别技术的可靠性。

6）语音识别技术

语音识别技术也被称为自动语音识别（Automatic Speech Recognition，ASR）技术，其目标是将人类语音中的内容转换为计算机可读的输入，例如按键、二进制编码或者字符序列。语音识别技术以语音信号为研究对象，是语音信号处理的一个重要研究方向，最终目标是实现人与机器自然的语言通信。

语音识别技术的应用包括语音拨号、语音导航、室内设备控制、语音文档检索、简单的听写数据录入等。语音识别技术与其他自然语言处理技术如机器翻译及语音合成技术相结合，可以构建出更加复杂的应用，例如语音到语音的翻译。2009年以来，借助机器学习领域深度学习的研究，以及大数据语料的积累，语音识别技术得到突飞猛进的发展。

当前，语音识别在移动终端上的应用最为火热，语音对话机器人、语音助手、互动工具等层出不穷，许多互联网公司纷纷投入人力、物力和财力展开此方面的研究和应用，目的是通过语音交互的新颖和便利模式迅速占领客户群。国外的应用一直以苹果公司的Siri为龙头，而国内的科大讯飞、云知声、盛大、捷通华声、搜狗语音助手、紫冬口译、百度语音等系统都采用了最新的语音识别技术，市场上其他相关的产品也直接或间接嵌入了类似的技术。

7）人脸识别技术

现阶段最受瞩目并迅速发展的是人脸识别技术。目前它主要有三种应用模式：一、是人脸识别监控，即将需要重点关注的人员照片存放在系统中，当此类人员出现在监控设备覆盖的范围时系统将报警提示，主要应用在奥运通道安检、地铁安检等需要实时预警的地点；二、人脸识别比对检索，即利用特定对象的照片与已知人员照片库进行比对，进而确定其身份信息，能够解决传统人工方式工作量大、速度慢、效率低等问题，可应用于网络照片检索、身份识别等环境，适合机场等人员流动大的公众场所，但需要大型数据库的支持；三、身份确认，即确认监控设备和照片中的人是否是同一人，可广泛应用于需要身份认证的场所，如自助通关、门禁以及需要实行实名制管理的银行业务等，如图1-12所示。

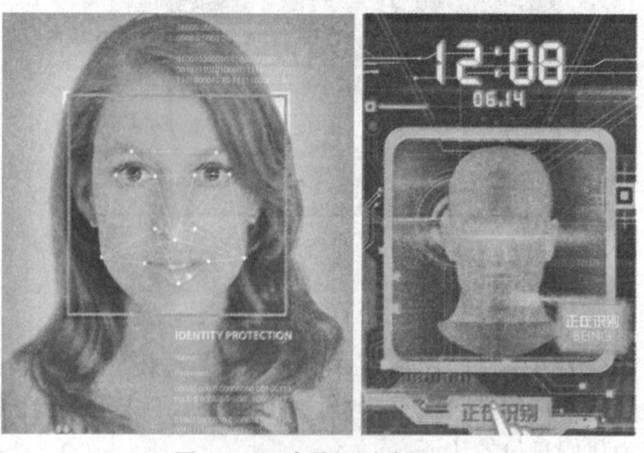

图1-12 人脸识别过程

1.3 习 题

1. 什么是物联网？什么是 RFID？

2. 什么是自动识别技术？条码、磁卡和 IC 卡的识别原理是什么？简述自动识别技术的分类方法，简述条码、磁卡和 IC 卡的应用现状。

3. 什么是 RFID 技术？为什么说 RFID 是物联网的基石？

4. 简述 RFID 的发展历史，简述 RFID 的主要应用领域，简述物联网 RFID 应用的现状与未来。

RFID 技术及系统的基本构成

2.1 RFID 技术的发展历程及应用

2.1.1 RFID 技术的发展历程及应用

1) RFID 技术的发展历程

20 世纪 40 年代，由于雷达技术的改进与应用，产生了 RFID 技术，也奠定了 RFID 技术的基础。RFID 的诞生源于战争的需要，在"不列颠空战"中，德国的 BF－109 战机与英国的飓风 MK.Ⅰ战机和喷火 MK.Ⅰ战机十分相似。英国空军率先在飞机上使用 RFID 技术，其功能是用来分辨敌我飞机，这是有记录的第一个敌我 RFID 系统，也是 RFID 的第一次实际应用。这个技术在 20 世纪 50 年代末成为世界空中交通管制系统的基础，目前还在商业和私人航空控制系统中使用。

1948 年，哈利・斯托克曼（Harry Stockman）发表的论文《用能量反射的方法进行通信》，是 RFID 理论发展的里程碑。RFID 技术的发展经历了以下一些阶段：

1940—1950 年：雷达的改进和应用催生了 RFID 技术，1948 年奠定了 RFID 技术的理论基础。

1950—1960 年：早期 RFID 技术的探索阶段，主要处于实验室实验研究阶段。

1960—1970 年：RFID 技术的理论得到了发展，开始了一些应用尝试。

1970—1980 年：RFID 技术与产品研发处于一个大发展时期，各种 RFID 技术测试得到加速，产生了一些最早的 RFID 应用。

1980—1990 年：RFID 技术及产品进入商业应用阶段，各种规模的应用开始出现。

1990—2000 年：RFID 技术标准化问题日趋得到重视，RFID 产品得到广泛采用，RFID 产品逐渐成为人们生活中的一部分。

2000 年后：标准化问题日渐为人们所重视，RFID 产品种类更加丰富，有源电子标签、无源电子标签及半无源电子标签均得到发展，电子标签成本不断降低，规模应用行业扩大。

RFID 技术一方面在不断拓展应用领域的广度，另一方面也在拓展深度。例如在制造业中，RFID 技术就正在进入制造过程的核心，在信息管理、智能制造、质量控制管理、标准符合性、跟踪和溯源、资产管理等方面发挥着越来越大的作用。

RFID技术的发展涉及信息、制造、材料等诸多高科技领域，涵盖无线通信、芯片设计与制造、天线设计与制造、标签封装、系统集成、信息安全等技术，一些国家和国际跨国公司都在加速推动RFID技术的研发和应用进程。在过去10年间，共产生数千项关于RFID技术的专利。近年来，RFID技术在国内外发展很快，RFID产品种类很多，像德州仪器、飞利浦、微芯等世界知名生厂商都在生产RFID产品，并且各有特点，自成体系。RFID技术已经被广泛应用在工业自动化、商业自动化、零售、物流、交通运输控制管理等诸多领域，随着成本的下降和标准化的实现，RFID技术将会实现全面的推广和应用。

2009年，由中国多个部委联合发布的《中国射频识别技术政策白皮书》和《中国射频识别技术发展与应用报告》，不仅为中国RFID产业发展指明了方向，也在全国范围内全面带动了RFID应用的发展，推进了物联网发展。

2）RFID技术的应用

物联网已被确定为中国战略性新兴产业之一，《物联网“十二五”发展规划》的出台，给正在发展的中国物联网又吹来一股强劲的东风，而RFID技术作为物联网发展的最关键技术，其应用市场必将随着物联网的发展而扩大。

如果在应用上能够采取有效措施，实现RFID标签的量产化，RFID标签的价格将会迅速下降，应用普及也将指日可待。目前RFID的主要应用领域如下：

① 物流业：物流过程中的货物追踪、信息自动采集、仓储应用、港口应用、邮政、快递。

② 零售业：商品的销售数据实时统计、补货、防盗。

③ 制造业：生产数据的实时监控、质量追踪、自动化生产。

④ 服装业：自动化生产、仓储管理、品牌管理、单品管理、渠道管理。

⑤ 医疗业：医疗器械管理、病人身份识别、婴儿防盗。

⑥ 身份识别：电子护照、身份证、学生证等各种电子证件。

⑦ 防伪：贵重物品（烟、酒、药品）的防伪、票证的防伪等。

⑧ 资产管理：各类资产（贵重的或数量大且相似性高的或危险品等）管理。

⑨ 交通行业：高速不停车、出租车管理、公交车枢纽管理、铁路机车识别等。

⑩ 食品业：水果、蔬菜、生鲜、食品等保鲜度管理。

⑪ 动物识别：驯养动物、畜牧养殖、宠物等识别管理。

⑫ 图书业：书店、图书馆、出版社等应用。

⑬ 汽车业：制造、防盗、定位、车钥匙。

⑭ 航空业：制造、旅客机票、行李包裹追踪。

⑮ 军事工业：弹药、枪支、物资、人员、卡车等识别与追踪。

⑯ 电力工业：智能电力巡检、智能抄表和电力资产管理。

⑰ 其他。

3）我国RFID面临的问题

① 市场规模小。当前国内RFID的市场应用环境还不是特别成熟，有些企业对RFID的投入持观望态度。从应用领域来看，RFID目前主要应用在金融、交通、安防、物流、铁路、港口等领域，相对于其他较早应用RFID的国家，我国的RFID应用还相对较少，整体规模不大，例如关乎民生的食品行业和国防、物联网等领域都有广泛需求。

② 综合成本高。虽然RFID标签的成本有所下降，但是由于RFID系统还包括了读写

器、软件以及复杂的处理和集成数据的后台系统，因此其总体设备投入成本较高，这也是一部分企业用户持观望态度的原因之一。就目前形势而言，RFID 技术只适用于价值较高的个体，因此严重制约了整个产业的规模和发展速度。

③ 存在安全隐患。目前 RFID 系统的安全隐患问题主要集中在 RFID 标签与读写器之间。RFID 电子标签的安全威胁主要表现为标签信息的非法读取和标签数据的恶意篡改。现有 RFID 系统的安全机制所采用的方法主要有三大类：物理安全机制、密码机制、物理安全机制与密码机制相结合。物理安全机制主要依靠外加设备或硬件功能解决 RFID 系统的安全问题，而密码机制则是通过各种加密协议从软件方面解决 RFID 系统的安全问题。

④ 用户信息化基础薄弱。我国企业总体信息化水平不高，阻碍了 RFID 充分发挥其作用。RFID 作为一种信息技术手段，其基本功能是实现数据的精准快速采集。这些数据采集后，必须经过进一步的对比分析处理，才能达到提高效率、降低总体成本的作用。也就是说，RFID 的实施，往往需要企业信息化达到一定水平，使 RFID 系统与企业既有的 ERP、CRM 等信息集成在一起，才能充分发挥其作用。

⑤ 市场竞争过度。与西方企业相比，由于技术和管理处于劣势地位，我国大多行业都存在过度竞争。价格成为市场竞争的主要手段，这就使得很多制造企业利润率维持在相当低的水平，产业供应链的上下游企业之间往往博弈大于合作。RFID 技术只有在整个供应链上协同实施，实现供应链信息的透明和分享，才能最大程度发挥出 RFID 的作用。

⑥ 缺乏高精尖人才。目前我国 RFID 从业人员的规模小，缺乏高精尖人才，另外在人员的知识结构和实践经验上，与发达国家相比还有较大的提升空间。

2.2 RFID 系统

2.2.1 RFID 系统的基本组成

RFID 技术的应用领域非常广泛。由于不同领域的应用需求不同，造成了目前多种标准和协议的 RFID 设备共存的局面，这就使得应用系统架构的复杂程度大为提高。但是就基本的 RFID 系统来说，其组成相对简单而清晰，主要包括电子标签、读写器、中间件和应用系统四大部分。电子标签通过射频无线电波与读写器进行数据通信，读写器可以将应用系统发送的命令传送给电子标签，电子标签根据接收到的命令返回相应的数据，读写器将获取的数据上传给应用系统，应用系统根据获取的数据进行相应的处理，比如存储或控制相应的设备等操作。RFID 系统的基本组成如图 2 - 1 所示。

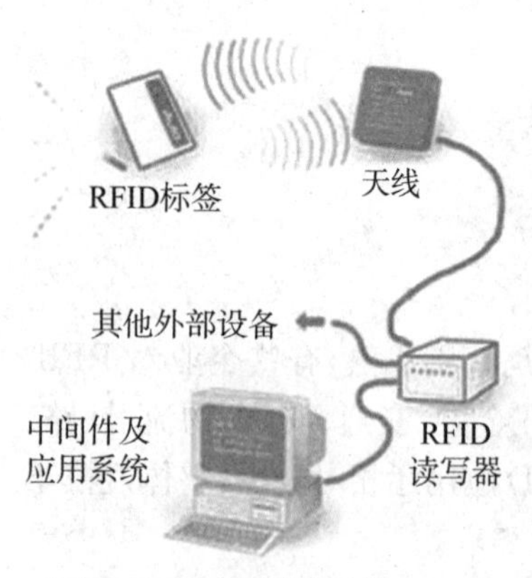

图 2 - 1 RFID 系统的基本组成

1) 电子标签

电子标签（Tag 或称 RFID 标签、应答器）由耦合元件、芯片及内置天线组成，内置天线用于和射频天线间进行通信。芯片内保存有一定格式的电子数据，都有约定格式的电子编码，电子标签附着在物体上标识目标对象，是 RFID

系统真正的数据载体。

2) 读写器

读写器(也称阅读器)是读取或读/写电子标签信息的设备,主要任务是控制射频模块向电子标签发射读取信号,并接收电子标签的应答,对电子标签的对象标识信息进行解码,将对象标识信息连带电子标签上其他相关信息传输到主机以供处理。

3) 中间件

中间件是一种面向消息可以接受应用系统端发送的请求,对指定的一个或多个读写器发起操作并接收、处理后向应用系统返回结果数据的特殊化软件。中间件在RFID应用中除了可以屏蔽底层硬件带来的多种业务场景、硬件接口、使用标准造成的可靠性和稳定性问题,还可以为上层应用系统提供多层次、分布式、异构的信息环境下业务信息和管理信息的协同。

4) 应用系统

它是直接面向最终用户的人机交互界面,协助使用者完成对读写器的指令操作以及对中间件的逻辑设置,逐级将RFID原始数据转化为使用者可以理解的业务,并使用可视化界面进行展示。

2.2.2 RFID系统的工作流程

RFID系统的工作流程如下:

① 读写器通过发射天线发送一定频率的射频信号。

② 当电子标签进入读写器天线发射信号的区域时,应答器获得能量被激活。

③ 电子标签根据接收的命令将自身信息通过内置天线发送出去。

④ 读写器通过天线接收从电子标签发送的无线信号并进行相应处理。

⑤ 读写器将处理后的数据发送给应用系统。

⑥ 应用系统判读读写器发送的数据的合法性和正确性,然后做出相应处理。

通过RFID系统的工作流程可以看出:电子标签由天线、射频模块、控制模块和存储模块构成,有的还有电池;读写器由天线、射频模块、读写模块、时钟及电源部分构成;RFID利用无线射频通信,在读写器和电子标签之间进行非接触双向数据传输,以达到识别物体、数据交换及对设备进行相应控制的目的。RFID系统的工作流程如图2-2所示。

2.2.3 RFID系统的工作原理

RFID系统的工作原理:电子标签进入天线磁场后,如果接收到读写器发出的特殊射频信号,就能凭借感应电流所获得的能量发送出存储在芯片中的产品信息(无源标签),或者主动发送某一频率的信号(有源标签),读写器读取信息并解码后,送至中央信息系统进行有关数据处理,如图2-3所示。

读写器和电子标签之间的射频信号的耦合类型有两种:一是电感耦合,变压器模型通过空间高频交变磁场实现耦合,依据的是电磁感应定律,如图2-4中的左图;二是电磁反向散射耦合,雷达原理模型发射出去的电磁波碰到目标后反射,同时携带回目标信息,依据的是电磁波的空间传播规律,如图2-4中的右图。

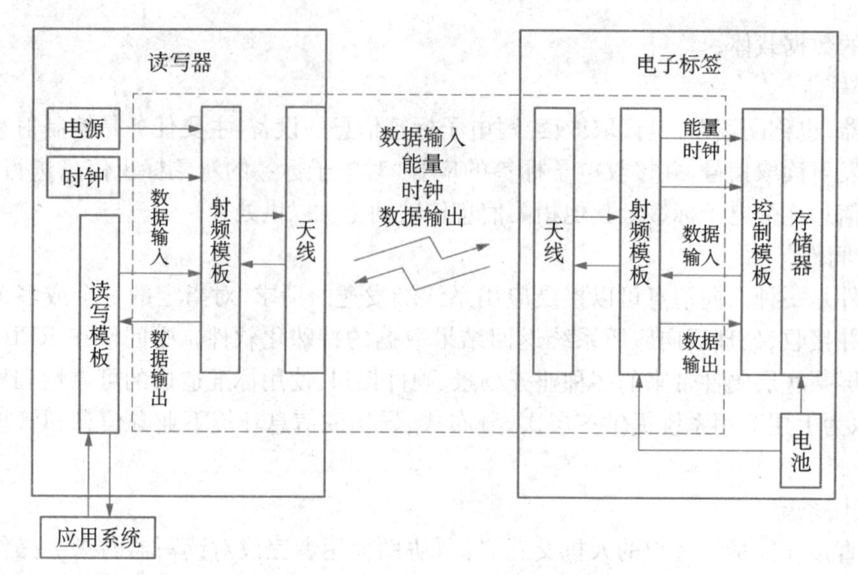

图 2-2 RFID 系统的工作流程

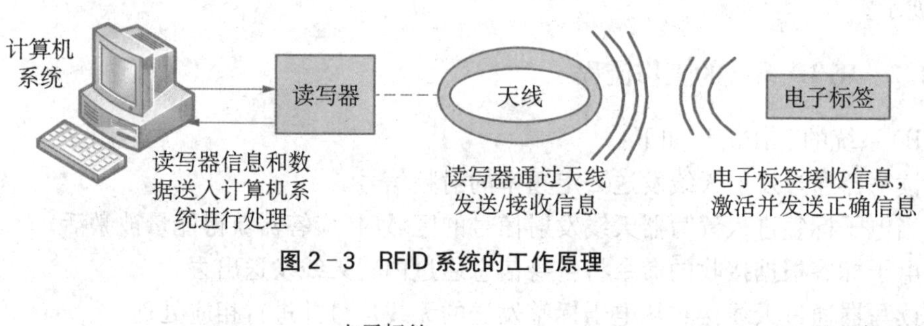

图 2-3 RFID 系统的工作原理

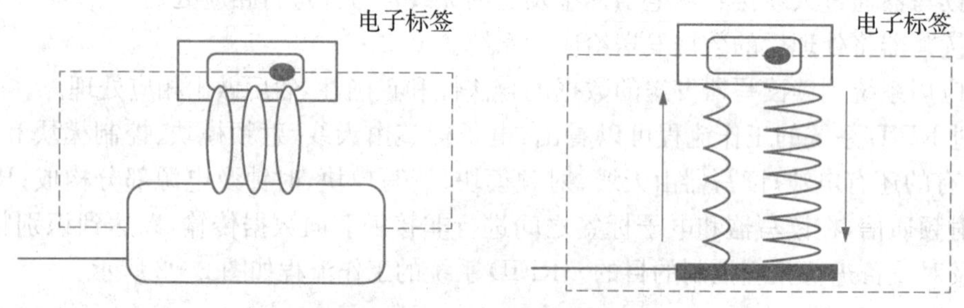

图 2-4 电子标签耦合类型

2.3 RFID 系统的分类

2.3.1 RFID 系统的分类

RFID 系统的分类方法很多，常用的有按照使用频率分类、按照产品供电方式分类、按照工作方式分类、按照技术方式分类、按照完成的功能分类、按照耦合方式分类、按照工作距离的远近分类等。

1) 按照使用频率分类

RFID系统主要依赖电磁波传播，除了交互原理外，不同的发射频率还会在RFID系统的读写距离、数据传输速率和可靠性等参数上产生比较大的差异。RFID系统的工作频率是决定系统性能和可行性的主导因素。

目前，国际上常用的RFID系统大多工作在ISM（Industrial、Scientific and Medical）频段，即供工业、科研及医疗机构使用的专用频段。RFID系统主要工作在以下四个频段：

（1）低频（LF，135 kHz）

识别距离只有几厘米，但是由于该频段的信号能穿透动物体内的高湿环境，因此被广泛应用于动物识别、工厂数据的采集。

（2）高频（HF，13.56 MHz）

这是一个开放频段，标签的识别距离最远为1～1.5 m，写入距离最远也可达1 m，在这个频段运行的标签绝大部分是无源的，依靠读写器供给能源，如我国的第二代身份证就采用这个频段的RFID产品。

（3）超高频（UHF，433 MHz、860～960 MHz）

这个频段的标签和读写器在空气中的有效通信距离最远。这个频段的信号虽然不能穿透金属盒与湿气，但是数据传输速率更快，并可同时读取多个标签。这个频段在各国均被安排为移动通信专用频段，频谱资源比较紧张，不同国家之间会产生一定程度的频率冲突。

（4）微波（MW，2.45 GHz、5.8 GHz）

这个频段的优势在于其受各种强电磁场（如电动机、焊接系统等）的干扰小，识别距离介于高频和超高频系统之间，而且标签可以设计得很小，但是成本较高。

2) 按照产品供电方式分类

根据对RFID标签供电方式进行分类有三大类：无源RFID产品、有源RFID产品、半有源RFID产品。

（1）无源RFID产品

无源RFID产品是发展最早，也是发展最成熟，市场应用最广的产品。例如，公交卡、食堂餐卡、银行卡、二代身份证等，在我们的日常生活中随处可见，属于近距离接触式识别类。其产品的主要工作频率有低频125 kHz、高频13.56 MHz、超高频433 MHz、超高频915 MHz。

（2）有源RFID产品

有源RFID属于远距离自动识别类。远距离自动识别的特性决定了其很大的应用空间和市场潜质，如在智慧监狱、智慧医院、智慧停车场、智慧交通、智慧城市、智慧地球及物联网等领域有广泛应用。产品主要工作频率有超高频433 MHz，微波2.45 GHz和5.8 GHz。

（3）半有源RFID产品

半有源RFID产品结合有源RFID产品及无源RFID产品的优势，在低频125 kHz频率的触发下，让微波2.45 GHz发挥优势。半有源RFID技术也可以叫作低频激活触发技术，利用低频近距离精确定位，微波远距离识别和上传数据，来解决单纯的有源RFID和无源RFID没有办法实现的功能。简单地说，就是近距离激活定位，远距离识别及上传数据。半有源RFID是一项易于操控、简单实用且特别适合用于自动化控制的灵活性应用技术，识别工作无须人工干预，它既可支持只读工作模式也可支持读写工作模式，且无须接触或瞄准；

可在各种恶劣环境下自由工作，短距离射频产品不怕油渍、灰尘污染等恶劣的环境，可以替代条码，例如在工厂的流水线上跟踪物体；长距离射频产品多用于交通领域，识别距离可达几十米，如自动收费或识别车辆身份等。

3）按照工作方式分类

RFID系统的基本工作方式分为全双工（Full Duplex）和半双工（Half Duplex）系统以及时序（Sequence，SEQ）系统。

（1）全双工和半双工系统

在全双工和半双工系统中，电子标签的响应是在读写器发出电磁场或电磁波的情况下发送出去的。全双工表示电子标签与读写器之间可在同一时刻互相传送信息。半双工表示电子标签与读写器之间可以双向传送信息，但在同一时刻只能向一个方向传送信息。因为与读写器本身的信号相比，电子标签的信号在接收天线上是很弱的，所以必须使用合适的传输方法，以便把电子标签的信号与读写器的信号区别开来。在实践中，人们对从电子标签到读写器的数据传输一般采用负载反射调制技术将电子标签数据加载到反射回波上（尤其是针对无源电子标签系统）。

（2）时序系统

时序系统中读写器的辐射产生的电磁场短时间周期性地断开。这些间隔被电子标签识别出来，并被用于从电子标签到读写器的数据传输。这是一种典型的雷达工作方式。时序方法的缺点是在读写器发送间歇时，电子标签的能量供应中断，这就必须通过装入足够大的辅助电容器或辅助电池进行补偿。

4）按照技术方式分类

在RFID系统中，按照读写器读取电子标签内存储数据的技术实现手段，可将RFID系统划分为广播发射式、倍频式和反射调制式三大类。

（1）广播发射式RFID系统

广播发射式RFID系统实现起来最简单。电子标签必须采用有源方式工作，并实时将储存的标识信息向外广播，读写器相当于一个只收不发的接收机。这种系统的缺点是电子标签必须不停地向外发射信息，既费电，又对环境造成电磁污染，而且系统也不具备安全性。

（2）倍频式RFID系统

倍频式RFID系统实现起来有一定难度。一般情况下，读写器发出射频查询信号，电子标签返回的信号载频为读写器发出射频的倍频。这种工作模式对读写器接收处理回波信号提供了便利。但是，对无源电子标签来说，电子标签在将接收的读写器射频能量转换为倍频回波载频时，其能量转换效率较低，提高转换效率需要较高的微波技术，这就意味着更高的电子标签成本。因为这种系统工作需占用两个工作频点，较难获得无线电频率管理部门的产品应用许可。

（3）反射调制式RFID系统

反射调制式RFID系统实现要解决同频收发问题。系统在工作时，读写器发出微波查询（能量）信号，电子标签（无源）将部分接收到的微波查询能量信号整流为直流电供电子标签内的电路工作，另一部分微波能量信号被电子标签内保存的数据信息幅度调制即振幅键控（Amplitude Shift Keying，ASK）后反射回读写器。读写器接收到反射的幅度调制信号后，从中解析出电子标签所保存的标识数据信息。在系统工作过程中，读写器发出微波信号与接收反射的幅度调制信号是同时进行的。反射的信号强度较发射信号要弱得多,因此技术实现上的难点在于同频接收。

5) 按照完成的功能分类

RFID系统完成的功能不同,可以粗略地把RFID系统分成四种类型:EAS系统、便携式数据采集系统、物流控制系统、定位系统。

(1) EAS系统

EAS(Electronic Article Surveillance)是一种设置在需要控制物品出入门口的RFID技术。这种技术应用的典型场合是商店、图书馆、数据中心等,当未被授权的人从这些地方非法取走物品时,EAS系统会发出警告。在应用EAS技术时,首先在物品上黏附EAS标签,物品经过装有EAS系统的门口时,EAS装置能自动检测标签的活动性。当物品被正常购买或者合法移出时,在结算处通过一定的装置使EAS标签失活,物品就可以取走。如果发现活动性标签,EAS系统会发出警告。EAS技术的应用可以有效防止物品的被盗。

典型的EAS系统一般由三部分组成:一、附着在商品上的电子标签、电子传感器;二、电子标签灭活装置,以便授权商品能正常出入;三、监视器,在出口形成一定区域的监视空间。

EAS系统的工作原理是:在监视区,发射器以一定的频率向接收器发射信号。发射器与接收器一般安装在零售店、图书馆的出入口,形成一定的监视空间。当具有特殊特征的标签进入该区域时,会对发射器发出的信号产生干扰,这种干扰信号也会被接收器接收,再经过微处理器的分析判断,就会控制警报器的鸣响。根据发射器所发出的信号不同以及标签对信号干扰的原理不同,EAS可以分成许多类型。EAS技术最新的研究方向是标签的制作,人们正在研究EAS标签能不能像条码一样,在制作或包装过程中加进产品,成为产品的一部分。

(2) 便携式数据采集系统

便携式数据采集系统是使用带有RFID读写器的手持式数据采集器采集RFID标签上的数据。这种系统具有比较大的灵活性,适用于不宜安装固定式RFID系统的应用环境。手持式读写器(数据输入终端)可以在读取数据的同时,通过无线电数据传输方式(RFDC)实时地向主计算机系统传输数据,也可以暂时将数据存储在读写器中,再分批向主计算机系统传输数据。

(3) 物流控制系统

在物流控制系统中,固定布置的RFID读写器分散布置在特定的区域,并且读写器直接与数据管理信息系统相连,信号发射机是移动的,一般安装在移动的物体上或人的身上。当物体、人经过读写器时,读写器会自动扫描标签上的信息并把数据输入数据管理信息系统存储、分析、处理,达到控制物流的目的。

(4) 定位系统

定位系统用于自动化加工系统中的定位以及对车辆、轮船等进行运行定位支持。读写器放置在移动的车辆、轮船上或者自动化流水线中移动的物料、半成品、成品上,信号发射机嵌入到操作环境的地表下面。信号发射机上存储有位置识别信息,读写器一般通过无线或者有线的方式连接到主信息管理系统。

6) 按耦合方式分类

RFID系统中电子标签与读写器之间的作用距离是RFID系统应用中的一个重要指标。根据作用距离,标签天线和读写器之间的耦合可以分为三类:密耦合系统、遥耦合系统和远距离系统。

(1) 密耦合系统

密耦合系统的典型作用距离是0~1 cm。密耦合系统的标签与读写器之间是电感耦合，工作频率一般在30 MHz以下。

(2) 遥耦合系统

遥耦合系统的典型作用距离可以达到1 m。遥耦合系统又可以细分为近耦合系统和疏耦合系统，前者的典型作用距离为15 cm，后者为1 m。所有遥耦合系统在读写器和标签之间都是电感耦合。遥耦合系统的典型工作频率为13.56 MHz，也有其他频率如6.75 MHz、27.125 MHz或者135 kHz以下。

(3) 远距离系统

远距离系统的典型作用距离是1~10 m，个别系统也有更远的作用距离。所有的远距离系统的读写器和标签之间都是电磁反向散射耦合。远距离系统都是在微波范围内用电磁波工作的，发送频率通常为2.45 GHz，也有系统使用的频率为5.8 GHz和24.125 GHz。

7) 按照工作距离的远近分类

可分为远程系统、近程系统和超近程系统三类。

① 远程系统：识别距离在100 cm以上的系统。

② 近程系统：识别距离在10~100 cm之间的系统。

③ 超近程系统：识别距离在0.2~10 cm之间的系统。

8) 按照保存信息的方式分类

电子标签保存信息的方式有只读式和读写式两种，具体分为以下四种形式。

(1) 只读电子标签

这是一种最简单的电子标签，电子标签内部只有只读存储器(Read Only Memory, ROM)。在集成电路生产时，电子标签内的信息以只读内存工艺模式输入，此后信息不能更改，一般标识卡号、生产商及相关信息。

(2) 一次写入只读电子标签

电子标签内部只有ROM和随机存储器(Random Access Memory, RAM)。ROM用于存储操作系统的程序和安全性要求较高的数据，它与内部的处理器或逻辑处理单元完成操作控制功能。这种电子标签与只读电子标签相比，可以写入一次数据，标签的标识信息可以在标签制造过程中由制造商写入，也可以由用户自己写入，但是一旦写入就不能更改。

(3) 现场有线可改写式

这种电子标签应用比较灵活，用户可以通过访问电子标签的存储器进行读写操作。电子标签一般将需要保存的信息写入其内部存储区，改写时需要采用编程器或写入器，改写过程中必须为电子标签供电。

(4) 现场无线可改写式

这种电子标签类似于一个小的发射接收系统，电子标签内保存的信息也位于其内部存储区。电子标签一般为有源类型，通过特定的改写指令用无线方式改写信息。一般情况下，改写电子标签数据所需的时间为秒级，读取电子标签数据所需的时间为毫秒级。

9) 按照系统档次分类

按照存储能力、读取速度、读取距离、供电方式和密码功能等的不同，RFID系统分为低档系统、中档系统和高档系统。

(1) 低档系统

低档系统的电子标签一般存储的数据量较小,电子标签内的信息少。

① 1 位系统

1 位系统的数据量为 1 位,该系统读写器只能发出两种状态,这两种状态分别是“在读写器工作区有电子标签”和“在读写器工作区没有电子标签”。1 位系统电子标签不需要芯片,价格比较便宜,主要应用在商店的防盗系统中。该系统读写器通常放在商店门口,电子标签附在商品上,当商品通过商店门口时,系统就报警。

② 只读电子标签

只读电子标签内的数据通常只由唯一的串行多字节数据组成,适合于只需读出一个确定数字的情况。只要将只读电子标签放入读写器的工作范围内,电子标签就开始连续发送自身序列号,并且只有从电子标签到读写器的单向数据流在传输。在只读系统中,读写器的工作范围内只能有一个电子标签,如果多个电子标签同时存在,就会发生数据碰撞。只读电子标签功能简单、芯片面积小、功耗小、成本较低。

(2) 中档系统

中档系统的数据存储容量较大,数据可以读取也可以写入,是带有可写数据存储器的 RFID 系统。

(3) 高档系统

高档系统一般带有密码功能,因为电子标签带有微处理器,微处理器可以实现密码的复杂验证,而且密码验证可以在合理的时间内完成。

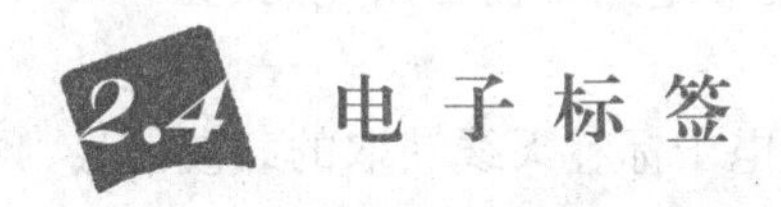

2.4 电子标签

2.4.1 电子标签的组成及特点

电子标签又称为 RFID 标签、应答器、射频卡或数据载体。电子标签附着在待识别的物品上,每个电子标签具有唯一的电子编码,是 RFID 系统真正的数据载体。从技术角度来说,RFID 的核心是电子标签,读写器是根据电子标签的性能而设计的。在 RFID 系统中,电子标签的价格远比读写器低,但电子标签的数量很大,应用场合很多,组成、外形和特点各不相同。RFID 技术以电子标签代替条码,对物品进行非接触自动识别,可以实现自动收集物品信息的功能。

标签是携带物品信息的数据载体,根据工作原理的不同,电子标签这个数据载体可以划分为两大类,一类是利用物理效应进行工作的数据载体,一类是以电子电路为理论基础的数据载体。当利用物理效应进行工作时,属于无芯片的电子标签系统;当以电子电路为基础进行工作时,属于有芯片的电子标签系统。

有芯片的电子标签的芯片很小,厚度一般不超过 0.35 mm。天线的尺寸要比芯片大许多,天线的形状与频率等有关,封装后的电子标签尺寸可以小到 2 mm,也可以像身份证那么大。

1）电子标签的组成

一般情况下，有芯片的电子标签由标签天线和标签芯片组成。标签芯片是电子标签的核心部分，它的作用包括标签信息存储、标签接收信号的处理和标签发射信号的处理；标签天线是电子标签发射和接收无线信号的装置。电子标签芯片电路的复杂度与标签所具有的功能有关，不同电子标签的基本组成结构类似，一般包括电源电路、时钟电路、解调器、解码器、编码器、控制器、存储器和负载调制电路。电子标签的基本结构如图 2－5 所示。

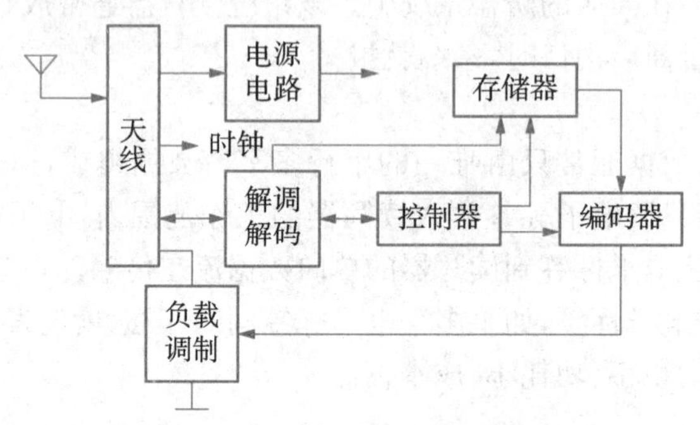

图 2－5　电子标签的基本结构

（1）电子标签的电源电路

一般来说，电源电路的功能是将电子标签天线输入的射频信号整流为标签工作的直流能量。射频前端从电子标签天线吸收电流，整流稳压后作为芯片的直流电源为芯片提供稳压和偏置电路。设计电源电路时，需要综合考虑电子标签天线的匹配问题、功率和电压的效率问题、数据调制的兼容性问题和电路结构复杂度问题。

（2）电子标签的时钟电路

时钟电路提供时钟信号。电子标签天线获取的载波信号、频率经过分频后，可以作为电子标签编解码器、存储器和控制器的时钟信号。

（3）电子标签数据输入和输出模块

从读写器传送到电子标签的信息包括给电子标签下达的命令和传送的数据两部分。从读写器传送到电子标签的命令，通过解调、解码电路送至控制器，控制器实现命令所规定的操作。从读写器送到电子标签的数据，经解调、解码后，在控制器的管理下写入电子标签的存储器。

电子标签送到读写器的数据，在控制器的管理下从存储器输出，经编码器、负载调制电路输出到电子标签天线，再由电子标签天线发射给读写器。

（4）电子标签的存储器

电子标签存储器主要分为以下类型：

① 只读标签存储器。电子标签内部只有 ROM。

② 一次写入只读电子标签存储器。电子标签内部只有 ROM 和 RAM。

③ 可读写标签存储器。可读写标签存储器主要采用以下方式：

a. 电可擦可编程只读存储器

电可擦可编程只读存储器（Electrically Erasable Programmable Read-Only Memory，EEPROM）是一种掉电后数据不丢失的存储芯片，可以在电脑上或专用设备上擦除已有信息，重新编程。电可擦可编程只读存储器是电感耦合式电子标签主要采用的存储器，它的缺点是写入时功耗高，如果频繁地重编程，它的使用寿命也是一个很重要的参考参数。

b. 具有静止存取功能的存储器

静态随机存储器（Static RAM，SRAM）是一种具有静止存取功能的内存，它不需要刷新电路即能保存它内部存储的数据。静态随机存储器的优点是速度快，不需要刷新，缺点是价格高、体积大、集成度较低。为了保存数据，需要用辅助电池进行不中断供电，因此静态随机存储器可以用于一些微波频段自带电池的电子标签中。

c. 铁电存储器

铁电存储器（FRAM）的技术核心是铁电，它的产品既可以进行非易失性数据存储，又可以像 RAM 一样操作，将 ROM 的非易失性数据存储特性和 RAM 的无限次读写、高速读写以及低功耗等优势结合在一起。铁电存储器与电可擦可编程只读存储器相比，其写入功耗低（约为电可擦可编程只读存储器功耗的 1/100），写入时间短（约为 0.1ns，比电可擦可编程只读存储器快 1 000 倍），在射频识别中有广阔的应用前景。

(5) 电子标签的负载调制模块

读写器天线发射的功率一部分经自由空间到达电子标签，到达电子标签的功率假设为 6，它的一部分被电子标签天线反射，反射功率经自由空间返回读写器，被读写器天线接收。在上述过程中，电子标签天线的反射功能受连接到天线的负载影响，因此可以采用负载调制的方法实现反射调制。反射功率是振幅调制信号，振幅调制中包含了存储在电子标签中的识别数据信息。

(6) 电子标签的天线

电子标签相当于一个无线收发信机。这个收发信机输出的射频信号，由电子标签天线以电磁波的形式发射，这个收发信机接收的射频信号，也由这个电子标签天线接收，可以看出，天线是电子标签发射和接收无线信号的装置。

① 电子标签天线的设计要求。根据 RFID 系统的工作方式、频率和应用领域的不同，电子标签的天线也有所不同，但对电子标签天线设计的基本要求相同。电子标签天线的设计要求如下：

a. 天线足够小，能够贴到需要的物品上。

b. 天线提供最大可能的信号给电子标签的芯片。

c. 天线有全向或半球覆盖的方向性。

d. 天线的极化都能与读写器的询问信号相匹配。

e. 天线与相连的标签芯片阻抗匹配。

f. 天线具有健壮性。

g. 天线价格非常便宜。

② 电子标签天线的类型。电子标签天线的类型主要取决于电子标签的工作频率和天线所需的电参数。电子标签应用天线的目标是取得电子标签与读写器间最大的能量传输效果。选择天线类型时，需要考虑许多因素，包括考虑电子标签附着物的射频特性、电子标签与读写器周围的金属物体和工作频率等因素。电子标签天线的类型主要有偶极子天线、微带贴片天线和线圈天线等。由于电子标签尺寸的限制，天线的小型化、微型化成为 RFID 系统考虑的主要因素，近年来出现了嵌入式线圈天线、分型开槽环天线和低抛面 0 极化电磁带

隙天线等新型天线，为电子标签的小型化提供了技术保障。

a. 低频电子标签的天线：低频电子标签的天线基本为线圈型。线圈一般为铜线，缠绕在高磁导率的铁磁棒上，线圈的匝数越多、横截面积越大，天线的效能越好。低频系统读写器的天线一般也采用线圈型，低频电子标签天线和读写器天线的相互作用相当于变压器，两者的线圈分别相当于变压器的初级线圈和次级线圈。

b. 高频电子标签的天线：高频电子标签的天线一般也为线圈型。工作原理与低频电子标签的天线基本一样，电子标签天线和读写器天线的相互作用也相当于变压器，两者的线圈分别相当于变压器的初级线圈和次级线圈。但由于高频系统的频率比低频系统的频率高很多，一般高频系统电子标签的天线圈数较少，因此高频电子标签的天线制作比低频电子标签容易，价格也低。

c. 微波电子标签的天线：微波电子标签的天线种类很多，可以是微带天线或对称振子天线等。这些天线的几何尺寸基本是工作波长的几分之一到十分之一，关于这些内容将在本书第 3 章详细介绍。

③ 电子标签天线的参数。电子标签天线的参数主要是方向系数、方向图、效率、增益和输入阻抗等。电子标签天线的方向性不强，增益一般小于 2。

④ 电子标签天线的功能。电子标签天线的功能是把标签本身的数据信号以电磁波的形式发射出去，也可以接收读写器发射到空间的电磁波，即发送和接收电磁波的能力。

(7) 电子标签的芯片

电子标签的芯片具有存储功能，所以具有一定的存储容量，可以用来存储被识别物体的相关信息。根据电子标签类型和应用需求的不同，电子标签能够携带的数据信息大小有很大差异，范围从几 bits 到几兆 bits。

电子标签的芯片具有将天线接收的信号进行解调、解码等各种处理，并把标签需要发送出去的信号进行编码、调制等各种处理。

2) 电子标签的特点

电子标签与读写器间通过电磁波进行通信，电子标签可以看成是一个特殊的收发信机。电子标签是一种非接触式的自动识别技术，是目前使用的条形码的无线版本。电子标签的应用将给零售、物流等产业带来革命性的变化。电子标签十分便于大规模生产，并能够做到日常免维护。读写设备采用微波技术，同时收发电路成本低，性能可靠，是近距离自动识别技术实施的好方案。收发天线采用微带平板天线，便于各种场合安装且易于生产，天线环境适应性强，机械、电气性能好。电子标签可用于高速运动物体并且多个电子标签能被读写器同时识别，操作快捷方便。

电子标签的特点有：

① 具有一定的存储容量，存储被识别物品的相关信息。

② 在一定工作环境及技术条件下，能够对电子标签的存储数据进行读取和写入操作。

③ 维持对被识别物品的识别及相关信息的完整。

④ 具有可编程操作，对于永久性数据不能进行修改。

⑤ 对于有源标签，通过读写器能够显示电池的工作状况。

工作在不同频段的电子标签具有不同的工作特点。下面分别介绍在低频、高频和微波三个频段上的电子标签的特点。

① 低频段电子标签(或低频标签)的工作频率范围为 30 kHz～1 MHz,其典型的工作频率为 125 kHz 和 133 kHz。低频标签一般为无源标签,其工作能量通过电感耦合方式从读卡器耦合线圈的辐射近场中获得。在与读卡器之间传送数据时,低频标签须位于读卡器天线辐射的近场区内,其阅读距离一般情况下小于 1 m。低频电波穿透力强,其标签靠近金属或液体的物品能够有效发射信号,不像较高频率标签的信号会被金属或液体反射回来,低频标签的典型应用有:动物识别、容器识别、工具识别、电子闭锁防盗(带有内置应答器的汽车钥匙)等。低频电子标签相对于其他频段的射频识别产品的缺点在于:存储数据量小,只适合数据量要求少的应用场合;识别距离近,数据传输速率比较慢,所以只适合近距离、低速度的应用场合;低频电子标签采用环状天线,天线用线圈绕制而成,线圈的圈数较多。

② 高频段电子标签的工作频率一般为 3～30 MHz,其典型的工作频率为 13.56 MHz。高频段电子标签工作原理与低频段电子标签的完全相同,即采用电感耦合方式工作。高频 13.56 MHz 在全球范围都免许可使用,没有特殊的限制,传输速度较快且可进行多标签辨识,常见的规格有 13.56 MHz;ISO/IEC14443A Mifare 和 ISO/IEC15693;电子标签都是被动式感应耦合,读取距离约为 10～100 cm,应用于门禁系统、电子钱包、图书管理、产品管理、文件管理、电子机票、行李标签;技术最成熟且应用和市场也最广泛,接受度高。

高频电子标签缺点在于:除了金属材料外,该频率的波长可以穿过大多数的材料,因此会降低读取距离,在金属或较潮湿的环境下,读取率较低;识别距离近,电子标签与读写器的距离一般小于 1.5 m;高频段除特殊频率外,要受无线电管理委员会的约束,在全球有许可限制。

③ 超高频与微波电子标签的典型工作频率有 433.92 MHz、862～928 MHz、2.45 GHz、5.8 GHz。微波电子标签可分为有源标签与无源标签两类。工作时超高频或微波电子标签位于读卡器天线辐射场的远场区内,其与读卡器之间的耦合方式为电磁耦合方式;读卡器天线辐射场为无源标签提供射频能量,将有源标签唤醒,其相应的阅读距离一般大于 1 m,典型情况为 4～6 m,最大可达 10 m。读卡器天线一般为定向天线,只有在读卡器天线定向波束范围内的电子标签可被读写。由于阅读距离的增加,应用中有可能在阅读区域中同时出现多个电子标签,从而提出了多标签同时读取的需求。目前,先进的 RFID 系统均将多标签识读问题作为系统的一个重要指标。超高频标签主要用于铁路车辆自动识别、集装箱识别,还可用于公路车辆识别与自动收费系统。

④ 无源微波电子标签比较成功的产品相对集中在 902～928 MHz 范围内。2.45 GHz 和 5.8 GHz 的 RFID 系统多以半无源微波电子标签产品出现。半无源电子标签一般采用纽扣电池供电,具有较远的阅读距离。微波电子标签的优点是与读写器的距离较远,典型情况为 4～7 m,最大可达 10 m 以上;具有很高的数据传输速率,短时间可以读取大量的数据;可以读取高速运动物体的数据;多个电子标签同时读取。但是微波电子标签的不足是穿透力弱,水、木材和有机物质对电波传播有影响,微波穿过这些物质会降低读取距离;微波不能穿透金属,电子标签需要和金属分开;灰尘、雾等悬浮颗粒对微波传播有影响。

2.4.2 电子标签的制作及封装

作为终极产品,电子标签不受“卡”的限制,形态材质也有多种多样的类型。它的产品分三大类:标签类、注塑类、卡片类。

1) 标签类

带自黏功能的电子标签,可以在生产线上由贴标机贴在箱、瓶等物品上,或手工黏在车窗(如出租车)上、证件(如大学学生证)上,也可以制成吊牌挂、系在物品上,用标签复合设备完成加工过程。产品结构由面层、芯片线路(INLAY)层、胶层、底层组成。面层可以用纸、PP、PET作覆盖材料(印刷或不印刷)等多种材质作为产品的表面;芯片线路有多种尺寸、多种芯片、多种电可擦可编程只读存储器容量,可按用户需求配置后定位在带胶面;胶层由双面胶式或涂胶式完成;底层有两种情况:一为离型纸(硅油纸);二为复合层(按用户要求)。成品形态可以为卷料或单张。

2) 注塑类

可按应用不同采用各种塑料加工工艺,制成筹码、钥匙牌、手表等异形产品。

3) 卡片类

① PVC卡片。与传统的制卡工艺相似即印刷、配转发器(INLAY)、层压、冲切,可以符合卡片标准尺寸,也可按需加工成异形产品。

② 纸、PP卡。由专用设备完成,它在尺寸、外形、厚度上并不受限制。

2.5 读写器

2.5.1 读写器的结构形式

读写器是读取和写入电子标签内存信息的设备。RFID系统的硬件包括电子标签和读写器两部分,读写器通过天线与电子标签进行无线通信,来实现对电子标签数据的读出或写入。读写器通过与计算机网络进行连接,可以完成数据信息的存储、管理和控制,所以说读写器是电子标签与计算机网络的连接通道及中介。读写器是一种数据采集设备,其基本作用就是将前端电子标签所包含的信息,传递给后端的计算机网络,然后应用软件系统根据收到的网络数据进行相应处理和设备控制。

根据各种读写器使用用途,读写器在结构上及制造形式上也是千差万别,没有一个固定的模式。有的读写器模块与天线是分离的。根据读写器外形和使用场景大致可以将读写器分为以下几类:固定式读写器、OEM模块式读写器、工业读写器、便携式读写器、发卡器、身份证和银行卡读卡器。

1) 固定式读写器

固定式读写器是最常见的一种读写器,如图2-6所示。它是将射频控制器和高频接口封装在一个固定的外壳中构成的。有时为了减少设备尺寸,降低成本,便于运输,也可以将天线和射频模块封装在一个外壳单元中,这样就构成了集成式读写器或者一体化读写器,但是有的读写器天线与读写器模块又是分离的,分别安装在不同的位置。读写器可以有多个天线接口和多种I/O接口。从固定式读写器的外观来看,它留有读写器接口和电源接口、安装托架以及工作灯/电源指示灯等。供电方式有AC220V、AC110V或将AC220V/110V转换为直流12V的直流电;天线可以采用单天线、双天线及多天线形式;通信接口可以采用

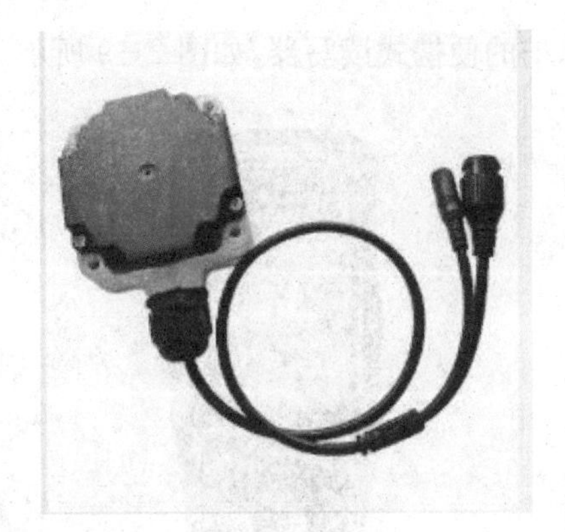

图 2-6 固定式读写器

RS232 接口、485 接口、3G 及 4G 或网络接口，等等。

2) OEM 模块式读写器

在很多应用中，读写器并不需要封装外壳，只需要将读写器模块组装成产品，这就构成了 OEM 模块式读写器。OEM 模块式读写器的典型技术参数与固定式读写器相同。

3) 工业读写器

工业读写器大多具备标准的现场总线接口，以便容易集成到现有设备中，它主要应用于矿井、畜牧、自动化生产等领域。此外，这类读写器还满足多种不同的防护需要，带有防爆保护装置，如图 2-7 所示。

4) 发卡器

发卡器也叫读卡器、发卡机等，主要用来对电子标签进行具体内容的操作，包括建立档案、消费纠正、挂失、补卡、信息纠正等，经常与计算机放在一起。从本质上说，发卡器实际上是小型的射频读写器，如图 2-8 所示。

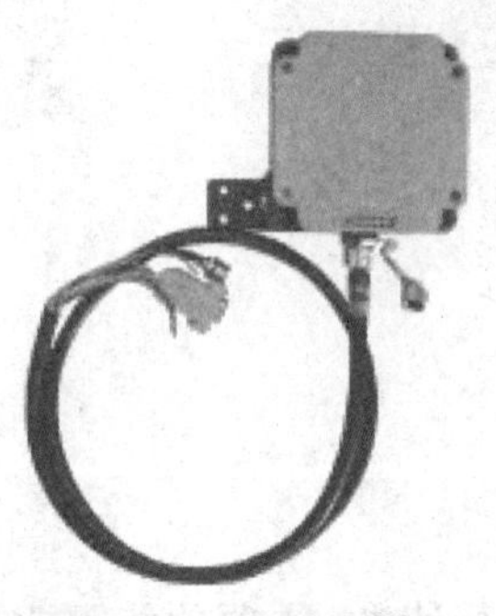

图 2-7 工业读写器

图 2-8 发卡器

5) 便携式读写器

便携式读写器是适合用户手持使用的一类射频电子标签读写设备，其工作原理与其他形式的读写器完全一样。便携式读写器主要用于动物识别、设备检查等场合。

便携式读写器一般采用充电电池供电并带有 LED 显示屏、键盘面板。通常可以选用 RS-232 接口、USB 接口来实现便携式读写器与计算机之间的数据交换。除了在实验室中用于系统评估工作的最简单的便携式读写器以外，还有用于恶劣环境中的特别耐用并且带有防水保护的便携式读写器，如图2-9所示。

图2-9 便携式读写器

6）多合一读写器

多合一读写器（图2-10）集成了多种功能，集磁卡/存折、指纹仪、二代证、接触式/非接触IC卡、PSAM卡、银行卡于一体的终端外部设备，以RS232串行通信方式或USB接口通信方式与上位机进行信息交互，可用于金融业、酒店业和民航业等场景。

图2-10 多合一读写器

2.5.2 读写器的功能、组成及发展

1）读写器的功能

① 实现与电子标签的通信：最常见的就是对标签进行读数，这项功能需要有一个可靠的软件算法确保安全性、可靠性等。除了进行读数以外，有时还需要对标签进行写入，这样就可以对标签批量生产，由用户按照自己需要对标签进行写入。

② 给标签供能：在标签是被动式或者半被动式的情况下，需要读写器提供能量来激活射频场周围的电子标签；读写器射频场所能达到的范围主要由天线的大小以及读写器的输出功率决定的。天线的大小主要根据应用要求来决定，而输出功率在不同国家和地区都有不同的规定。

③ 实现与计算机网络的通信：读写器能够利用一些接口实现与上位机的通信，并能够

给上位机提供一些必要的信息。

④ 实现多标签识别:读写器能够正确地识别其工作范围内的多个标签。

⑤ 实现移动目标识别:读写器不但可以识别静止不动的物体,也可以识别移动的物体。

⑥ 实现错误信息提示:对于在识别过程中产生的一些错误,读写器可以发出一些提示。

⑦ 对于有源标签,读写器能够读出有源标签的电池信息,如电池的总电量、剩余电量等。

2)读写器的组成

读写器的基本组成包括天线、射频接口模块和控制处理模块三部分,有时候读写器的天线是作为一个独立的部分,不包含在读写器中。读写器的基本组成如图 2-11 所示。

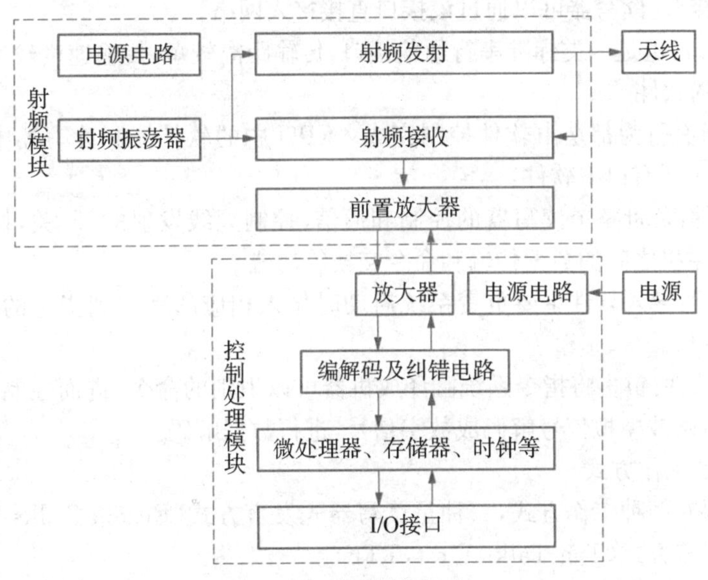

图 2-11 读写器的组成

(1) 天线

读写器的天线是发射和接收射频载波信号的设备,它主要负责将读写器中的电流信号转换成射频载波信号并发送给电子标签,或者接收标签发送过来的射频载波信号并将其转化为电流信号。读写器的天线可以外置也可以内置,天线的设计对读写器的工作性能来说非常重要,对于无源标签来说,它的工作能量全部由读写器的天线提供。

(2) 射频接口模块

读写器的射频接口模块主要包括发射器、射频接收器、时钟发生器和电压调节器等。该模块是读写器的射频前端,同时也是影响读写器成本的关键部位,主要负责射频信号的发射及接收。其中的调制电路负责将需要发送给电子标签的信号加以调制,然后再发送;解调电路负责将解调标签发送过来的信号进行放大;时钟发生器负责产生系统的正常工作时钟。

(3) 控制处理模块

读写器的控制处理模块是整个读写器工作的控制中心、智能单元,是读写器的"大脑"。读写器在工作时由逻辑控制模块发出指令,射频接口模块按照不同的指令做出不同的操作。它主要包括微控制器、存储单元和应用接口驱动电路等。微控制器可以完成信号的编解码、数据的加解密以及执行防碰撞算法;存储单元负责存储一些程序和数据;应用接口负责与上位机进行输入或输出的通信。

3) 接口形式

一般读写器的接口形式主要有:

① RS-232串行接口:计算机普遍适用的标准串行接口,能够进行双向的数据信息传递。它的优势在于通用、标准,缺点是传输距离不会很远,传输速度也不会很快。

② RS-485串行接口:也是一类标准串行通信接口,数据传递运用差分模式,抵抗干扰能力较强,传输距离比RS-232传输距离较远,传输速度与RS-232差不多。

③ 以太网接口:读写器可以通过该接口直接接入网络。

④ USB接口:也是一类标准串行通信接口,传输距离较短,传输速度较快。

4) 读写器的软件

读写器的所有行为都是由软件控制完成。CPU中的软件控制读写器中的相应模块执行相应的动作,主要有以下软件:

① 控制软件:负责整个读写器的控制和通信,控制天线发射的开、关,控制读写器的工作模式,完成与主机之间的数据传输和命令交换等功能。

② 导入软件:导入软件主要负责系统启动时导入相应的程序到指定的存储器空间,然后执行导入的程序。

③ 编解码软件:负责将指令系统翻译成机器可以识别的命令,进而控制发送的信息,或者将接收到的电磁波模拟信号解码成数字信号,进行数据解码。

5) 读写器的工作方式

读写器主要有两种工作方式,一种是读写器先发言方式(Reader Talks First,RTF);另一种是标签先发言方式(Tag Talks First,TTF)。

在一般情况下,电子标签处于等待或休眠状态,当进入读写器的作用范围被激活以后,便从休眠状态转为接收状态,接收读写器发出的命令,进行相应的处理,并将结果反馈给读写器。

这类只有接收到读写器特殊命令才发送数据的电子标签被称为RTF方式;与此相反,进入读写器的能量场即主动发送数据的电子标签被称为TTF方式。

6) 读写器的发展

随着RFID技术的不断发展,未来的读写器也将朝着多功能、多制式兼容、多频段兼容、小型化、多数据接口、便携式、多智能天线端口、嵌入式和模块化的方向发展,而且成本也将越来越低。

(1) 多功能

为了适应市场对RFID系统多样性和多功能的要求,读写器将集成更多更加方便实用的功能。同时为了适应某些应用的方便,具有一定的数据处理能力和控制能力并且具有智能性,可以按照一定的规则将应用系统处理程序下载到读写器中,这样读写器就可以脱离计算机，进行脱机工作，完成门禁、报警等功能，只需将数据上传到数据中心服务器就可以了。

(2) 多制式兼容

由于目前全球没有统一的RFID技术标准，各个厂家的系统互相不兼容，但是随着RFID技术标准的逐渐统一，以及市场竞争的需要，只要这些标签协议是公开的，或者是经过许可的，某些厂家的读写器将兼容多种不同制式的电子标签，以提高产品的应用范围和市场竞争力。

(3) 多频段兼容

由于目前缺乏一个全球统一的RFID频率，不同国家和地区的RFID产品具有不同的频率。为了满足不同国家和地区的需要，读写器将向兼容多个频段的方向发展。

(4) 成本更低

相对来说，目前大规模的RFID应用，其成本还是比较高的。随着市场的普及以及技术的发展，读写器以及整个RFID系统的应用成本将会越来越低，最终会实现所有需要识别和跟踪的物品都可以使用电子标签。

(5) 接口多样化

读写器要与计算机通信网络连接，读写器的接口需要多样化。读写器具有RS232、USB、WIFI、3G、4G等多种接口。

(6) 小型化、便携式、嵌入式、模块化

这是读写器市场发展的一个必然趋势。随着RFID技术的应用不断增多，人们对读写器使用是否方便提出了更高的要求，要求不断采用新的技术来减小读写器的体积，使读写器方便携带、使用，易于与其他的系统进行连接，使接口模块化。

2.6 中 间 件

2.6.1 中间件概述

物联网在全球范围将计算机网、通信网互联，这种网络格局的变革，将使许多应用程序在网络环境的异构平台上运行。在这种分布式异构的环境中，通常存在许多硬件系统平台及各种各样的系统软件。如何将这些硬件和软件集成起来，并开发出新的应用，在网络上互联互通及资源共享，是一个非常现实的问题。

为解决分布异构的问题，人们提出了中间件的概念，而为了解决RFID系统的问题，就产生了RFID中间件。RFID中间件是介于前端读写器硬件模块与后端应用软件之间的重要环节，是RFID系统部署与运作的中枢。RFID中间件是RFID系统大规模应用的关键技术，也是RFID产业链的高端领域。

1) 中间件的概念

中间件(Middleware)是基础软件的一大类，属于可复用软件的范畴，顾名思义，中间件处于操作系统与用户的应用软件之间，是一类连接软件组件和应用的计算机软件，包括一组服务程序。

中间件在操作系统、网络和数据库之上，应用软件的下层，总的作用是为处于自己上层的应用软件提供运行与开发的环境，帮助用户灵活、高效地开发和集成复杂的应用软件。在众多关于中间件的定义中，普遍被接受的是互联网数据中心（Internet Data Center，IDC）的表述：中间件是一类独立的系统软件或服务程序，分布式应用软件借助这类软件在不同的技术之间共享资源，中间件位于客户机服务器的操作系统之上，管理计算资源和网络通信。IDC对中间件的定义表明，中间件是一类软件，而非一种软件；中间件不仅仅实现互联，还要实现应用之间的互操作；中间件是基于分布式处理的软件，最突出的特点是其网络通信功能。

中间件是位于平台（硬件和操作系统）和应用之间的通用服务，如图2-12所示，这些服务具有标准的程序接口和协议。针对不同的操作系统和硬件平台，它们可以有符合接口和协议规范的多种实现方式。中间件应具有如下的一些特点：

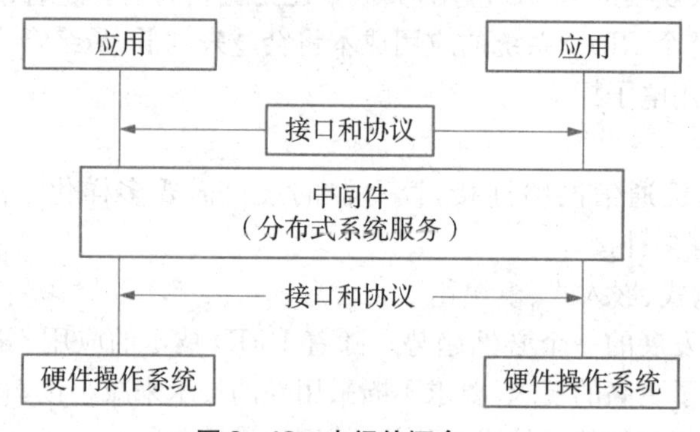

图2-12 中间件概念

① 满足大量应用的需要。
② 运行于多种硬件和OS平台。
③ 支持分布计算，提供跨网络、硬件和OS平台的透明性应用或服务的交互作用。
④ 支持标准的协议。
⑤ 支持标准的接口。

2）RFID中间件

对于目前各种各样RFID的应用，企业最想问的问题是：“我要如何将我现有的系统与这些新的RFID读写器连接?”这个问题的本质是企业应用系统与硬件接口的问题。因此，通透性是整个应用的关键，正确抓取数据、确保数据读取的可靠性以及有效地将数据传送到后端系统都是必须考虑的问题。传统应用程序与应用程序之间（Application to Application）的数据通透是通过中间件架构解决，并发展出各种Application Server的应用软件；同理，中间件的架构设计解决方案便成为RFID应用的一项极为重要的核心技术，因此RFID中间件应运而生。RFID中间件扮演RFID标签和应用程序之间的中介角色，从应用程序端使用中间件所提供的一组通用的应用程序接口（API）即能连到RFID读写器，读取RFID标签数据。这样即使有存储RFID标签情报的数据库软件或后端应用程序增加或改由其他软件取代，或者RFID读写器种类增加等情况发生，应用端不需修改也能处理，省去多对多连接复杂的维护问题。如图2-13、图2-14、图2-15所示。表2-1为RFID应用系统场景情况对比表。

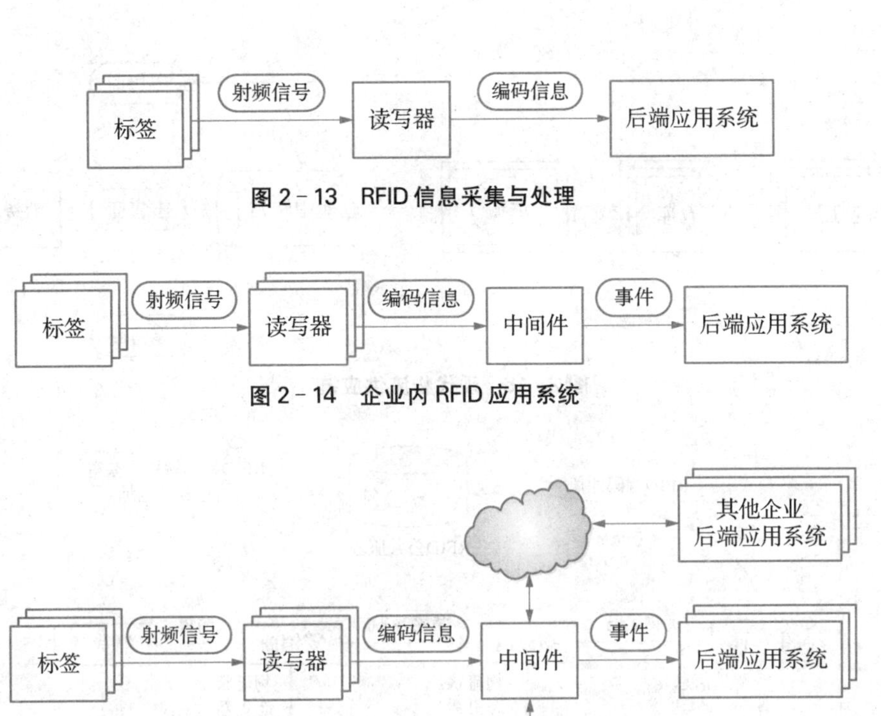

图 2-13 RFID 信息采集与处理

图 2-14 企业内 RFID 应用系统

图 2-15 企业间 RFID 应用系统

表 2-1 RFID 应用系统场景情况对比表

序号	类型	结构组成	架构特点	应用场景举例
1	RFID 信息采集与处理	前端标签、读写器与后端应用程	结构简单,安装方便,程序针对特定场景,效率较高	本地部署的 RFID 应用系统,例如门禁系统
2	企业内 RFID 应用系统	前端标签、读写器、RFID 中间件,后端应用程序	支持与多种的 RFID 前端和多种企业应用系统的集成	企业内闭环 RFID 应用系统,例如基于 RFID 的仓储管理
3	企业间 RFID 应用系统	前端标签、读写器、RFID 中间件,后端应用程序,RFID 公共服务体系	支持与不同企业应用系统和 RFID 公共服务的集成	企业间开环 RFID 应用系统,例如基于 RFID 公共服务的物资跟踪管理

(1) 面向供应链的 RFID 应用系统架构

在现代物流供应链中,产品从生产商到消费者的配送过程中包含多个环节,如图 2-16、图 2-17 所示。

(2) 面向个人消费的 RFID 运用系统架构

目前个人消费的热点是电子交易,涉及消费者、商家、银行等个体。第一种方式是将 RFID 读写器与个人手机集成,第二种方式是将 RFID 标签与个人手机集成。基本电子交易流程如图 2-18、图 2-19 所示。

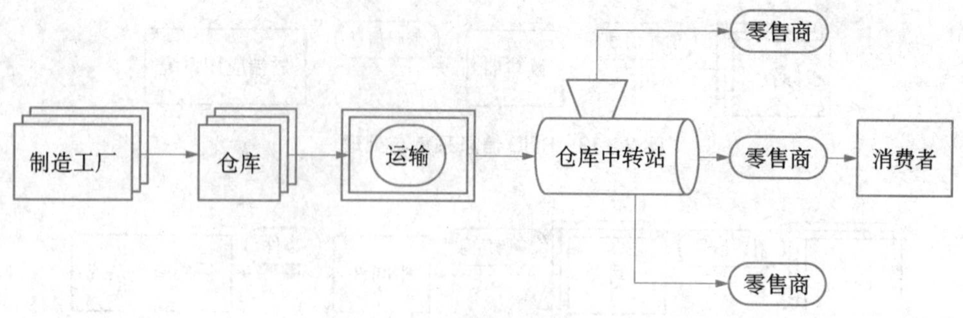

图 2-16 现代物流供应链

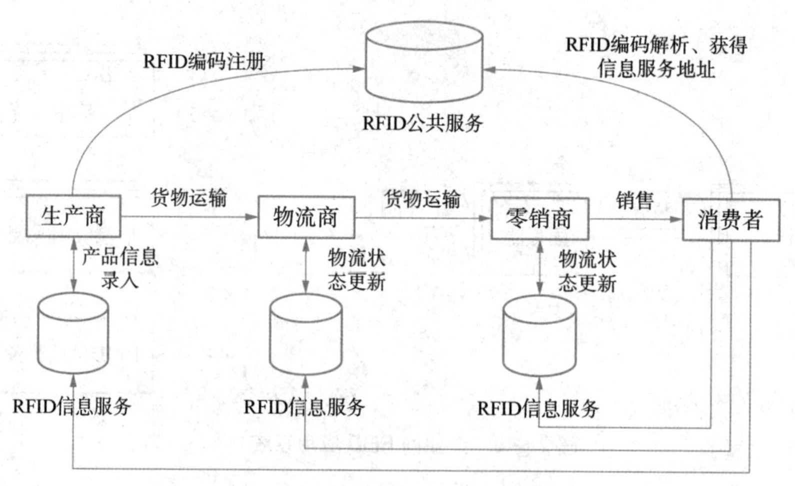

图 2-17 供应与消费 RFID 系统

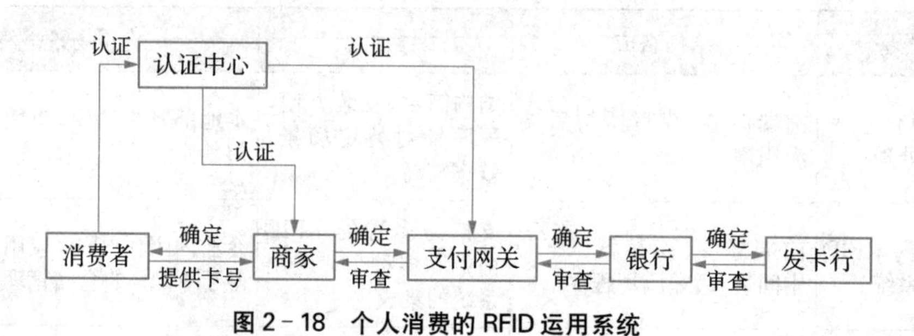

图 2-18 个人消费的 RFID 运用系统

图 2-19 RFID 标签与个人手机集成系统

① 分散的数据采集点对应着多个读写器、大批的标签及标签/打印/写入/贴标设备，必须对众多的底层硬件设备进行统一管理。

② 一个 RFID 系统可能服务于多个后台系统，需要对 RFID 端口与后台系统的对应关系进行统一管理。

③ 不断增加的RFID数据采集口的海量数据，并不是后台应用系统直接需要的，必须经过滤分类、统计分析处理之后，才能提交使用。

④ 随着应用扩张，读写器数量和种类会更新和增加，后端应用程序也会增加或改变，其数据结构或格式也会发生变化。

因此需要一个独立、灵活多变、功能强大、选择性宽的系统软件即RFID中间件。RFID中间件是一种面向消息的中间件（Message-Oriented Middleware，MOM），信息（Information）是以消息（Message）的形式，从一个程序传送到另一个或多个程序。信息可以以异步（Asynchronous）的方式传送，所以传送者不必等待回应。面向消息的中间件包含的功能不仅是传递信息，还必须包含解译数据、安全性、数据广播、错误恢复、定位网络资源、找出符合成本的路径、消息与要求的优先次序以及延伸的除错工具等服务。RFID中间件是用来加工和处理来自读写器的所有信息和事件流的软件，是连接读写器和企业应用的纽带，使用中间件提供一组通用的应用程序接口，即能连到RFID读写器，读取RFID标签数据。它要对标签数据进行过滤、分组和计数，以减少发往信息网络系统的数据量并防止错误识读、多读信息。

RFID中间件系统是负责将原始的RFID数据转换为一种面向业务领域的结构化数据形式发送到企业应用系统中供其使用，同时负责多类型读写器设备的即插即用、多设备间协同的软件，是连接读写器和应用系统的纽带，主要任务是在将数据送往企业应用系统之前进行标签数据校对、读写器协调、数据传送、数据存储和业务处理等。

RFID中间件从架构上可以分为两种：

以应用程序为中心（Application Centric）的设计概念是通过RFID读写器生厂商提供的应用程序接口，以Hot Code方式直接编写特定读写器读取数据的适配器（Adapter），并传送至后端系统的应用程序或数据库，从而达成与后端系统或服务串接的目的。

以架构为中心（Infrastructure Centric）的设计概念是随着企业应用系统的复杂度增高，企业无法负荷以Hot Code方式为每个应用程序编写适配器，同时面对对象标准化等问题，企业可以考虑采用生厂商所提供的标准规格的RFID中间件。这样即使有存储RFID标签情报的数据库软件改由其他软件代替或读写RFID标签的RFID读写器种类增加等情况发生时，应用端不做修改也能应付。

3）RFID中间件的特点

一般来说，RFID中间件具有下列特点：

独立于架构（Insulation Infrastructure）。RFID中间件独立并介于RFID读写器与后端应用程序之间，并且能够与多个RFID读写器以及多个后端应用程序连接，以减轻架构与维护的复杂性。

数据流（Data Flow）。RFID的主要目的在于将实体对象转换为信息环境下的虚拟对象，因此数据处理是RFID最重要的功能。RFID中间件具有数据的搜集、过滤、整合与传递等特性，以便将正确的对象信息传到企业后端的应用系统。

处理流（Process Flow）。RFID中间件采用程序逻辑及存储再转送（Store-and-Forward）的功能来提供顺序的消息流，具有数据流设计与管理的能力。

标准（Standard）。RFID中间件为自动数据采样技术与辨识实体对象的应用。EPCglobal目前正在研究为各种产品的全球唯一识别码提出通用标准即EPC（产品电子编码）。EPC是在供应链系统中，以一串数字来识别一项特定的商品。无线射频辨识标签通过

RFID 读写器读入后，传送到计算机或是应用系统中的过程称为对象命名服务（Object Name Service，ONS）。对象命名服务系统会锁定计算机网络中的固定点获取有关商品的消息。EPC 存放在 RFID 标签中，在被 RFID 读写器读出后即可提供追踪 EPC 所代表的物品名称及相关信息，有效地提高信息透明度。

4）RFID 中间件的组成

RFID 中间件分为边缘层与业务集成层两个部分。边缘层是一种位置相对靠近 RFID 读写设备的逻辑层次概念，主要负责过滤和消减海量的 RFID 数据、处理 RFID 复杂事件，负责 RFID 读写设备的接入与管理；业务集成层是指与应用系统衔接部分。

边缘层是一种位置相对靠近 RFID 读写器的逻辑层，负责 RFID 读写设备的接入和管理，通过采用 RFID 中间件的接入技术，边缘层可以实现对不同种类的读写器进行参数设置。边缘层还负责过滤和消减海量的 RFID 数据，处理 RFID 复杂事件，这样可以防止大量无用的数据流入系统。设备接口仅实现读写设备与中间件的数据传输，当读写设备提供的功能不能满足接口时，边缘层将对读写设备进行封装，以满足上层的需求。

通过采用 RFID 中间件业务集成技术，业务集成层可以将各个企业的业务流程关联在一起，形成基于 RFID 技术的业务流程自动化。RFID 中间件业务集成层是企业间进行业务集成的公共基础设施，它通过灵活的配置消除了集成中繁杂的定制开发，为基于 RFID 业务流程的集成提供了必要的支撑环境，是 RFID 技术集成的核心。如图 2-20 所示。

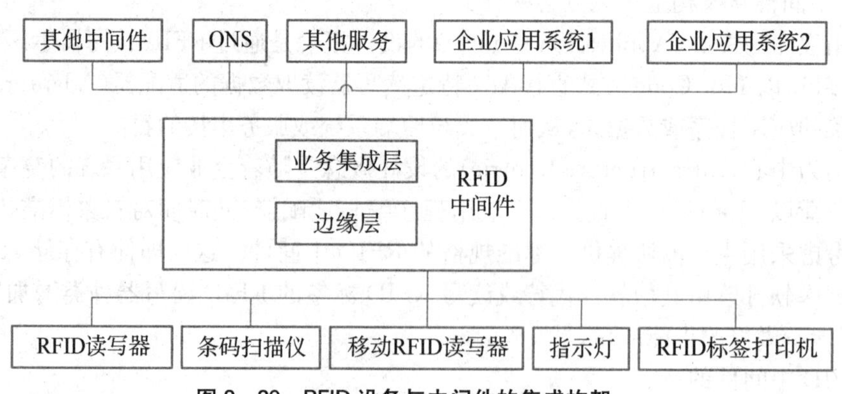

图 2-20 RFID 设备与中间件的集成构架

5）RFID 中间件的优越性

① 降低开发难度。企业使用 RFID 中间件，在做二次开发时，可以减轻开发人员的负担，使其可以不用关心复杂的 RFID 信息采集系统，可以集中精力于自己擅长的业务开发。

② 缩短开发周期。基础软件的开发是一件耗时的工作，特别是像 RFID 方面的开发，有别于常见应用软件开发，不是单纯的软件技术就能解决所有问题，它需要一定的硬件、射频等基础支持。若使用成熟的 RFID 中间件，保守估计可缩短 50%～75%的开发周期。

③ 规避开发风险。任何软件系统的开发都存在一定的风险，因此，选择成熟的 RFID 中间件产品，可以在一定程度上降低开发的风险。

④ 节省开发费用。使用成熟的 RFID 中间件，可以节省 25%～60%的二次开发费用。

⑤ 提高开发质量。成熟的中间件在接口方面都是清晰和规范的，规范化的模块可以有效地保证应用系统质量及减少新旧系统维护。

总体来说,使用 RFID 中间件带给用户的不只是开发的简单化、开发周期的缩短,也减少了系统维护、运行和管理的工作量,还减少了总体费用的投入。

6) RFID 中间件的发展历程

(1) 应用程序中间件的发展阶段

RFID 中间件的初级阶段,多以整合、串联 RFID 读写器为目的。企业需要花费成本去处理后端系统与读写器连接问题,RFID 生厂商根据企业需求帮助企业将后端系统与 RFID 读写器串联。

(2) 架构中间件的发展阶段

RFID 中间件的成长阶段,具备了基本数据收集、过滤、处理等功能,同时满足了企业多点对多点的连接需求,并具备了平台的管理与维护。

(3) 解决方案中间件的发展阶段

在 RFID 中间件的成熟阶段,各生厂商针对 RFID 在不同领域的应用,提出了 RFID 解决方案,企业只需通过 RFID 中间件,就可以将原有的应用系统快速地与 RFID 系统连接,实现对 RFID 系统的可视化管理。

7) RFID 中间件的发展方向

(1) 与读写器管理系统的融合

中间件是读写器与后台应用系统之间的桥梁,而读写器通常有设备管理需求,比如软件版本下载、设备告警管理、参数配置,等等,读写器管理系统也是直接与读写器交互的软件模块。如何处理好中间件与读写器管理系统之间的关系成为一个亟待解决的问题。从软件部署(部署在同一台主机上)、软件模块重用(重用读写器通信模块)等角度考虑,中间件与读写器管理系统的融合势必成为中间件本身的一个优势。

(2) 对多标准标签的支持

RFID 技术在国内外的发展和应用方兴未艾,国际上多个标准组织都试图统一 RFID 标准,但在一定的时期内,势必出现多标准标签并存的情况。对多标准标签的支持也是中间件系统的一个发展方向。

(3) 对多生厂商读写器的支持

中间件与读写器之间的接口、通信方式以及信息格式,也无法做到统一标准。对多生厂商读写器的支持,至少对主流生厂商读写器的支持,已经是对中间件提出的基本要求。

8) RFID 中间件产品

目前,国内外许多 IT 公司已先后推出了自己的 RFID 中间件产品,并且得到了企业用户的认可。

(1) IBM 的 RFID 中间件

IBM 公司的 RFID 中间件是一套基于 Java 并遵循 J2EE 企业架构开发的一套开放式的 RFID 中间件产品,可以帮助企业简化实施 RFID 项目的步骤,能满足企业处理海量数据的要求。基于高度标准化的开发方式,IBM 公司的 RFID 中间件产品可以与企业信息管理系统无缝连接,有效缩短企业的项目实施周期,降低了 RFID 项目的实施出错率和企业实施成本。目前,IBM 公司的 RFID 中间件已成功应用于许多企业的商品供应链之中,例如全球第 4 大零售商 Metro 公司。它不仅提高了 Metro 公司商品供应链的流转速度,减少了产品的差错率,还提高了整个供应链的服务水平,降低了供应链的运营成本。

(2) Oracle 的 RFID 中间件

Oracle 公司的 RFID 中间件是 Oracle 公司开发的一套基于 Java 遵循 J2EE 企业架构的中间件产品。它依托 Oracle 数据库,充分发挥 Oracle 数据库的数据处理优势,满足企业对海量 RFID 数据存储和分析处理的要求。Oracle 公司的 RFID 中间件除最基本的数据处理功能之外,还向用户提供了智能化的手工配置界面。实施 RFID 项目的企业可根据业务的实际需求,手工设定 RFID 读写器的数据扫描周期、相同数据的过滤周期,并指定 RFID 中间件将电子数据导入指定的服务数据库;用户还可以利用 Oracle 提供的各种数据库工具对 RFID 中间件导入的数据进行各种数据指标分析,并做出准确的预测。

(3) 微软的 RFID 中间件

与其他软件生厂商运行的 Java 平台不同,微软公司的中间件产品以 SQL 数据库和 Windows 操作系统为依托,主要运行于微软的 Windows 系列操作平台。微软公司还准备将 RFID 中间件产品集成为 Windows 平台的一部分,并专门为 RFID 中间件产品的数据传输进行系统级的网络优化。

(4) Sybase 的 RFID 中间件

Sybase 公司的中间件包括 Edge ware 软件套件、RFID 业务流程、集成和监控工具。该工具采用基于网络的程序界面,将 RFID 数据所需要的业务流程映射到现有的企业系统中。客户可以建立独有的规则,并根据这些规则监控实时事件流和 RFID 公司中间件取得的信息数据。Sybase 公司中间件的安全套件已经被 SAP 整合进 SAP 企业应用系统,双方还签订了 RFID 中间件联盟协议,利用双方资源共同推广 RFID 中间件的企业 RFID 解决方案。

(5) 深圳立格射频科技有限公司的 RFID 中间件

深圳立格射频科技有限公司的 EPC 系统中间件是中国第一个与国际市场同步开发的产品。它的 AIT LYNKO-ALE 中间件是国内为数不多支持 ALE 标准的 RFID 中间件产品。AIT LYNKO-ALE 中间件集成了业界主流的 RFID 读写器,可完成以下配置:配置读写器集成参数,实现不同读写器的集成;配置 ALE 接口参数,实现第三方访问的功能;配置中间件工作参数,实现 RFID 读写设备在特殊环境下工作;提供集中管理功能。

(6) 远望谷与 IBM 联手开发 RFID 中间件适配层软件

为使 RFID 硬件和利用体系之间的互动更为顺畅,远望谷公司与 IBM 公司强强结合,联合开发了 RFID 中间件适配层软件。该软件在 IBM 中国公司的立异中心实验室顺利经过过程测试,测试成果获得了 IBM 美国公司的认证。认证通过后,远望谷公司的读写器将会添加到 IBM 公司 RFID 中间件官方支撑列表,这象征着运用 IBM 企业级软件平台的用户通过 IBM RFID 中间件可直接运用远望谷公司的 RFID 产品。

(7) 清华同方的 ezONE 易众中间件

清华同方 ezONE 易众中间件是基于 J2EE/XML/Portlet/WFMC 等开放技术开发的、提供整合框架和丰富的构件及开发工具的应用中间件平台,具有完全的知识产权。

2.7 应用系统

对于某些简单的应用,读写器可以独立完成应用的需要,例如,公交车上的读写器可以独立完成对电子车票的收费。但对于多数应用来说，RFID系统是由许多个读写器构成的信息系统，应用系统是必不可少的。应用系统是应用层软件，主要是把收集的数据进一步处理，并为人们所使用，将许多读写器获取的数据有效地整合起来，完成查询、管理与数据交换等功能。

2.8 NFC技术介绍

2.8.1 NFC技术概念

近场通信(Near Field Communication，NFC)是一种新兴的技术，使用了NFC技术的设备(比如手机)可以在彼此靠近的情况下进行数据交换，是由非接触式RFID及互联互通技术整合演变而来。通过在单一芯片上集成感应式读卡器、感应式卡片和点对点通信的功能，利用移动终端实现移动支付、电子票务、门禁、移动身份识别、防伪等应用。

NFC又称近距离无线通信，是一种短距离的高频无线通信技术，允许电子设备之间进行非接触式点对点数据传输，交换数据。这个技术由非接触式RFID演变而来，由飞利浦公司和索尼公司共同研制开发，其基础是RFID及互联技术。NFC于20 cm距离内在13.56 MHz频率运行，其传输速度有106 kb/s、212 kb/s或者424 kb/s三种。

NFC业务结合了NFC技术和移动通信技术，实现了电子支付、身份认证、票务、数据交换、防伪、广告等多种功能，是移动通信领域的一种新型业务，改变了用户使用移动电话的方式，使用户的消费行为逐步走向电子化，建立了一种新型的用户消费和业务模式。

2.8.2 NFC技术特征

NFC是基于RFID技术发展起来的一种近距离无线通信技术。与RFID一样，NFC信息也是通过频谱中无线频率部分的电磁感应耦合方式传递，但两者之间还是存在很大的区别。NFC的传输范围比RFID小，RFID的传输范围可以达到0～1 m，但由于NFC采取了独特的信号衰减技术，相对于RFID来说NFC具有成本低、带宽高、能耗低等特点。

NFC技术的主要特征如下：

① 用于近距离(10 cm以内)安全通信的无线通信技术。

② 射频频率：13.56 MHz。

③ 射频兼容：ISO/IEC14443、ISO/IEC15693、Felica标准。

④ 数据传输速度：106kb/s、212 kb/s、424kb/s。

2.8.3 NFC技术标准

NFC技术的标准是由诺基亚、飞利浦、索尼合作制定，在ISO/IEC18092、ECMA340和ETSI TS102 190框架下推动标准化，同时也兼容应用广泛的ISO/IEC14443、Type A、ISO/IEC15693、Type B以及Felica标准非接触式智能卡的基础架构。

2003年12月8日通过ISO/IEC(International Organization for Standardization/International Electrotechnical Commission)机构的审核而成为国际标准，在2004年3月18

日由欧洲计算机制造商协会(European Computer Manufacturers Association,ECMA)认定为欧洲标准,已通过的标准编列有 ISO/IEC18092(NFCIP-1)、ECMA-340、ECMA-352、ECMA-356、ECMA-362、ISO/IEC21481(NFCIP-2)。

NFC 标准详细规定了 NFC 设备的调制方案、编码、传输速度与射频接口的帧格式,以及主动与被动 NFC 模式初始化过程中数据冲突控制所需的初始化方案和条件,此外还定义了传输协议,包括协议启动和数据交换方法等。

2.8.4 NFC 技术原理

NFC 的技术原理非常简单,它可以通过主动与被动两种模式交换数据。在被动模式下,启动 NFC 的设备,也称为发起设备(主设备),在整个通信过程中提供射频场(RF-field)。它可以选择 106 kb/s、212 kb/s 或 424 kb/s 其中一种传输速度,将数据发送到另一台设备。另一台设备称为目标设备(从设备),不必产生射频场,而使用负载调制(Load Modulation)技术,以相同的速度将数据传回发起设备。而在主动模式下,发起设备和目标设备都要产生自己的射频场,以进行通信。

那么,我们如何使用 NFC 呢?其实从该技术的特征上我们就很容易得出结论:NFC 的传输距离极短,建立连接速度快。因此 NFC 技术通常作为芯片内置在设备中,或者整合在手机的 SIM 卡或 microSD 卡中,当设备应用时,通过碰一碰即可以建立连接。例如在用于门禁管制或检票之类的应用中,用户只需将储存有票证或门禁代码的设备靠近阅读器即可;在移动付费之类的应用中,用户将设备靠近后,输入密码确认交易,或者接受交易即可;在数据传输时,用户将两台支持 NFC 的设备靠近,即可建立连接,进行下载音乐、交换图像或同步处理通讯录等操作。

2.8.5 NFC 技术应用

NFC 设备可以用作非接触式智能卡、智能卡的读写器终端以及设备对设备的数据传输链路。其应用广泛,可以分为四种基本类型:

接触、完成。诸如门禁管制或交通/活动检票之类的应用,用户只需将储存有票证或门禁代码的设备靠近读写器即可。还可用于简单的数据撷取应用,例如从海报上的智能标签读取网址。

接触、确认。移动付费之类的应用,用户必须输入密码确认交易,或者仅接受交易。

接触、连接。将两台支持 NFC 的设备链接,即可进行点对点网络数据传输,例如下载音乐、交换图像或同步处理通讯录等。

接触、探索。NFC 设备可能提供不止一种功能,消费者可以探索了解设备的功能,找出 NFC 设备潜在的功能与服务。

2015 年 1 月,中国一个公司发布了一款电子皮肤温度计,就是利用在电子皮肤——无线温度计中内置 NFC 技术,用户只需将其支持 NFC 技术的手机靠近电子皮肤就能读出温度数据。一卡通公司通过联合手机运营商推出空中发卡的业务(简称空发卡),只要是适配 NFC 手机,就可以更换一张具有一卡通功能的 SIM 卡,那么,市民随身携带的手机便可以“变身”成一卡通,实现充值、消费、乘车等功能。

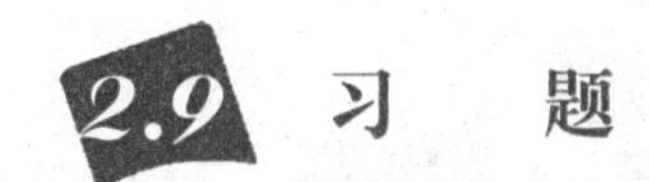

2.9 习题

1. 低频和高频RFID的工作原理是什么？在频率为125 kHz、13.56 MHz时，RFID分别有哪些工作特性？

2. 微波RFID的工作原理是什么？在频率为900 MHz、2.45 GHz时，RFID分别有哪些工作特性？

3. 简述NFC技术与RFID技术之间的关系，NFC技术的特征有哪些？

RFID 工作频率及天线技术

3.1 RFID 工作频率及波长

3.1.1 RFID 工作频率及波长

1）RFID 工作频率

在无线通信领域中，无线信号的工作频率决定信号的传输特性和信号的传输方式。不同频率的电磁波的传输特性不同，用途也就不同。

无线电波是频率介于 3 Hz 和约 300 GHz 之间的电磁波，也称作射频电波，或简称射频、射电。无线电技术将声音信号或其他信号经过转换，利用无线电波传播，在现代被广泛使用，特别是在电信领域。为防止不同用户之间的干扰，无线电波的产生和传输受国际法的严格管制，由国际电信联盟协调。

国际电信联盟为不同的无线电传输技术和应用分配了无线电频谱的不同部分；国际电信联盟"无线电规则"(RR)定义了约 40 项无线电通信业务。在某些情况下，部分无线电频谱被出售或授权给从事私人无线电传输业务的运营商（例如蜂窝电话运营商或广播电视台）。具体波段划分见表 3-1。

表 3-1　波段划分表

频段名称	缩写	频率范围	波段	波长范围	用法
		≤3 Hz		≥100 000 km	
极低频	ELF	3～30 Hz	极长波	100 000～10 000 km	潜艇通信或直接转换成声音
超低频	SLF	30～300 Hz	超长波	10 000～1 000 km	直接转换成声音或交流输电系统(50～60 Hz)
特低频	ULF	300 Hz～3 kHz	特长波	1 000～100 km	矿场通信或直接转换成声音
甚低频	VLF	3～30 kHz	甚长波	100～10 km	直接转换成声音、超声、地球物理学研究
低频	LF	30～300 kHz	长波	10～1 km	国际广播、全向信标

续 表

频段名称	缩写	频率范围	波段	波长范围	用法
中频	MF	300 kHz～3 MHz	中波	1 km～100 m	调幅(AM)广播、全向信标、海事及航空通信
高频	HF	3～30 MHz	短波	100～10 m	短波、民用电台
甚高频	VHF	30～300 MHz	米波	10～1 m	调频(FM)广播、电视广播、航空通信
超高频	SHF	300 MHz～3 GHz	分米波	1 m～100 mm	电视广播、无线电话通信、无线网络、微波炉
特高频	UHF	3～30 GHz	厘米波	100～10 mm	无线网络、雷达、人造卫星接收
极高频	EHF	30～300 GHz	毫米波	10～1 mm	射电天文学、遥感、人体扫描安检仪
		>300 GHz		<1 mm	

其中工业、科学和医疗频带(Industrial Scientific Medical Band，ISM)最初预留用于射频能量的非通信用途，如微波炉、高频加热和类似的目的。然而，近年来，这些频段的最大用途是短距离低功率通信系统，因为用户不必持有无线电运营商的许可证，如无绳电话、计算机无线网络、蓝牙设备和车库开门器都使用 ISM 频段。ISM 设备没有监管保护，不受来自其他用户的干扰。RFID 工作频率的选择，要顾及其他无线电服务，不能对其他服务造成干扰和影响，因而 RFID 系统通常只能使用特别为工业、科学和医疗应用而保留的 ISM 频率。RFID 的工作频率有低频、高频、超高频和微波频段。低频和高频 RFID 的工作波长较长，因此低高频 RFID 电子标签与读写器之间通过电磁感应获得信号和能量。微波波段 RFID 的工作波长短，电子标签与读写器之间通过电磁波辐射获得信号和能量。超高频和微波 RFID 是视距传播，具有直射、反射、绕射和散射等多种传播方式，电波传播有自由空间传输损耗、多径传落等多种现象。

2）电磁波的传播速度

在自由空间中，电磁波的速度为：

$$v = c = \lambda f = 3 * 10^8 \text{ m/s}$$

其中 f 是工作频率，λ 是工作波长，由此可以得到空气中常用 RFID 的工作波长(表 3-2)。

表 3-2 常用频率波长对应表

频段	工作频率	工作波长
低频	125 kHz	2 400 m
高频	13.56 MHz	22 m
超高频	433.92 MHz	0.69 m
超高频	869.0 MHz	0.35 m

续 表

频段	工作频率	工作波长
超高频	915.0 MHz	0.33 m
微波	2.45 GHz	0.12 m
微波	5.8 GHz	0.05 m

3.2 RFID天线

3.2.1 RFID天线及制造方法

1）天线

在无线通信领域中，通信、雷达、导航、广播、电视等无线电设备，都是通过无线电波来传递信息的，都需要有无线电波的辐射和接收。在无线电设备中，用来辐射和接收无线电波的装置称为天线。天线为发射机或接收机与传播无线电波的媒质之间提供所需要的耦合。天线和发射机、接收机一样，也是无线电设备的一个重要组成部分。

天线辐射的是无线电波，接收的也是无线电波，然而发射机通过馈线送入天线的并不是无线电波，接收天线也不能把无线电波直接经馈线送入接收机，其中必须经过能量转换过程。在发射端，发射机产生的已调制的高频振荡电流（能量）经馈电设备输入发射天线（馈电设备可随频率和形式不同，直接传输电流波或电磁波），发射天线将高频电流或导波（能量）转变为无线电波——自由电磁波（能量）向周围空间辐射（图 3－1）；在接收端，无线电波（能量）通过接收天线转变成高频电流或导波（能量）经馈电设备传送到接收机。从上述过程可以看出，天线不但是辐射和接收无线电波的装置，同时也是一个能量转换器，是电路与空间的界面器件。

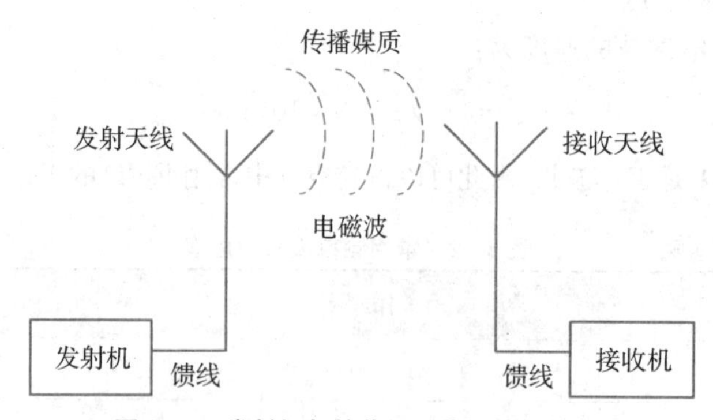

图 3－1　发射机与接收机无线通信线路

2）天线分类

① 按工作性质可分为发射天线和接收天线。

② 按用途可分为通信天线、广播天线、电视天线、雷达天线等。

③ 按方向性可分为全向天线和定向天线等。

④ 按工作波长可分为超长波天线、长波天线、中波天线、短波天线、超短波天线、微波天线等。

3) RFID 电子标签天线的设计

RFID 电子标签天线的设计要求主要包括：天线的物理尺寸足够小，能满足标签小型化的需求；具有全向或半球覆盖的方向性；具有高增益，能提供最大的信号给标签的芯片；阻抗匹配好，无论标签在什么方向，标签天线的极化都能与读写器的信号相匹配；具有顽健性及低成本。

RFID 电子标签天线的设计目标是传输最大的能量进出标签芯片，这需要仔细地设计天线和自由空间以及其相连的标签芯片的匹配，当工作频率增加到微波区域的时候，天线与标签芯片之间的匹配问题变得更加严峻。一直以来，标签天线的开发基于的是 50 Ω 或者 75 Ω 输入阻抗，而在 RFID 应用中，芯片的输入阻抗可能是任意值，并且很难在工作状态下准确测试。由于缺少准确的参数，天线的设计难以达到最佳。

RFID 电子标签天线的设计还面临许多其他难题，如相应的小尺寸要求、低成本要求、所标识物体的形状及物理特性要求、电子标签到贴标签物体的距离要求、贴标签物体的介电常数要求、金属表面的反射要求、局部结构对辐射模式的影响要求等，这些都将影响电子标签天线的特性。

4) RFID 电子标签天线的制造方法

RFID 电子标签天线制作工艺主要有线圈绕制法、蚀刻法、电镀法和印刷法。低频 RFID 电子标签天线基本采用线圈绕制方式制作而成；高频 RFID 电子标签天线利用蚀刻法、电镀法、印刷法三种方式均可实现，但以蚀刻天线为主，其材料一般为铝或铜；特高频 RFID 电子标签天线则以印刷天线为主。各种标签天线制作工艺都有优缺点，下面将对各种工艺加以介绍。

(1) 线圈绕制法

利用线圈绕制法制作 RFID 电子标签天线时，要在一个绕制工具上绕制标签线圈，并使用烤漆对其进行固定，此时天线线圈的匝数一般较多。将芯片焊接到天线上之后，需要对天线和芯片进行黏合，并加以固定。线圈绕制法制作的 RFID 电子标签天线如图 3-2 所示。

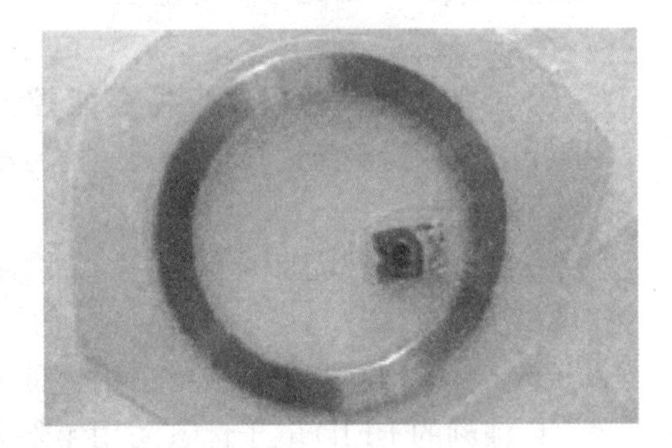

图 3-2 线圈绕制法

线圈绕制法的特点如下：

① 频率范围为 125～134 kHz 的 RFID 电子标签，只能采用这种工艺，线圈的圈数一般为几百圈到上千圈。

② 这种方法的缺点是成本高、生产速度慢。

③ 高频 RFID 天线也可以采用这种工艺，线圈的圈数一般为几圈到几十圈。

④ 特高频天线很少采用这种工艺。

⑤ 天线通常采用焊接的方式与芯片连接，必须在保证焊接牢固、天线硬实、模块位置十

分准确以及焊接电流控制较好的情况下，才能保证较好的连接。这种方法容易出现虚焊、假焊和偏焊等缺陷。

(2) 蚀刻法

图 3-3 蚀刻法

蚀刻法也称印制腐蚀法或减成印制法，先在一个底基载体(如塑料)上面覆盖一层 20～25 mm 厚的铜或铝，另外制作一张天线阳图的丝网印版，用网印的方法将抗蚀剂印在铜或铝的表面上，保护下面的铜或铝不受腐蚀剂侵蚀；未被抗蚀剂膜覆盖的铜或铝会被腐蚀剂溶化，露出底基成为天线电路线的间隔线；最后涂上脱膜液去除抗蚀膜，清洗得到所需要的天线图案，进而制成 RFID 电子标签天线，如图 3-3 所示。

RFID 电子标签天线在蚀刻前应先印刷上抗蚀膜，首先将 PET 薄膜片材两面覆上金属(如铜、铝等)箔，然后采用印刷法(网印、凹印等)或光刻法，在薄膜片材(基板)双面天线图案区域印刷抗蚀油墨，就是将抗蚀油墨印在需要保留铜箔(天线图案)的部分，用以保护线路图形在蚀刻中不被溶蚀掉。印刷抗蚀墨的方法多采用丝网印刷(也有用凹印)，成本较低，但由于印刷精度不太高，只适用于加工制作线宽 0.2 mm 以上的导电图形。光刻法是在覆铜基板表面预先涂布光敏抗蚀膜，并用相应的掩膜覆合曝光，经过显影腐蚀，除去板上残留的抗蚀膜，就可得到一个完整的天线图形。光刻法成本较高，但能加工 0.2 mm 以下线宽的精细图形。近年来，随着高科技在印刷领域的普遍应用，丝网印刷技术也取得可喜的进步，其印刷精度和质量都有很大的提高，特别是带有图像识别功能的全自动网印机的出现和高精度丝网制版技术的完善，使古老的网印技术在微电子加工领域展现出新的活力，改变了丝网印刷只适用于图像分辨率和尺寸精度要求不太高的印制-蚀刻和图形电镀制作电路板的局面，如今也能印刷出较高精度(细线精度、墨膜厚度精度、尺寸重复精度)的产品，而且自动化程度较高，因此可大批量生产。

蚀刻法的特点如下：

① 蚀刻天线精度高，其线宽能控制在 0.03 mm 左右，而印刷的线宽只能控制在 0.1 mm 左右，能够与读写机的询问信号相匹配，天线的阻抗、方向性等性能都很好，天线性能优异且稳定。

② 缺点就是很大部分的铜箔都被蚀刻掉，所以导致其成本比较高，制作程序烦琐，产能低。

③ 高频 RFID 电子标签常采用这种工艺。

④ 蚀刻的 RFID 电子标签耐用年限为 10 年以上。

⑤ 柔性好，能任意弯曲，耐高低温、耐潮湿、耐腐蚀性强。

(3) 印刷法

印刷天线是直接用导电油墨(图 3-4)在绝缘基板(薄膜)上印刷导电线路，形成天线和电路。目前印刷天线的主要印刷方法已从只用丝网印刷，扩展到胶印印刷、柔性版印刷和凹印印刷等，较为成熟的制作工艺为网印技术与凹印技术。印刷天线技术的进步，使 RFID 标签的生产成本降低，从而使电子标签得到广泛的应用。

其中导电油墨按导电材料的性质可分为无机系和有机系，此外，还有一些新型和应用高新技术生产的导电油墨，如纳米导电油墨、炭黑聚合物、复合导电云母粉、新型环氧树脂防静电涂料油墨等。目前在导电油墨印刷中主要使用无机系导电油墨，主要有碳浆、银浆等导电油墨。碳浆油墨是一种液型热固型油墨，成膜固化后具有保护铜箔和传导电流的作用，具有良好的导电性和较低的阻抗；不易氧化，性能稳定，耐酸、碱和化学溶剂的侵蚀；具有耐磨性强、抗磨损、抗热冲击性好等特点。银浆油墨是由超细银粉和热塑性树脂为主体组成的一种液型油墨，在 PET、PT、PVC 片材上均可使用，有极强的附着力和遮盖力，低温固化，可控导电性和很低的电阻值。

如今，导电油墨已开始取代各频率段的蚀刻天线，如超高频段(860～950 MHz)和微波频段(2 450 MHz)，用导电油墨印刷的天线可以与传统蚀刻的铜天线相比拟。此外，导电油墨还用于印制 RFID 中的传感器及线路印刷。其次，用传统的压箔法或腐蚀法制作的金属天线要消耗金属材料，成本较高，而导电油墨的原材料成本要低于传统的金属天线，这对于降低智能标签的制作成本有很大的意义。

印刷法的特点如下：

① 生产流程短，成本低，对环境污染小。

② 可以精确地调整电性能参数。

③ 可以使用不同的基体材料。

④ 可以使用不同厂家提供的晶片模块。

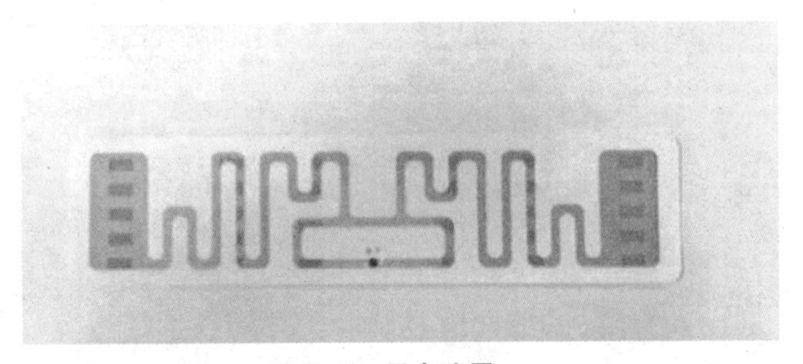

图 3-4　导电油墨

(4) 新型石墨烯 NFC 天线技术

石墨烯作为一种具有多种优良特性的材料，市场前景良好，在 2006 年 12 月研究人员设计出由石墨烯材料制成的柔性 NFC 天线，如图 3-5 所示。

图 3-5　柔性 NFC 天线

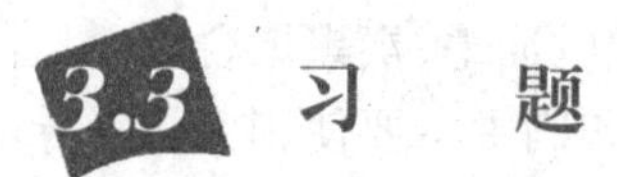

3.3 习 题

1. 简述无线通信系统的工作过程。
2. 简述线圈绕制法、蚀刻法和印刷法的天线制作工艺特点。

编码与调制

4.1 信号与信道

4.1.1 信号

电子标签与读写器之间消息的传递是通过电信号实现的。原始的电信号通常称为基带信号,有些信道可以直接传输基带信号,但以自由空间作为信道的无线电传输却无法直接传递基带信号。将基带信号编码,然后变换成适合在信道中传输的信号,这个过程称为编码与调制;在接收端进行反变换,然后进行解码,这个过程称为解调与解码。调制以后的信号称为已调信号,它具有两个基本特征:一是携带信息,二是适合在信道中传输。

对 RFID 系统来说,读写器和应答器之间的通信主要包括了五个功能模块:数字信号(基带信号、信号编码、信号处理)和调制器(载波回路)、传输介质(信道)以及解调器(载波回路)和信号译码(信号处理)。信号是消息的载体,在通信系统中消息以信号的形式从一点传送到另一点。信号分为模拟信号和数字信号,RFID 系统主要处理的是数字信号。信号可以从时域和频域两个角度来分析,在 RFID 传输技术中,对信号频域的研究比对信号时域的研究更重要。

信号随时间变化的物理量如声信号、光信号、电信号等,信号往往表示时间的函数。信号的分类方法很多,按数学关系、取值特征、能量功率、处理分析、所具有的时间函数特性、取值是否为实数等,可以分为确定性信号和非确定性信号(又称随机信号)、连续信号和离散信号(即模拟信号和数字信号)、能量信号和功率信号、时域信号和频域信号、时限信号和频限信号、实信号和复信号等。

1) 模拟信号和数字信号

模拟信号是指信号波形随模拟信息的变化而变化,其主要特征在于幅度是连续的,可取无限多个值,而在时间上可连续,也可以不连续。

数字信号是指不仅在时间上是离散的,而且在幅度上也是离散的,只能取有限个数值的信号,如电报信号、脉冲编码调制(Pulse Code Modulation,PCM)信号等都属于数字信号。二进制信号就是一种数字信号,它是由“1”和“0”这两个数字的不同的组合来表示不同的信息。如图 4-1 所示。

人们依据在通信系统中传送的是模拟信号还是数字信号,把通信系统分成模拟通信系

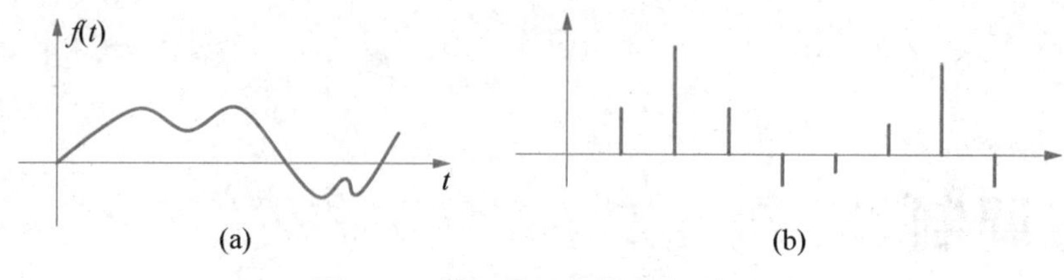

图 4-1 模拟信号和数字信号

统和数字通信系统。如果输入传输系统的是模拟信号,则这种通信方式为模拟通信。如今所使用的大多数电话和广播、电视系统采用的都是模拟通信方式。

如果把模拟信号经过抽样、量化、编码后变换成数字信号后再进行传送,那么这种通信方式就是数字通信。和模拟通信相比,数字通信虽然占用信道频带较宽,但它具有抗干扰能力强,无噪声积累,便于存储、处理和交换,保密性强,易于大规模集成,实现微型化等优点,正越来越得到广泛的应用。

2) 时域和频域

时域和频域是信号的基本性质。我们可以用多种方式来分析信号,每种方式会提供不同的角度。用来分析信号的不同角度称为域。时域频域可清楚反应信号与互连线之间的相互影响。

时域是真实世界,是唯一实际存在的域。因为我们的经历都是在时域中发展和验证的,已经习惯于事件按时间的先后顺序发生,而评估数字产品的性能时,通常在时域中进行分析,因为产品的性能最终就是在时域中测量的。

频域在射频和通信系统中运用较多,在高速数字应用中也会遇到频域。频域最重要的性质是:它不是真实的,而是一个数学构造。时域是唯一客观存在的域,而频域是一个遵循特定规则的数学范畴。

时域分析与频域分析是对模拟信号的两个观察面。时域分析是以时间轴为坐标表示动态信号的关系;频域分析是把信号以频率轴为坐标表示出来。一般来说,时域分析的表示较为形象与直观,频域分析则更加简练,剖析问题更为深刻。目前,信号分析的趋势是从时域分析向频域分析发展。同时,它们又是互相联系、相辅相成的。

3) 通信方式

读写器与电子标签之间的通信方式可以分为时序系统、半双工系统和全双工系统。

(1) 时序系统

在时序系统中,从电子标签到读写器的信息传输是在电子标签能量供应间歇进行的,读写器与电子标签不同时发射,这种方式可以改善信号受干扰的状况,提高系统的工作距离。时序系统的工作过程:首先读写器先发射射频能量,该能量传送给电子标签,电子标签用电容器将能量存储起来,这时电子标签的芯片处于省电模式或备用模式。然后读写器停止发射能量,电子标签开始工作。电子标签利用电容器储存的能量向读写器发送信号,这时读写器处于接收电子标签信号的状态。

在读写器和电子标签的通信过程既有能量的传输又有信号的传送。

(2) 半双工系统

半双工表示电子标签与读写器之间可以双向传送信息,但在同一时刻只能向一个方向传送信息。

(3) 全双工系统

全双工表示电子标签与读写器之间可以在同一时刻互相传送信息。

4.1.2 信道

信道是指通信的通道，是信号传输的媒介。信号是运载信息的工具，是信息的载体。从广义上讲，它包含光信号、声信号和电信号等。例如，古人利用点燃烽火台上的燃料而产生的烟雾，向远方军队传递敌人入侵的消息，这属于光信号；当说话时，声波传递到他人的耳朵，使他人了解说话者的意图，这属于声信号；遨游太空的各种无线电波、电话网络中的电流等，都可以用来向远方传递各种消息，这属于电信号。人们通过对光、声、电信号进行接收，才知道对方要表达的信息。信号是传递信息的一种物理现象和过程，是信息的载体。信息是一种事物的运动与状态特征，是提供判断或决策的资料，它既不是物质也不是能量，但可以识别、转换、存储、传输，如声音、图形、图像、文字等。

信息是抽象的，传送信息必须通过具体的介质，这个介质就是信道。例如对话时靠声波通过空气来传送，因而空气就是信道；邮政通信的信道是指运载工具及其经过的设施；无线电话的信道就是电波传播所通过的空间，有线电话的信道是电缆。信道可分为有线信道和无线信道两类。有线信道包括明线、对称电缆、同轴电缆及光缆等。无线信道有地波传播、短波电离层反射、超短波或微波视距中继、人造卫星中继以及各种散射信道等。RFID 系统采用的就是无线信道。

信道传输速率就是数据在介质(信道)上的传输速率。信道传输速率是描述数据传输系统的重要技术指标之一，在数值上等于每秒钟传输二进制代码的数据比特数，传输速率的单位为 bit/s，记作 b/s。

① 对于 1 356 MHz 的 ISO/IEC14443 标准，从读写器到电子标签的信息传输速率为 106 kb/s，电子标签到读写器的信道传输速率也为 106 b/s。

② 对于 860/960 MHz 的 ISO/IEC18000 标准，ISO/IEC18000 - 6A 从读写器到电子标签的信道传输速率 33 kb/s，18000 - 6B 从读写器到电子标签的信息传输速率为 10 b/s～40 kb/s。ISO/IEC18000 - 6C 从读写器到电子标签的信道传输速率为 26.7～128 kb/s；ISO/IEC18000 - 6A 从电子标签到读写器的信道传输速率为 160 b/s～40 kb/s，ISO/IEC18000 - 6B 从电子标签到读写器的信道传输速率为 40～160 kb/s，ISO/IEC18000 - 6C 从电子标签到读写器的信道传输速率为 40～640 kb/s。

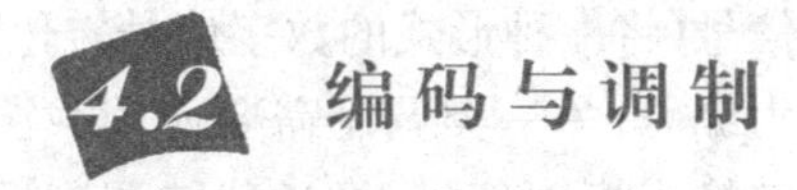

4.2 编码与调制

4.2.1 编码

数字通信系统是利用数字信号来传递信息的通信系统，其中主要有信源编码与解码、加密与解密、信道编码与解码、数字调制与解调以及同步等。数字通信系统的模型如图 4 - 2 所示。

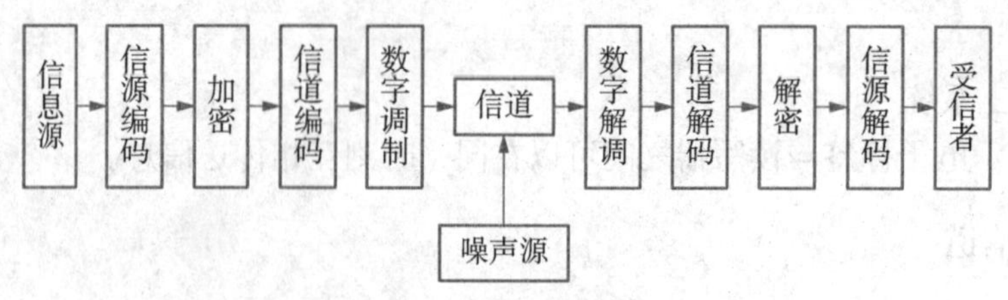

图 4-2 数字通信系统模型

1）编码与解码

编码是信息从一种形式或格式转换为另一种形式或格式的过程，解码是编码的逆过程。

（1）信源编码与解码

信源编码是一种以提高通信有效性为目的而对信源符号进行的变换，或者说为了减少或消除信源冗余度而进行的信源符号变换。具体地说，就是针对信源输出符号序列的统计特性来寻找某种方法，把信源输出符号序列变换为最短的码字序列，使后者的各码元所载荷的平均信息量最大，同时又能保证无失真地恢复原来的符号序列。信源编码是对输入信息进行编码，优化信息和压缩信息并且打包成符合标准的数据包。信源解码是信源编码的逆过程。

信源编码的作用之一是通常所说的数据压缩；作用之二是将信源的模拟信号转化成数字信号，以实现模拟信号的数字化传输。

最原始的信源编码就是莫尔斯电码，另外 ASCⅡ代码和电报代码也都是信源编码。但现代通信中常见的信源编码方式有 Huffman 编码、算术编码、L-Z 编码，这三种都是无损编码，另外还有一些有损的编码方式。信源编码的目标就是使信源减少冗余，更加有效、经济的传输，最常见的应用形式就是压缩。

（2）信道编码与解码

信道编码也叫差错控制编码，是为了对抗信道中的噪音和衰减，通过增加冗余如校验码等，来提高抗干扰能力以及纠错能力。常见的信道编码有 RS 编码、卷积码、Turbo 码、LDPC 编码，等等。信道解码是信道编码的逆过程。

2）RFID 系统常用的编码方法

信源的信号常称为基带信号（即基本的频带信号），像计算机输出的代表各种文字或图像文件的数据信号都属于基带信号。基带信号中常含有较多的低频成分，甚至有直流成分，而许多信道不能传输这种低频分量或直流分量，所以必须对基带信号进行调制。

调制可分为两大类：一是仅仅对基带信号的波形进行变换，使它能够与信道特性相适应，变换后的信号仍然是基带信号（将一种形式的数字信号转化为另一种形式的数字信号），这类调制成为基带调制，常称为编码；另一类调制需要使用载波进行调制，把基带信号的频率范围搬移到较高的频段，并转换为模拟信号，经过载波调制后的信号为带通信号（仅在一段频率范围内能够通过信道），而使用载波调制的调制方式称为带通调制。

数字数据可以通过 1 和 0 的码值区分，为什么不可以直接使用高、低电平在物理信道上传输，而非要按照一定方式编码之后再进行传输呢？主要有以下两个原因：

① 编码可以在传输信号中携带时钟，便于接收端提取定时时钟信号。

② 采用合理的编码方式，可以适合信道的传输特性，充分利用信道的传输能力。

编码是RFID系统的一项重要工作，二进制编码就是用不同的电压电平来表示二进制的1和0，即数字信号由矩形脉冲组成。

常用的编码格式有以下几种。

(1) 反向不归零(Not Return to Zero，NRZ)编码

高电平代表二进制符号"1"，低电平代表二进制符号"0"，在整个码元期间电平能够保持不变。反向不归零编码规则如图4-3所示。

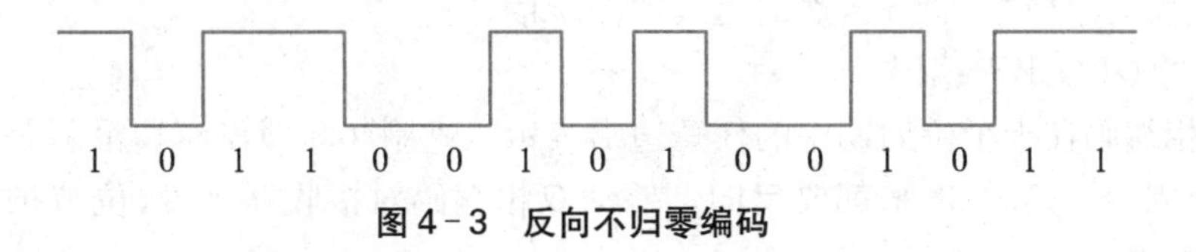

图4-3 反向不归零编码

优点：不归零码，数字信号可以直接采用基带传输。基带传输是在线路中直接传送数字信号的电脉冲，是一种最简单的传输方式，近距离通信的局域网都采用基带传输。

缺点：当出现多个连续的"0"或连续的"1"的时候，难以判断何处是上一位的结束和下一位的开始，不能给接收端提供足够的定时信息，定时时钟提取不方便。这种编码信号存在直流分量，不适合远距离传输。

(2) 曼彻斯特(Manchester)编码

曼彻斯特编码是在半个位周期内从高电平到低电平的跳变代表二进制符号"1"，而从低电平到高电平的跳变代表二进制符号"0"。在采用副载波的负载调制时经常用于从应答器到读写器的数据传输。编码规则如图4-4所示。

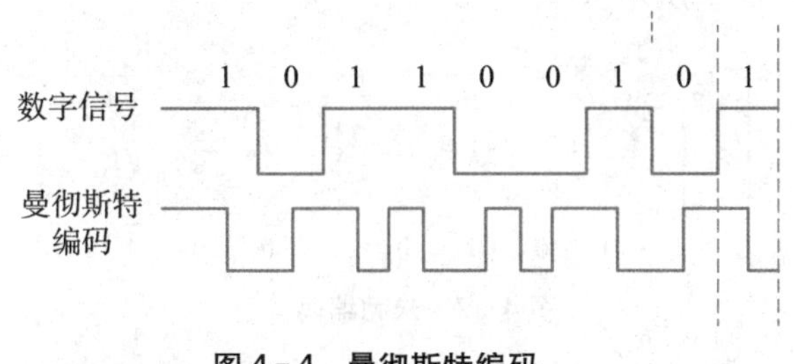

图4-4 曼彻斯特编码

位周期中心向上跳代表"0"，位周期中心向下跳表示"1"(也可以反过来定义)，此方法也称为相位编码。

优点：接收方容易利用每个数据位中间位置的跳变生成同步时钟信号，不需要单独传送时钟，即内同步方式，它又被称为自带时钟码。利用跳变的相位容易判断"0"和"1"，因为每个数据位中间都有跳变，因此无直流分量。

缺点：两个码元便是一个位的信息，因此波特率是比特率的2倍。

(3) 单极性归零(RZ)编码

单极性归零码是在第一个半个位周期中的高电平表示二进制符号"1"，而持续整个位周期的低电平表示二进制符号"0"。编码规则如图4-5所示。

单极性归零码的主要优点是可以直接提取同步信号，因此单极性归零码常常用作其他

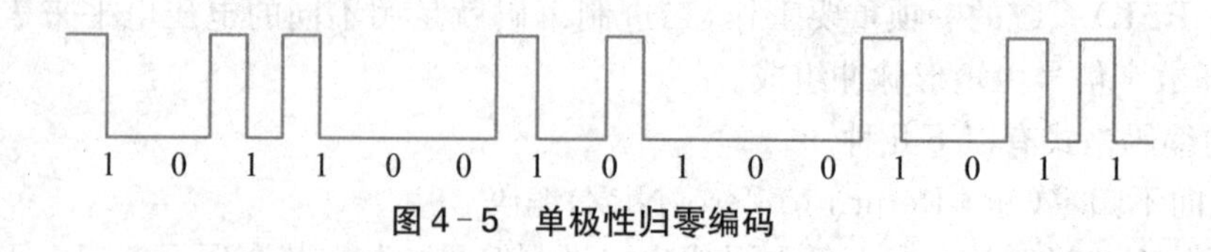

图 4-5 单极性归零编码

码型提取同步信号时的过渡码型，也就是说其他适合信道传输但不能直接提取同步信号的码型，可先变换为单极性归零码，然后再提取同步信号。

(4) 差动双相(DBP)编码

差动双相编码在半个位周期中的任意边沿表示二进制“0”，而没有边沿就是二进制“1”。此外，在每个周期开始时，电平都要反向。差动双相编码对接收器来说，位节拍比较容易重建。编码规则如图 4-6 所示。

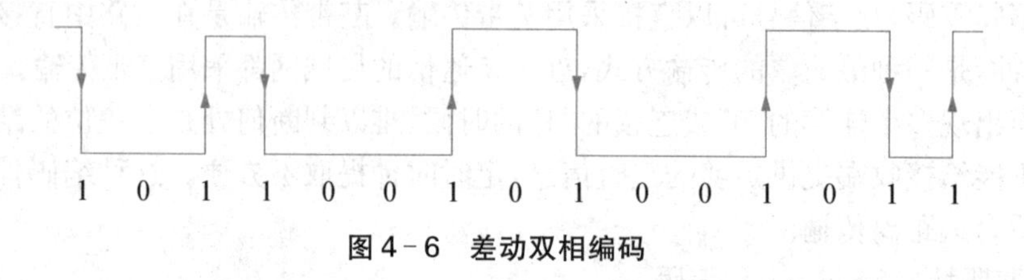

图 4-6 差动双相编码

(5) 米勒(Miller)编码

米勒编码在位周期开始时产生电平交变，对接收器来说，位节拍比较容易重建。米勒编码在半个位周期内的任意边沿表示二进制“1”，而经过下一个位周期中不变的电平表示二进制“0”。编码规则如图 4-7 所示。

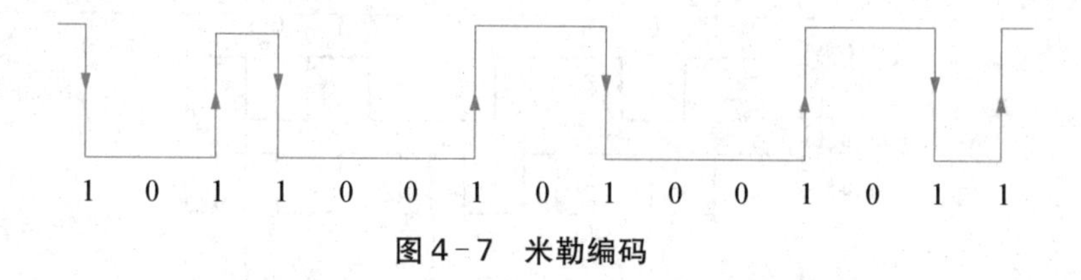

图 4-7 米勒编码

(6) 变形米勒编码

变形米勒编码相对于米勒编码来说，将其每个边沿都用负脉冲代替。由于负脉冲的时间很短，可以保证在数据传输的过程中从高频场中连续给电子标签提供能量。变形米勒编码在电感耦合的 RFID 系统中用于从读写器到电子标签的数据传输。编码规则如图 4-8 所示。

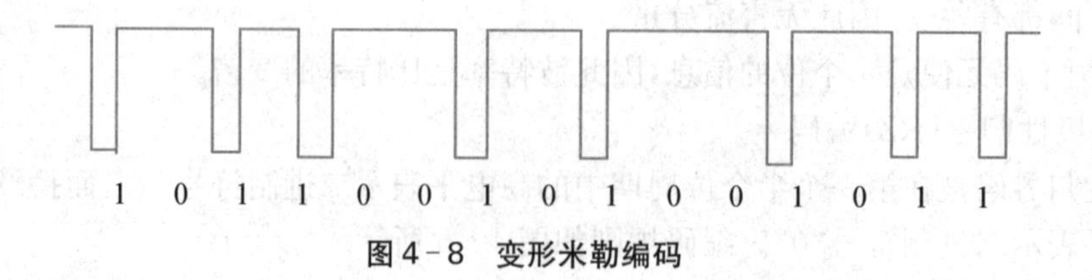

图 4-8 变形米勒编码

(7) 差动编码

对于差动编码，每个要传输的二进制“1”都会引起信号电平的变化，而对于二进制“0”信号电平保持不变。编码规则如图 4-9 所示。

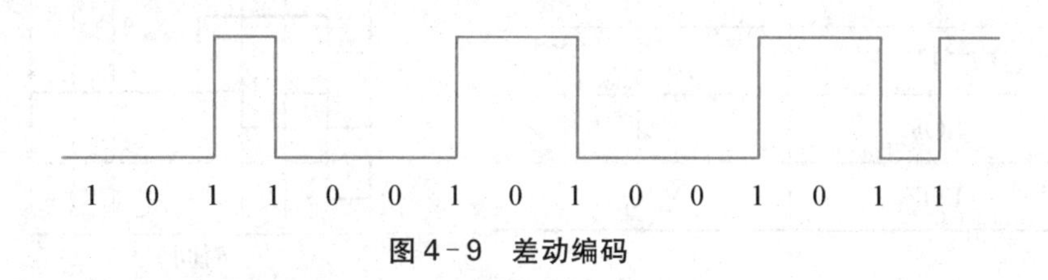

图 4-9 差动编码

(8) 脉冲间歇编码

在下一脉冲前的暂停持续时间 t 表示二进制“1”，而下一脉冲前的暂停持续时间 $2t$ 则表示二进制“0”。这种编码方法在电感耦合的射频系统中用于从读写器到电子标签的数据传输，由于脉冲转换时间很短，因此就可以在数据传输过程中保证从读写器的高频场中连续给射频识别标签供给能量。编码规则如图 4-10 所示。

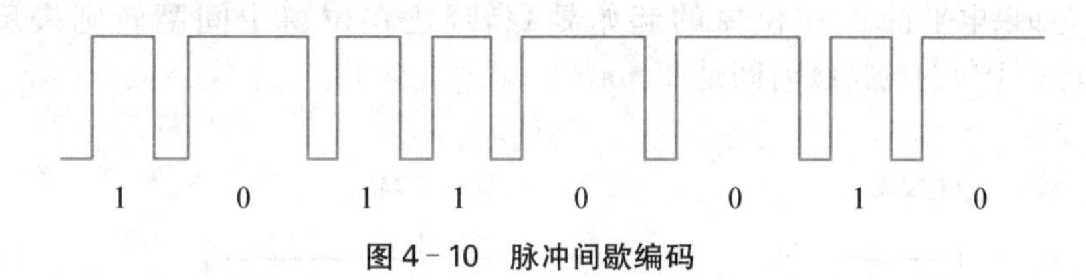

图 4-10 脉冲间歇编码

(9) 脉冲位置编码(Pulse Position Modulation，PPM)

脉冲位置编码与脉冲间歇编码类似，不同的是，在脉冲位置编码中，每个数据位的宽度是一致的。脉冲在第 1 个时间段表示“00”；脉冲在第 2 个时间段表示“01”；脉冲在第 3 个时间段表示“10”；脉冲在第 4 个时间段表示“11”，如图 4-11 所示。在 ISO/IEC15693 协议中，数据编码采用脉冲位置编码。

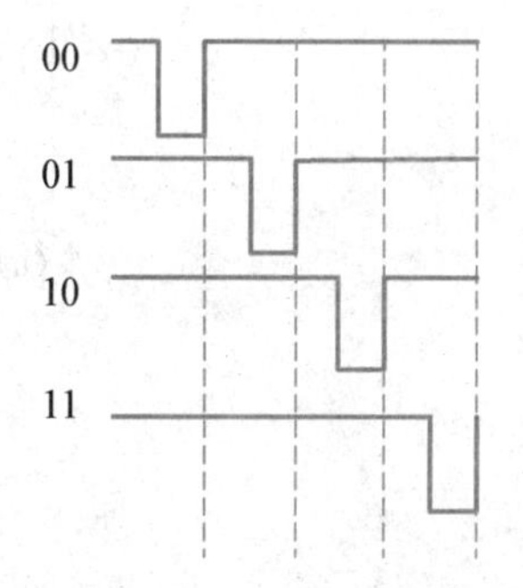

图 4-11 脉冲位置编码

(10) 脉冲间隔编码(Pulse Interval Encoding，PIE)

脉冲间隔编码是读写器向电子标签传送数据的编码方式。脉冲间隔编码是“0”与“1”有不同时间间隔的一种编码方式，其基于一个持续的固定间隔的脉冲，脉冲的重复周期根据“0”与“1”而不同。通常情况下，每个二进制码的持续间隔是一个时钟周期的整数倍。

脉冲间隔编码又称为脉冲宽度编码，原理是通过定义脉冲下降沿之间的不同时间宽度来表示数据。在该标准的规定中，由读写器发往标签的数据帧由 SOF(帧开始信号)、EOF(帧结束信号)、数据“0”和数据“1”组成。在标准中定义了一个名称为“Tari”的时间间隔，也称为基准时间间隔，该时间段为相邻两个脉冲下降沿的时间宽度，持续为 25 μs。图 4-12 为脉冲间隔编码示意图。ISO/IEC18000-6 Type A 由读写器向标签的数据发送采用脉冲间隔编码。

符号	Tari 数
‘0’	1
‘1’	2
SOF	4
EOF	4

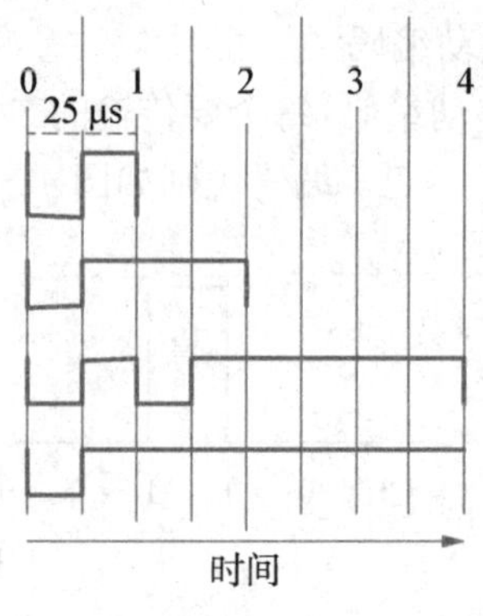

PIE 符号

图 4－12　脉冲间隔编码

(11) 双相间隔码(FM0)编码

FM0(即 Bi-Phase Space)编码的全称为双相间隔码编码，图 4－13 所示为编码规则，其工作原理是在一个位窗内采用电平变化来表示逻辑。如果电平从位窗的起始处翻转，则表示逻辑“1”。如果电平除了在位窗的起始处翻转，还在位窗中间翻转则表示逻辑“0”(图 4－14)。一个位窗的持续时间是 25 μs。

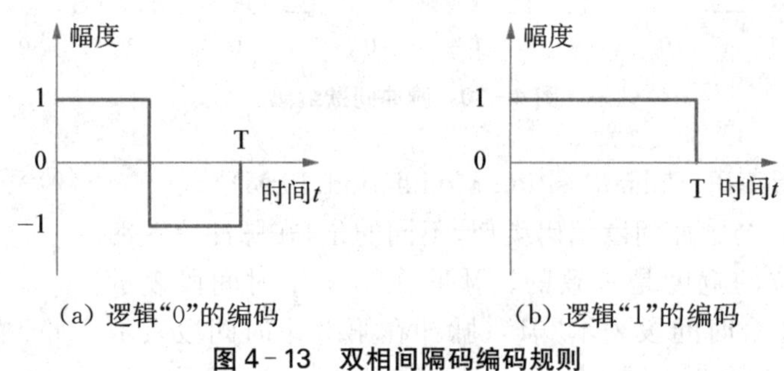

(a) 逻辑“0”的编码　　(b) 逻辑“1”的编码

图 4－13　双相间隔码编码规则

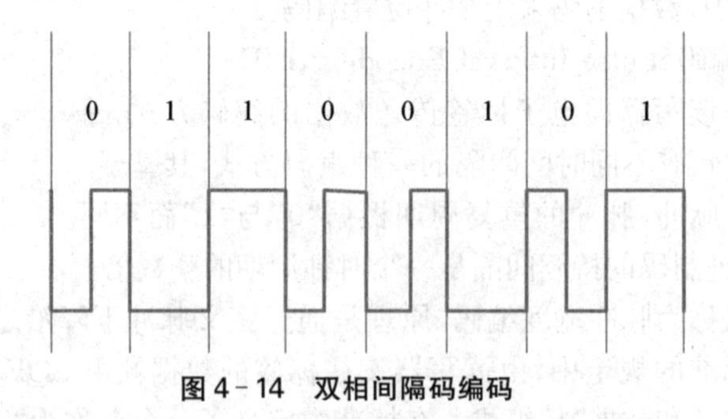

图 4－14　双相间隔码编码

ISO/IEC18000-6 Type A 由标签向读写器的数据发送采用双相间隔码编码。

3) RFID 系统常用的编码方式

在一个 RFID 系统中，编码方式的选择要根据电子标签能量的来源、检错的能力、时钟的提取等多种因素进行综合考虑。

(1) 125 kHz 的 ISO/IEC18000 - 2 标准

对于读写器到电子标签和电子标签到读写器的数据传输，都采用曼彻斯特编码。

(2) 13.56 MHz 的 ISO/IEC14443 和 ISO/IEC15693 标准

ISO/IEC14443 标准定义了 Type A 和 Type B 两种类型。对于电子标签到读写器的数据传输，Type A 型采用曼彻斯特编码，Type B 型采用反向不归零编码。对于读写器到电子标签的数据传输，Type A 型采用米勒编码，Type B 型采用反向不归零编码。对于 ISO/IEC15693 标准可以采用 256 取 1 或 4 取 1 脉冲位置编码方式。

(3) 433 MHz 的 ISO/IEC18000 - 7 标准

对于读写器到电子标签和电子标签到读写器的数据传输，都采用曼彻斯特编码。

(4) 860/960 MHz 的 ISO/IEC18000 - 6 标准

根据信号发送和接收方式的不同，ISO/IEC18000 - 6 标准定义了 ISO/IEC18000 - 6A、ISO/IEC18000 - 6B 和 ISO/IEC18000 - 6C 共三种类型。

对于读写器到电子标签的数据传输，ISO/IEC18000 - 6A 采用脉冲间隔编码，ISO/IEC18000 - 6B 采用曼彻斯特编码，ISO/IEC18000 - 6C 采用脉冲间隔(取反)编码；对于电子标签到读写器的数据传输，ISO/IEC18000 - 6A 采用双相间隔码编码，ISO/IEC18000 - 6B 采用双相间隔码编码，ISO/IEC180000 - 6C 采用双相间隔码编码。

(5) 2 450 MHz 的 ISO/IEC18000 - 4 标准

根据信号发送和接收方式的不同，ISO/IEC18000 - 4 标准定义了 ISO/IEC18000 - 4 mode1 和 ISO/IEC18000 - 4 mode2 两种类型。这里只给出 ISO/IEC18000 - 4 mode1 的情况。

对于读写器到电子标签的数据传输，ISO/IEC18000 - 4 mode1 采用曼彻斯特编码。对于电子标签到读写器的数据传输，ISO/IEC180004 mode1 采用双相间隔码编码。

4) 差错控制

信号在物理信道中传输时，因线路本身电气特性造成的随机噪声、信号幅度的衰减、频率相位的畸变、电气信号在线路上产生反射造成的回音效应、相邻线路间的串扰以及各种外界因素(如大气中的闪电、开关的跳火、外界强电流磁场的变化、电源的波动等)都会造成信号的失真。在数据通信中，将会使接收端收到的二进制数位和发送端实际发送的二进制数位不一致，从而造成由“0”变成“1”或由“1”变成“0”的差错。

数据从信源出发通过通信信道时，由于通信信道总是有一定的噪声存在，在到达信宿时，接收信号是数据信号与噪声的叠加。

在接收端，接收电路在取样时判断信号电平。如果噪声对信号叠加的结果在电平判决时出现错误，就会引起传输数据的错误。一般来说，传输中的差错都是由噪声引起的。

噪声有两大类，一类是信道固有的、持续存在的随机热噪声；另一类是由外界特定的短暂原因所造成的冲击噪声。

热噪声是由传输介质导体的电子热运动产生的(特点：时刻存在，幅度较小，强度与频率无关，但频谱很宽——随机噪声)。热噪声引起的差错称为随机错，所引起的某位码元的差错是孤立的，与前后码元没有关系。由于物理信道在设计时，总要保证达到相当大的信噪比，以尽可能减少热噪声的影响，因而由它导致的随机错通常较少。

冲击噪声是由外界电磁干扰引起的(特点：幅度较大，是引起传输差错的主要原因——突发噪声)。

例如，一个冲击噪声（如一次电火花）持续时间为 10 ms，但对于 4 800 b/s 的数据速率来说，就可能对连续 48 位数据造成影响，使它们发生差错。从突发错误发生的第一个码元到有错的最后一个码元间所有码元的个数称为该突发错的突发长度。

冲击噪声呈突发状，由其引起的差错称为突发错，幅度较大，无法靠提高信号幅度来避免冲击噪声造成的差错。冲击噪声虽然持续时间很短，但在一定的数据速率条件下，仍然会影响到一串码元。

衡量信道传输性能的指标之一是误码率（Pe）：

$$Pe = 错误接收的码元数/接收的总码元数$$

目前在普通电话线路中，当传输速率在 600～2 400 b/s 时，Pe 在 10^{-4}～10^{-6} 之间。对于大多数通信系统，Pe 在 10^{-5}～10^{-9} 之间。计算机之间的数据传输则要求 Pe 低于 10^{-9}。

数据通信中不加任何差错控制措施，直接用信道来传输数据是不可靠的。最常用的差错控制方法是差错控制编码。

（1）差错控制编码

差错控制编码是指在实际信道上传输数字信号时，由于信道传输特性不理想及加性噪声的影响，所收到的数字信号不可避免地会发生错误。

为了在已知信噪比的情况下达到一定的误码率指标，首先应合理设计基带信号，选择调制、解调方式，采用频域均衡和时域均衡，使误码率尽可能降低，但如果误码率仍不能满足要求，则必须采用信道编码即差错控制编码。

数据信息位在向信道发送之前，先按照某种关系附加一定的冗余位，构成一个码字后再发送，这个过程称为差错控制编码过程。接收端收到该码字后，检查信息位和附加的冗余位之间的关系，以检查传输过程中是否有差错发生，这个过程称为校验过程。

（2）差错控制的基本工作方式

① 检错重发方式（ARQ）

这种方式是能发现传输差错的编码方法。这种方式在发送端加入少量的监督码元，在接收端根据编码规则对收到的信号进行检查，当发现有错码时，即向发送端发出询问信号，要求重发。发送端收到询问信号后，立即重发，直到信息正确接收为止。

检错重发方式是检错码方式，是在若干接收码元中知道有一个或一些是错的，但不一定知道错误的准确位置，这种方法是检错重发。它只能发现差错，但不能自动纠正差错，因此需要请求重发。

② 前向纠错方式（FEC）

这种编码方式是较复杂的编码方法。这种方式不但能发现传输差错，而且能纠正一定程度的传输差错。采用前向纠错方式时，不需要反馈信道，也无须反复重发而延误传输时间，这对实时传输有利，但是前向纠错方式的纠错设备比较复杂。

前向纠错方式必须使用纠错码，接收端不但能发现差错，而且能确定二进制码元发生错误的位置，从而加以纠正。特点是单向传输，实时性好，但译码设备较复杂。

③ 混合纠错方式（HEC）

混合纠错的方式是综合检错重发和前向纠错的方法。当少量纠错时，采用前向纠错的方法，在接收端自动纠正。当差错较严重，超出自行纠正能力时，采用检错重发的方法，向发送端发出询问信号，要求重发。因此，混合纠错是前向纠错及检错重发两种纠错方式的结合。

(3) 差错控制编码的基本原理

差错编码的基本思想是在被传输信息中增加一些冗余码，利用附加码元和信息码元之间的约束关系加以校验，以检测和纠正错误，增加冗余码的个数可增加纠正检错能力。

如果你发出一个通知"明天 14:00～16:00 开会"，但在通知过程中由于某种原因发生了错误，变成"明天 10:00～16:00 开会"。接收者无法判断其正确与否，就会按这个错误时间去行动。

如果在通知内容中增加"下午"两个字，改为"明天下午 14:00～16:00 开会"。如果仍变成"明天下午 10:00～16:00 开会"。根据"下午"两字接收者即可判断出其中"10:00"发生了错误，不能纠正其错误，因为无法判断"10:00"错在何处。如果可以判断出出错，接收者可以告诉发信端再发一次通知，这就是检错重发。

为了实现不但能判断正误(检错)，同时还能改正错误(纠错)，可以把发的通知内容再增加"两个小时"4 个字，即改为"明天下午 14:00～16:00 两个小时开会"。如果仍变成"明天下午 10:00～16:00 两个小时开会"。根据"下午"两字接收者可判断出其中"10:00"发生了错误，根据其中的"两个小时"4 个字可以判断出正确的时间为"14:00～16:00"。

为了使信源代码具有检错和纠错能力，应当按一定的规则在信源编码的基础上增加一些冗余码元(又称监督码)。要使冗余码元与被传送信息码元之间建立一定的关系，发信端完成这个任务的过程就称为误码控制编码；在收信端，根据信息码元与监督码元的特定关系，实现检错或纠错，输出原信息码元，完成这个任务的过程就称为误码控制译码(或解码)。无论检错和纠错，都有一定的误码范围。

信源编码的中心任务是消除冗余，实现码率压缩，可是为了检错与纠错，又不得不增加冗余，这又必然导致码率增加，传输效率降低，显然这是个矛盾。我们分析误码控制编码的目的，是为了寻求较好的编码方式，能在增加冗余不太多的前提下实现检错和纠错。

检错码：只能够检查出数据是否出错的冗余码。

纠错码：能够检查出数据出错，而且还可以确定错误在哪里的冗余码。

① 采用纠错码方案时，需要让每个传输的码组带上足够多的冗余信息，以便在接收端能发现并自动纠正传输差错——海明码、正反码。

② 采用检错码方案时，需要让码组带上一定的冗余信息，根据这些冗余信息，接收端可以发现出现了差错，但不能确定哪一个或哪一些位是错误的，并且自己不能纠正传输差错——奇偶检验码、循环冗余编码(Cyclic Redundancy Code，CRC)。

(4) 几种简单常用的编码

① 奇偶校验码

奇偶校验码也称奇偶监督码，它是一种最简单的线性分组检错编码方式。奇偶校验码分为奇数校验码和偶数校验码两种，两者具有完全相同的工作原理和检错能力。

这种编码方法是首先把信源编码后的信息数据流分成等长的码组，在每一信息码组之后加入一位(1 bit)监督码元作为奇偶检验位，使得总码长(包括信息位和监督位)中 1 的个数为偶数(称为偶校验码)或者奇数(称为奇校验码)。如果在传输过程中任何一个码组发生一位(或奇数位)的错误，则收到的码组必然不再符合奇偶校验的规律，因此可以发现误码。

例:使用偶校验("1"的个数为偶数)

1011 0101 ⟶ 1011 0101 1

1011 0001 ⟶ 1011 0001 0

例:使用奇校验("1"的个数为奇数)

1011 0101 ⟶ 1011 0101 0

1011 0001 ⟶ 1011 0001 1

奇偶校验编码只能检出奇数个误码,而无法检出偶数个误码,对于连续多位的突发性误码也不能检出,故检错能力有限,而且它没有纠错码能力。一般只用于通信要求较低的环境。

② 行列监督码

行列监督码是二维的奇偶监督码(图 4-15),又称为矩阵码。这种码可以克服奇偶监督码不能发现偶数个差错的缺点,并且是一种用以纠正突发差错的简单纠正编码。

其基本原理与简单的奇偶监督码相似,不同的是每个码元要受到纵和横的两次监督。具体编码方法如下:

将若干个要传送的码组编成一个矩阵,矩阵中每一行为一码组,每行的最后加上一个监督码元,进行奇偶监督。矩阵中的每一列则由不同码组相同位置的码元组成,在每列最后也加上一个监督码元,进行奇偶监督。

各行和各列对 1 的数目都实行奇偶数监督,可以逐行传输,也可以逐列传输。译码时分别检查各行、各列的监督关系,判断是否有错。行列监督码有可能检测偶数个错码。因为每行的监督位虽然不能用于检测本行中的偶数个错码,但按列的方向就有可能检测出来,也有一些偶数错码不可能被检测出,例如,构成矩形的 4 个错码就检测不出来。

1	1	0	0	1	0	1	0	0	0	0
0	1	0	0	0	0	1	1	0	1	0
0	1	1	1	1	0	0	0	0	1	1
1	0	0	1	1	1	0	0	0	0	0
1	0	1	0	1	0	1	0	1	0	1
1	1	0	0	0	1	1	1	1	0	0

图 4-15 二维奇偶监督码例子

二维奇偶监督码适于检测突发错码,因为这种突发错码常常成串出现,随后有较长一段无错区间,所以在某一行中出现多个奇数或偶数错码的机会较多。而一维奇偶监督码一般只适于检测随机错误。

由于方阵码只对构成矩形四角的错码无法检测,故其检错能力较强。一些实验测量表明,这种码可使误码率降至原误码率的百分之一到万分之一。二维奇偶监督码不仅可用来检错,还可用来纠正一些错码。例如,当码组中仅在一行中有奇数个错误时,就能够确定错码位置,从而纠正它。

③ 循环码(CRC)

循环码的基本思想:校验和(Checksum)加在帧尾,使带校验和的帧的多项式能被 $G(x)$

除尽;接收方接收时,用 $G(x)$ 去除它,若有余数,则传输出错。

循环码是一类重要的线性分组码,它有三个主要数学特征:

a. 循环码具有循环性,即循环码中任一码组循环一位(将最右端的码移至左端)以后,仍为该码中的一个码组。

b. 循环码组中任两个码组之和(模 2)必定为该码组集合中的一个码组。

c. 循环码每个码组中,各码元之间还存在循环依赖关系。

如果有 r 个校验码元,其中每一个校验码元是该码元组中某些信息码元的模 2 和,由此组成的一组长为 $n=k+r$ 的码,称为线性码。假定我们构成($n=7, k=3$) 这样的线性码,若已知三个信息码元为 C6、C5 和 C4,而校验码元 C3、C2、C1 和 C0 是未知的,校验码元与信息码元间的关系是根据以下四个线性关系式确立的:

$$C3=C6+C4$$
$$C2=C6+C5+C4$$
$$C1=C6+C5$$
$$C0=C5+C4$$

信息码元:C6　C5　C4

校验码元:C3　C2　C1　C0

如表 4-1 所示。

表 4-1　循环冗余校验码

信息码元			码　组						
C6	C5	C4	C6	C5	C4	C3	C2	C1	C0
0	0	0	0	0	0	0	0	0	0
0	0	1	0	0	1	1	1	0	1
0	1	0	0	1	0	0	1	1	1
0	1	1	0	1	1	1	0	1	0
1	0	0	1	0	0	1	1	1	0
1	0	1	1	0	1	0	0	1	1
1	1	0	1	1	0	1	0	0	1
1	1	1	1	1	1	0	1	0	0

循环冗余校验码的基本原理:是在 k 位信息码后再拼接 r 位的校验码,整个编码长度为 n 位,因此,这种编码也叫(n,k)码。对于一个给定的(n,k)码,可以证明存在一个最高次幂为 $n-k=r$ 的多项式 $G(x)$。根据 $G(x)$ 可以生成 k 位信息的校验码,而 $G(x)$ 叫作这个 CRC 码的生成多项式。校验码的具体生成过程:假设要发送的信息用多项式 $C(x)$ 表示,将 $C(x)$ 左移 r 位(可表示成 $C(x)*2^r$),这样 $C(x)$ 的右边就会空出 r 位,这就是校验码的位置。用 $C(x)*2^r$ 除以生成的多项式 $G(x)$ 得到的余数就是校验码。

任意一个由二进制位串组成的代码都可以和一个系数仅为“0”和“1”取值的多项式一一对应。例如：代码1010111对应的多项式为$x^6+x^4+x^2+x+1$，而多项式为$x^5+x^3+x^2+x+1$对应的代码101111。

国际标准多项式：

$CRC-12=x^{12}+x^{11}+x^3+x^2+x+1$

$CRC-16=x^{16}+x^{15}+x^2+1$

$CRC-CCITT=x^{16}+x^{12}+x^5+1$

$CRC-32=x^{32}+x^{26}+x^{23}+x^{22}+x^{16}+x^{12}+x^{11}+x^{10}+x^8+x^7+x^5+x^4+x^2+x+1$。

4.2.2 调制与解调

基带信号是指信源(信息源也称发终端)发出的没有经过调制(进行频谱搬移和变换)的原始电信号，其特点是频率较低，信号频谱从零频附近开始，具有低通形式。根据原始电信号的特征，基带信号可分为数字基带信号和模拟基带信号(信源也分为数字信源和模拟信源)，由信源决定。

由于在近距离范围内基带信号的衰减不大，从而信号内容不会发生变化。因此在传输距离较近时，计算机网络都采用基带传输方式，如从计算机到监视器、打印机等外设的信号就是基带传输的。大多数的局域网使用基带传输，如以太网、令牌环网。常见的网络设计标准10BaseT使用的就是基带信号。计算机内部并行总线上的信号全部都是基带信号，因为基带信号中交流分量极其丰富，所以不适合长距离传输。

载波(Carrier Wave)是指被调制成传输信号的波形，一般为正弦波，通常是高频信号，因为高频信号具有易于传播的特质。载波是由振荡器产生并在通信信道上传输的电波，被调制后用来传送语音或其他信息。载波频率通常比输入信号的频率高，输入信号调制到一个高频载波上，就好像搭乘了一列高铁或一架飞机一样，然后再被发射和接收。载波是传送信息(话音和数据)的物理基础和承载工具。

调制的目的是把传输的模拟信号或数字信号变换成适合信道传输的信号，这就意味着要把信源的基带信号转变为一个相对基带频率非常高的带通信号。调制的过程用于通信系统的发送端，调制就是将基带信号的频谱搬移到信道通带中的过程，经过调制的信号称为已调信号。已调信号的频谱具有带通的形式，已调信号称为带通信号或频带信号。在接收端需将已调信号还原成原始信号，解调是将信道中的频带信号恢复为基带信号的过程。

调制信号是由原始信息变换而来的低频信号。调制本身是一个电信号变换的过程，是按A信号的特征然后去改变B信号的某些特征值(如振幅、频率、相位等)，导致B信号的这个特征值发生有规律的变化，当然这个规律是由A信号本身的规律所决定的。由此，B信号就携带了A信号的相关信息，在某种场合下，可以把B信号上携带的A信号的信息释放出来，从而实现A信号的再生，这就是调制的作用。举个简单例子说明调制的作用，声音不能传播很远，那么用普通的声音去改变(调制)短波(高频电磁信号)信号的振幅，然后把这个短波信号发射向天空，天空中存在电离层，会把短波信号反射回来，使用短波收音机把附着在短波信号上的声音信号释放(解调)出来，就可以听到了。

上述A信号就是调制信号,B信号是被调制信号,完成调制的B信号为已调信号。有时候也会把已调信号笼统地说成调制信号,这里只是为了把它与A信号相区别。A信号通常可以成为基带信号,这是数字信号领域的说法,模拟信号一般就是指调制信号源。

信号调制的目的:

① 便于无线发射,减少天线尺寸。

② 频分复用,提高通信容量。

③ 提高信号抗干扰能力。

为了充分利用信道容量,满足用户的不同需求,通信信号采用了不同的调制方式。随着电子技术的快速发展,以及用户对信息传输要求的不断提高,通信信号的调制方式经历了由模拟到数字,由简单到复杂的发展过程。

信号调制方式:

根据调制信号是模拟信号还是数字信号分为模拟调制和数字调制。模拟调制方式有幅度调制(AM)和频率调制(FM)等;数字调制方式有振幅键控(ASK)、移频键控(FSK)、移相键控(PSK)、正交幅度调制等。信号调制原理是研究信号调制识别问题的基础,根据信号调制原理来分,主要的调制方法如下:

① 调幅,使载波的幅度随着调制信号的变化而变化。

② 调频,使载波的瞬时频率随着调制信号的变化而变化,而幅度保持不变。

③ 调相,利用调制信号控制载波信号的相位。

其中PSK系统性能优于ASK系统和FSK系统(图4-16),具有较高的频带利用率,并在误码率、信号平均功率等方面比ASK系统好,但其解调只能采用比较复杂的解调技术,因此,对于电感耦合方式的RFID系统,采用ASK系统居多。

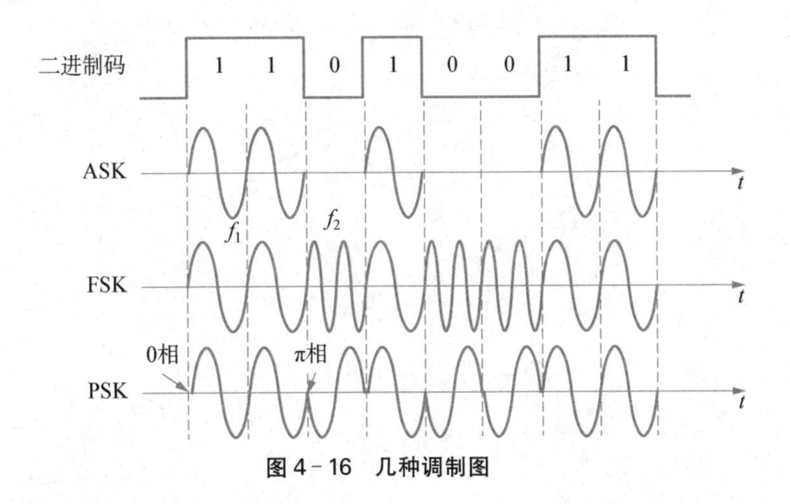

图4-16 几种调制图

解调是从携带信息的已调信号中恢复信息的过程。在各种信息传输或处理系统中,发送端用欲传送的信息对载波进行调制,产生携带这一信息的信号。接收端必须恢复所传送的信息才能加以利用,这就是解调。解调是调制的逆过程。调制方式不同,解调方法也不一样。

4.3 习 题

1. RFID 通信系统的模型是什么？简述这个模型的组成。
2. 什么是信源编码、信道编码？
3. 简述差错控制的几种基本工作方式及每种方式的具体含义。
4. 简述差错控制编码的基本原理。

RFID 教学实验

 5.1 硬件开发平台介绍

为了更好地学习低频、高频、超高频、微波 RFID 的性能和原理，从而能够迅速进入 RFID 开发领域，下面介绍 RFID 教学实验箱(图 5－1)的具体操作，首先是硬件开发平台。

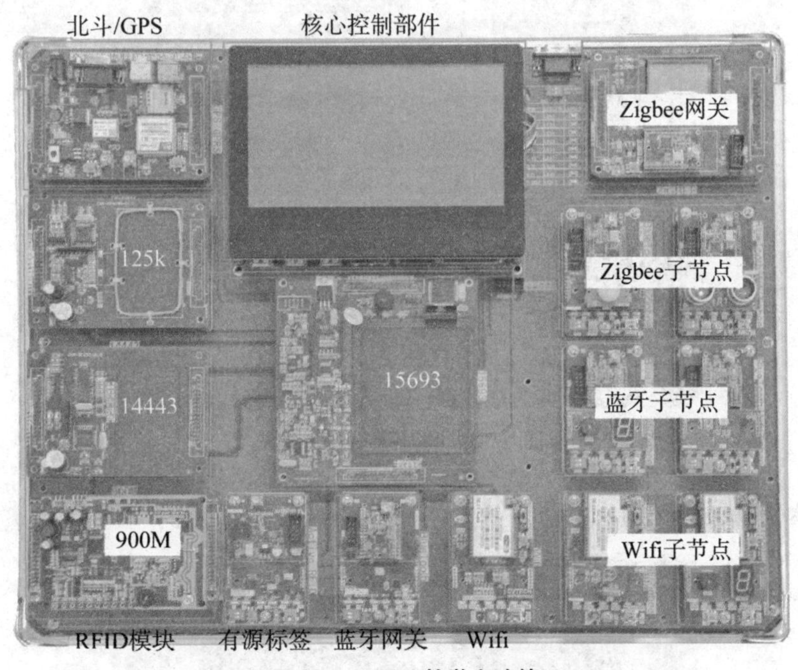

图 5－1　RFID 教学实验箱

对于各个频率模块，该实验箱既可以通过核心控制部件，也可以用 PC 端的应用系统通过串口进行控制和显示，实验箱采用 220 V 交流供电。

① 可读写 125 k 模块(图 5 - 2)。

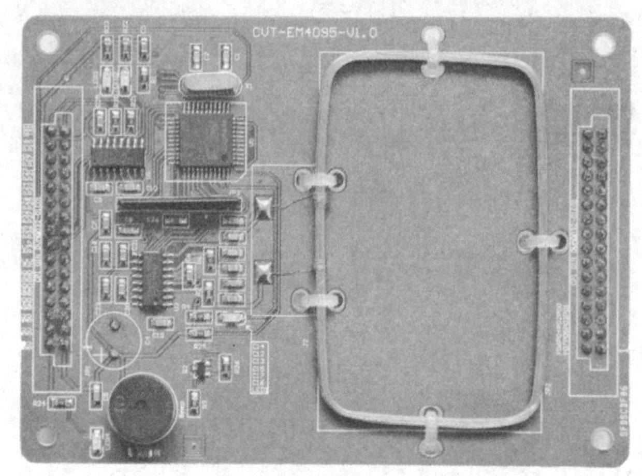

图 5 - 2　可读写 125 k 模块

② ISO/IEC14443 模块(图 5 - 3)。

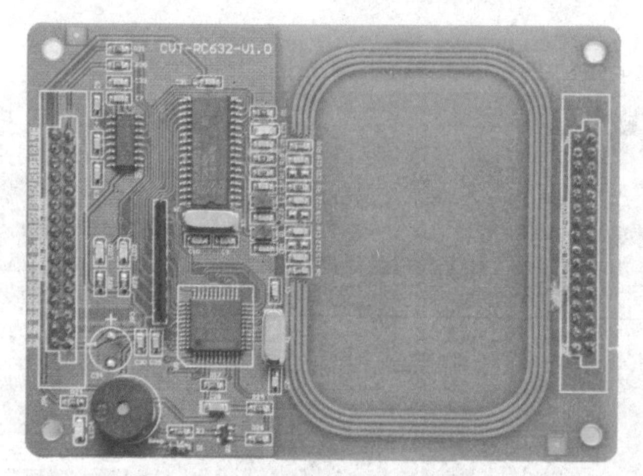

图 5 - 3　ISO/IEC14443 模块

③ 900M 模块(图 5 - 4)。

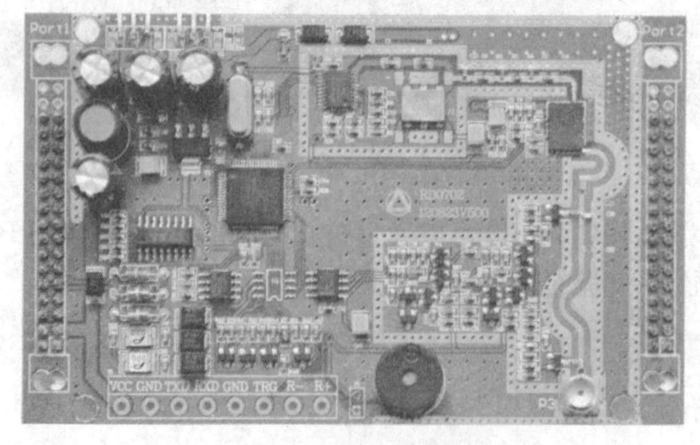

图 5 - 4　900M 模块

④ 可读写 ISO/IEC15693 模块(图 5－5)。

图 5－5 可读写 ISO/IEC15693 模块

⑤ 有源标签模块(图 5－6)。

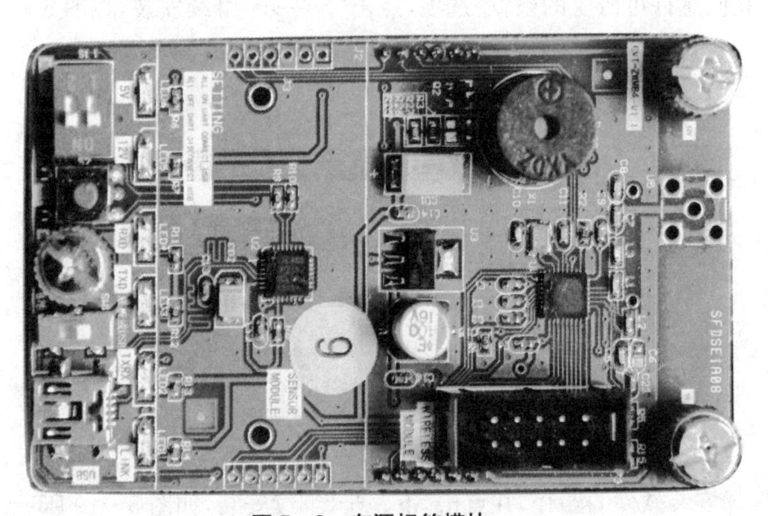

图 5－6 有源标签模块

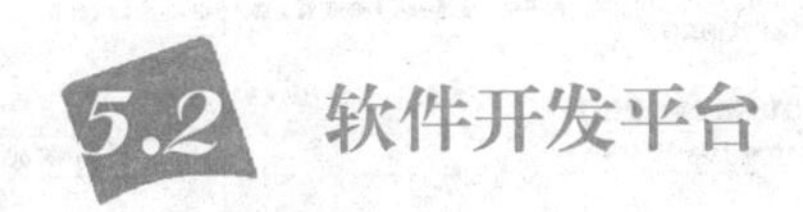

5.2 软件开发平台

控制软件安装：

① 首先确认你已经安装好 framework3.5 或以上版本。

② 点击“安装文件”进入安装向导，如图 5－7 所示。

图 5-7 安装文件

③ 进入欢迎界面，点击“下一步”继续安装，如图 5-8 所示。

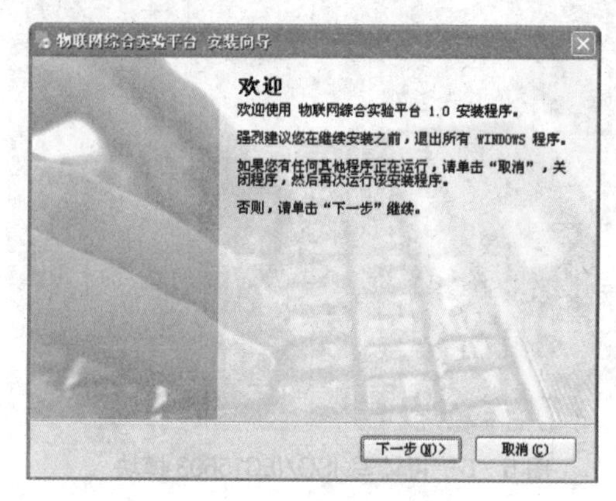

图 5-8 安装向导

④ 选择“我同意许可协议的条款”选项，点击“下一步”继续安装，如图 5-9 所示。

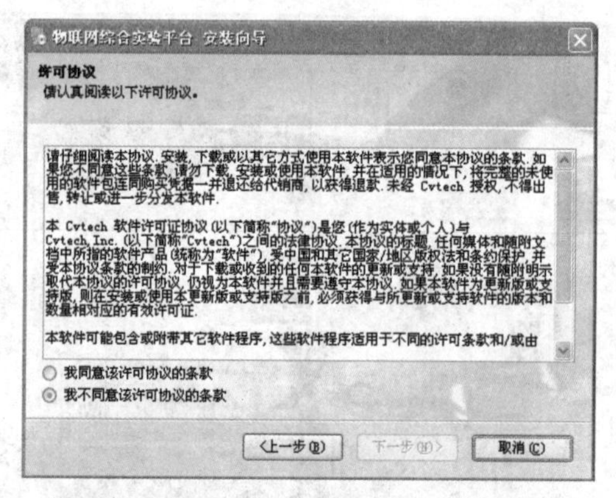

图 5-9 许可协议

⑤ 然后选择安装软件的路径，并点击“下一步”继续安装，如图 5-10 所示。

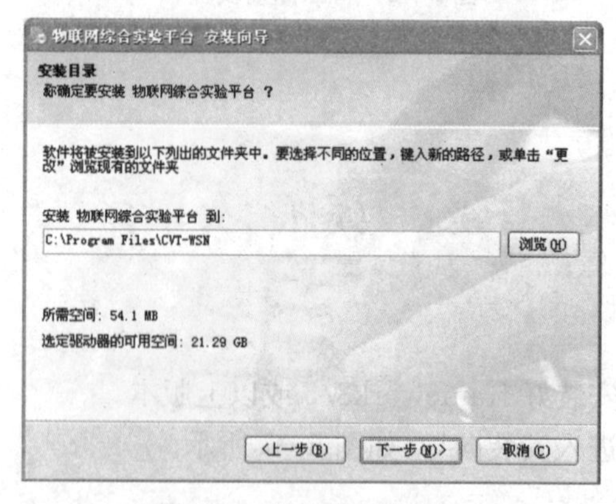

图 5-10 选择安装路径

⑥ 如果提示“安装成功”表示完成了软件安装，否则重新安装，如图 5 - 11 所示。

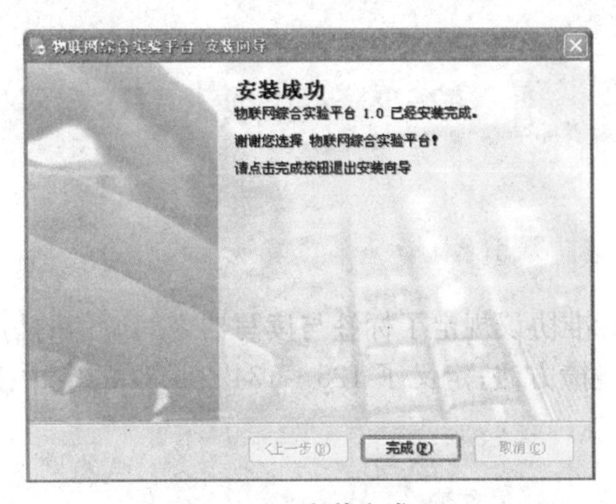

图 5 - 11 安装完成

⑦ 注册软件图形界面库，按次序点击“开始”→“程序”→“物联网综合实验平台”→“Register”，如图 5 - 12 所示。

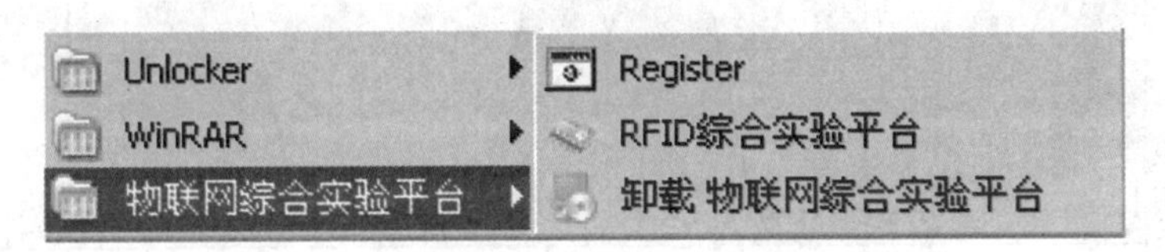

图 5 - 12 注册软件

⑧ 运行软件。按次序点击“开始”→“程序”→“物联网综合实验平台”→“RFID 综合实验平台”，然后就会弹出实验箱的控制软件界面，如图 5 - 13 所示。

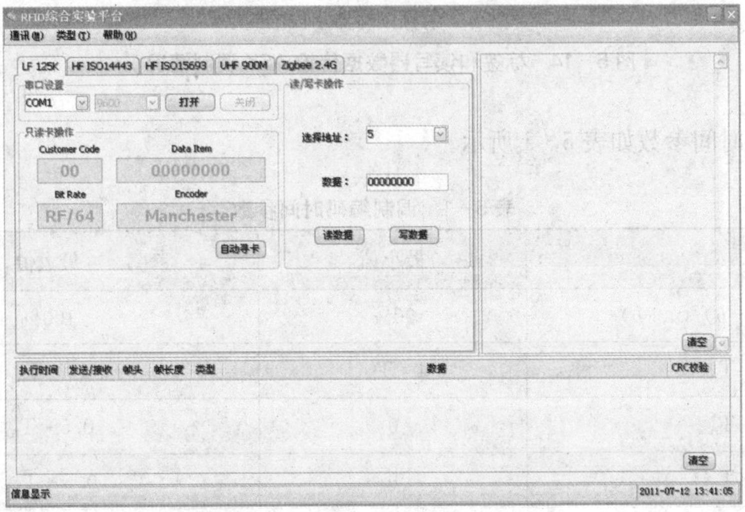

图 5 - 13 实验箱的控制软件界面

该实验平台可以做 LF 125 k、HF ISO/IEC14443、HF ISO/IEC15693、UHF 900M 和 Zigbee 2.4G 等实验。首先要给实验箱通电，然后打开该控制软件，可以通过点击页面进行不同的实验，通电后默认的实验是 LF 125 k。

5.3 125 kHz 低频 RFID 系统

5.3.1 125 kHz 通信协议介绍

ISO/IEC18000－2 标准协议规定了标签与读写器之间通信的物理层架构、协议和指令，以及多标签读取时的防碰撞方法；定义了 125～134.2 kHz 的空中接口通信协议参数、时序参数、信号特性。

1）调制

图 5－14 为标签和读写器之间采用调制深度为 100％的 ASK 调制方式。

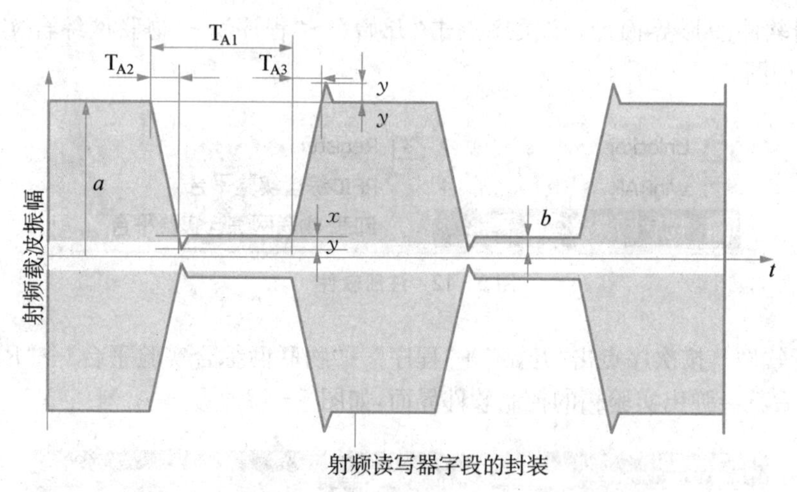

图 5－14 标签和读写器数据传输 ASK 调制情况

调制编码时间参数如表 5－1 所示。

表 5－1 调制编码时间参数

	最小值	最大值
$m=(a-b)/(a+b)$	90％	100％
T_{A1}	$4 * T_{AC}$	$10 * T_{AC}$
T_{A2}	0	$0.5 * T_{A1}$
T_{A3}	0	$0.5 * T_{Ad0}$
x	0	$0.15 * a$
y	0	$0.05 * a$

注：$T_{AC}=1/fac \approx 8\ \mu s$

2) 读写器到标签

(1) 数据和编码

读写器到标签的数据编码使用前面所介绍的脉冲间隔编码,数据“0”、数据“1”、“代码违反”和“停止条件”,如图 5-15 所示。

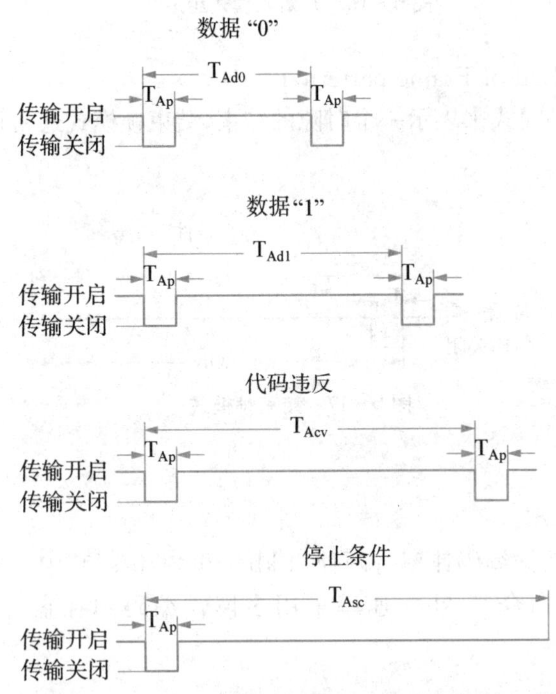

图 5-15 读写器到标签的脉冲间隔编码

时间参数如表 5-2 所示。

表 5-2 数据编码时间参数

意义	符号	最小值	最大值
“传输关闭”时间	T_{Ap}	$4 * T_{Ac}$	$10 * T_{Ac}$
数据“0”时间	T_{Ad0}	$18 * T_{Ac}$	$22 * T_{Ac}$
数据“1”时间	T_{Ad1}	$26 * T_{Ac}$	$30 * T_{Ac}$
“代码违反”时间	T_{Acv}	$34 * T_{Ac}$	$38 * T_{Ac}$
“停止条件”时间	T_{Asc}	$\geqslant 42 * T_{Ac}$	*n/a*

注:$T_{AC}=1/fac \approx 8\ \mu s$

(2) 开始帧模式(Start of Frame pattern,SOF)

读写器到标签的开始帧模式起到同步作用,由一个数据“0”和一个“代码违反”组成,如图 5-16 所示。

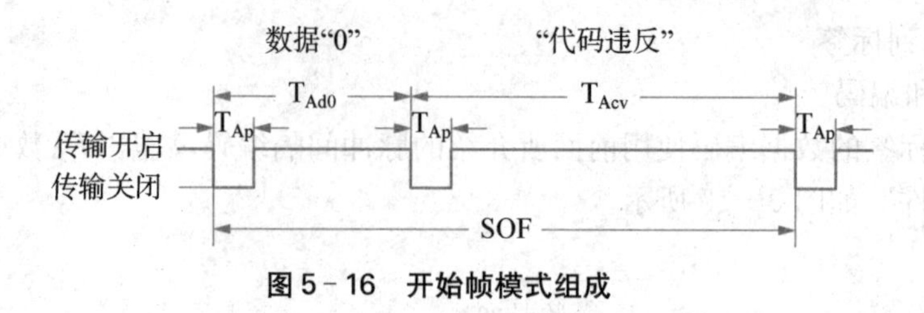

图 5-16 开始帧模式组成

(3) 结束帧模式(End of Frame pattern,EOF)

读写器通过结束帧模式来表示一个时隙的结束,结束帧模式通常用"停止条件"来表示,如图 5-17 所示。

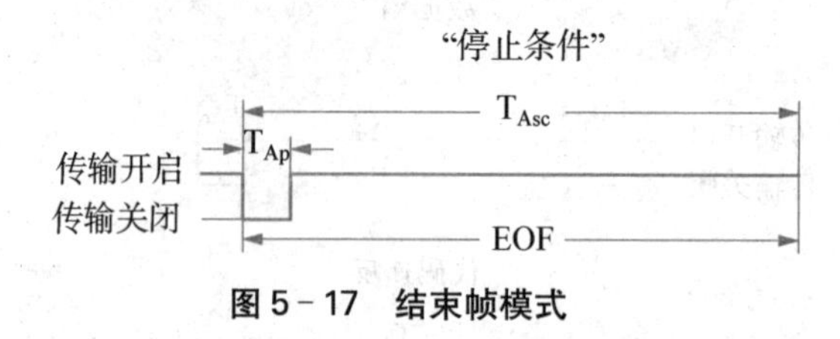

图 5-17 结束帧模式

3) 标签到读写器

(1) 数据编码及速率

标签到读写器的数据编码速率有两种:4 kb/s 和 2 kb/s,其中 4 kb/s 速率采用曼彻斯特编码用在国际标准命令,2 kb/s 速率采用多模式编码用在盘存命令中,如图 5-18 所示。

数据元素	国际标准命令	盘存命令
数据"0"	T_{Ad} 加载关闭 加载开启	T_{Ac} T_{Ad} 加载关闭 加载开启
数据"1"	T_{Ac} 加载关闭 加载开启	T_{Ad} T_{Ac} 加载关闭 加载开启

图 5-18 调制编码

(2) SOF

标签到读写器的 SOF 由 3 位(bit)曼彻斯特编码数据"110"组成,如图 5-19 所示。

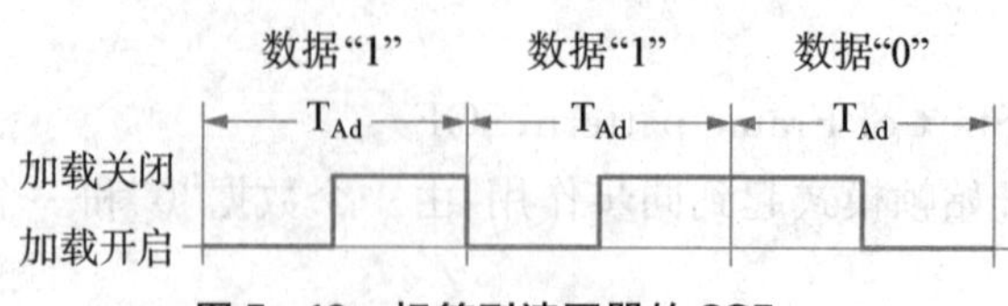

图 5-19 标签到读写器的 SOF

(3) EOF

在 ISO/IEC18000-2 标准协议里标签到读写器的 EOF 没有使用或定义。

5.3.2 125 kHz ID 卡简介

实验箱中使用两种 125 kHzID 卡,分为只读卡和可读可写卡。

1) 只读卡

(1) 主要特点:

① 64 位 EEPROM。

② 多种编码(曼彻斯特编码、双相间隔码编码、米勒编码、移相键控、移频键控)。

③ 多种速率。

④ 工作频率范围(100～150 kHz)。

⑤ 工作温度范围(－40℃～＋85℃)。

(2) 存储器结构组成:

64 位的 EEPROM 由五部分组成:其中 9 位用作数据头(全为 1),数据头后紧接着 10 行 4 位的数据,每 4 位数据跟着 1 位奇偶校验位,最后一行由 4 位奇偶校验位和 1 位停止位(停止位规定为 0)组成,详细结构如表 5-3 所示。

表 5-3 125 kHz 只读 ID 卡存储器的组成结构

<table>
<tr><td>1</td><td>1</td><td>1</td><td>1</td><td>1</td><td>1</td><td>1</td><td>1</td><td>1</td><td>9 位数据头</td></tr>
<tr><td colspan="4" rowspan="2">8 位版本号或用户 ID 号</td><td>D00</td><td>D01</td><td>D02</td><td>D03</td><td>P0</td><td rowspan="10">10 行奇偶检验位
(P0～P9)</td></tr>
<tr><td>D10</td><td>D11</td><td>D12</td><td>D13</td><td>P1</td></tr>
<tr><td colspan="4" rowspan="8">32 位数据</td><td>D20</td><td>D21</td><td>D22</td><td>D23</td><td>P2</td></tr>
<tr><td>D30</td><td>D31</td><td>D32</td><td>D33</td><td>P3</td></tr>
<tr><td>D40</td><td>D41</td><td>D42</td><td>D43</td><td>P4</td></tr>
<tr><td>D50</td><td>D51</td><td>D52</td><td>D53</td><td>P5</td></tr>
<tr><td>D60</td><td>D61</td><td>D62</td><td>D63</td><td>P6</td></tr>
<tr><td>D70</td><td>D71</td><td>D72</td><td>D73</td><td>P7</td></tr>
<tr><td>D80</td><td>D81</td><td>D82</td><td>D83</td><td>P8</td></tr>
<tr><td>D90</td><td>D91</td><td>D92</td><td>D93</td><td>P9</td></tr>
<tr><td colspan="4">4 列奇偶检验位</td><td>PC0</td><td>PC1</td><td>PC2</td><td>PC3</td><td>S0</td><td>1 位停止位(0)</td></tr>
</table>

2) 可读可写卡

(1) 主要特点:

① 16 个 32 位的数据块组成 512 位 EEPROM。

② 32 位密码读写保护。

③ 32 位唯一的 ID 码。

④ 10 位客户码。

⑤ 锁定位可以将 EEPROM 的数据块变成只读模式。

⑥ 多种编码(曼彻斯特编码、双相间隔码编码、米勒编码、移相键控、移频键控)。
⑦ 多种速率。
⑧ 工作频率范围(100～150 kHz)。
⑨ 工作温度范围(－40℃～＋85℃)。
(2) 存储器结构组成

512位的EEPROM由16个32位的数据块组成,EEPROM的数据块地址被编成块0到块15,每个数据块位被编为位0到位31。总是从LSB开始访问,在32位的EEPROM字段,是以一个字段的写命令编程的,命令和EEPROM的数据更新是通过100%AM调制的125 kHz磁场来完成的,有多种速率和数据编码方式可选,选项是通过EEPROM的配置字段来完成。开始的两个块(块0和块1)是芯片制造商规划安排的只读块,被分别写入该芯片的类型、版本、客户码和唯一序列号(UID)。再往下的3个块(块2到块4)用来定义器件的操作选项,分别为密码字段、保护字段和配置字段。块5到块15是用户可以自由使用的空间。对EEPROM的读写访问受32位密码保护,EEPROM中的所有数据块均可通过设置锁定位来保护,通过锁定位可以将所有数据块变成只读,详细结构如表5-4所示。

表5-4 125 kHz可读可写ID卡存储器组成结构

地址编号	描述	类型	b0…………………b31
0	芯片类型/谐振电容/用户代码	只读	Ct0……………Ct31
1	序列号(UID)	只读	Uid0……………Uid31
2	密码	只写	Ps0……………Ps31
3	保护字段	OTP	Pr0……………Pr31
4	配置字段	读写	Co0……………C031
5	用户空间	读写	Us0……………Us31
6	用户空间	读写	Us0……………Us31
7	用户空间	读写	Us0……………Us31
8	用户空间	读写	Us0……………Us31
9	用户空间	读写	Us0……………Us31
10	用户空间	读写	Us0……………Us31
11	用户空间	读写	Us0……………Us31
12	用户空间	读写	Us0……………Us31
13	用户空间	读写	Us0……………Us31
14	用户空间	读写	Us0……………Us31
15	用户空间	读写	Us0……………Us31

注:OTP表示该字段可以一次性编程写入数据,写入后的数据不能再更改。

5.3.3 125 kHz ID 只读卡读取实验

实验目的

① 掌握 125 kHz 只读卡基本工作原理。

② 了解 125 kHz 只读卡通信协议。

实验内容

① 认识 125 kHz 只读卡。

② 学会使用 RFID 综合实验平台识别 125 kHz 只读卡卡号。

③ 记录只读卡读卡协议数据。

实验设备

① 硬件:实验箱,PC 机。

② 软件:RFID 综合实验平台。

基础知识

数据帧通信协议格式如下:

Byte0	Byte1	Byte2	Byte3	Byte4～Byte4+n	Byte4+n+1～Byte4+n+2
0x43	0xBC	帧长度	模块类型	命令	CRC-16 校验

Byte0:帧头 1,“C”的 ASCⅡ码。

Byte1:帧头 2,Byte0 的反码。

Byte2:Byte0 到 Byte4+n+2 的总字节数。

Byte3:表示命令操作针对的模块。

0x00:表示设置实验类型。

0x01:表示 125 k。

0x02:表示 13.56M-14443。

0x03:表示 13.56M-15693。

0x04:表示 900M。

0x05:表示 Zigbee1。

0x06:表示 Zigbee2。

Byte4+n+1～Byte4+n+2:Byte0 到 Byte4+n 的 16 位 CRC 数据校验,高位在前,低位在后。

CRC 多项式:8408,初始值:FFFF。

实验步骤(PC 端):

① 先将实验箱的拨码开关 s10 拨到“OFF”,用串口线连接实验箱的串口“232 to PC”(在指示灯上方)和 PC 机串口,运行 RFID 综合实验平台软件。

② 点击左侧导航栏的“LF 125 k”(此时听到“咔”的一声)。

③ 当指示灯 LED2 亮时,表示实验箱在 125 k 模式工作。

④ 在 PC 端的 RFID 综合实验平台 ,进行“连接设置”(此处“串口号”是串口线占

用串口，在设备管理器中可查看，波特率是 9 600)，如图 5－20 所示。

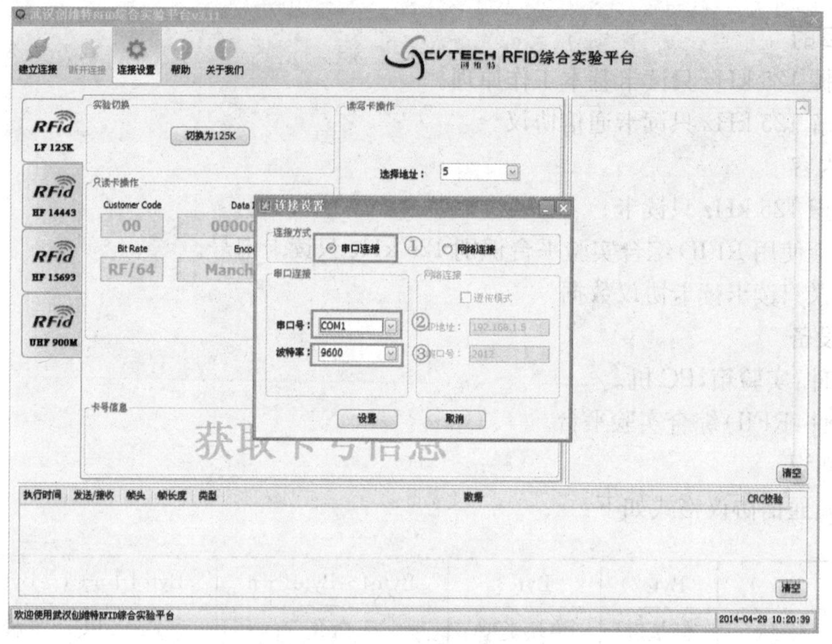

图 5－20　连接设置

⑤ 设置完成后，点击“建立连接”按钮 建立连接，建立连接，左下角提示：建立连接！如图 5－21 所示。

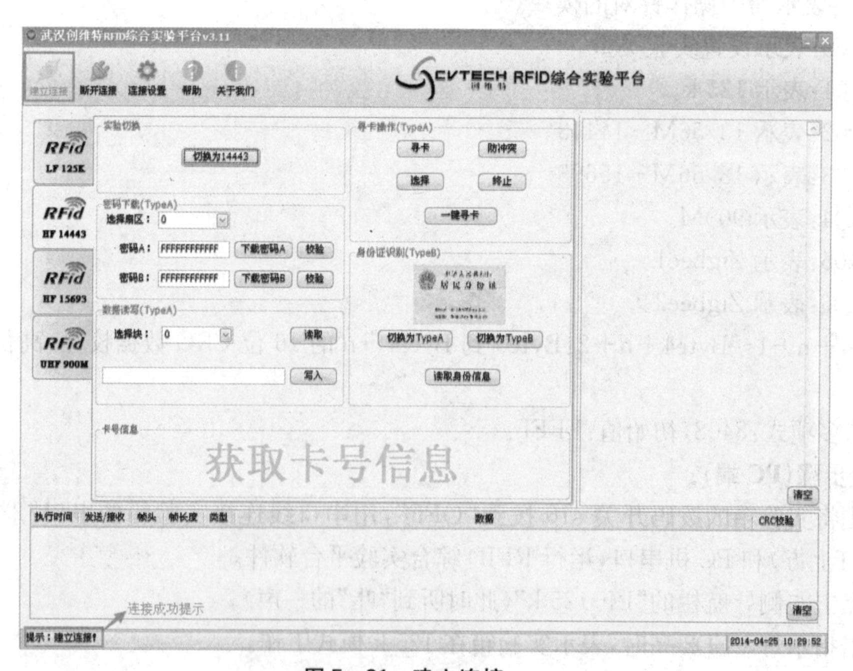

图 5－21　建立连接

⑥ 将 125 k 只读卡放在天线上，依次点击“切换为 125 k”和“自动寻卡”，即可读出卡号等信息，如图 5 - 22 所示。

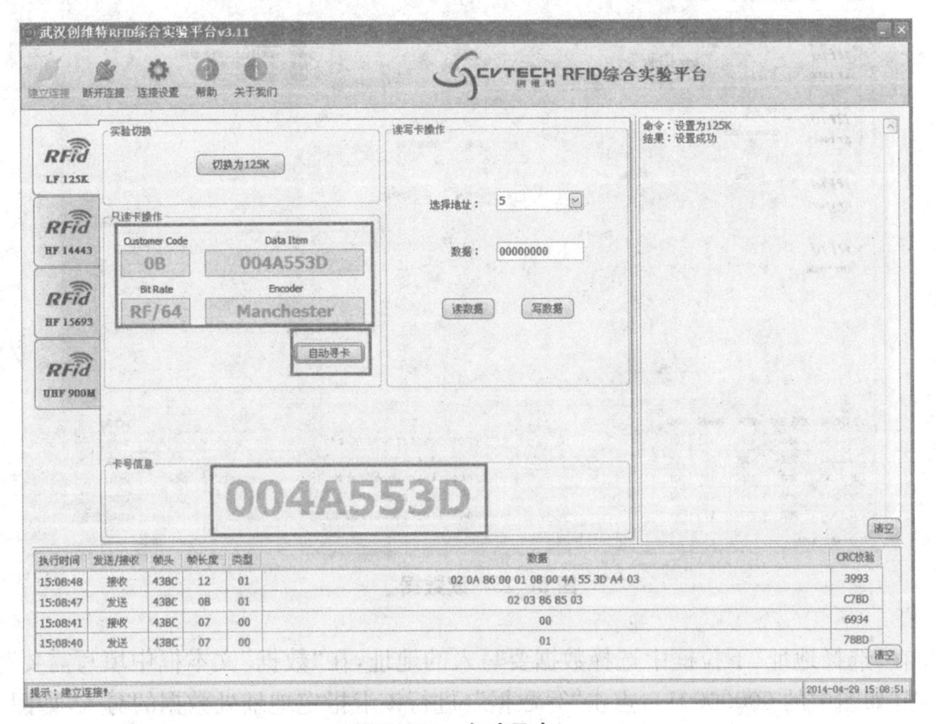

图 5 - 22 自动寻卡

5.3.4 125 kHz 可读写卡实验

实验目的

① 掌握 125 kHz 读写卡基本工作原理。

② 了解 125 kHz 读写卡通信协议。

实验内容

① 认识 125 kHz 读写卡。

② 学会使用 RFID 综合实验平台对 125 kHz 读写卡进行数据读写操作。

③ 记录读写卡读写数据协议数据。

实验设备

① 硬件：实验箱，PC 机。

② 软件：RFID 综合实验平台。

基础知识

数据帧通信协议格式及卡相关信息。

实验步骤(PC 端)：

① 步骤①～⑤与 5.3.3 节中 125 kHz ID 只读卡读取的实验步骤①～⑤相同。

② 将 125 k 读写卡放在 125 k 天线上，在“选择地址”下拉框中选择读取数据的地址，点击“读数据”，进行该卡的数据的读取，如图 5 - 23 所示。

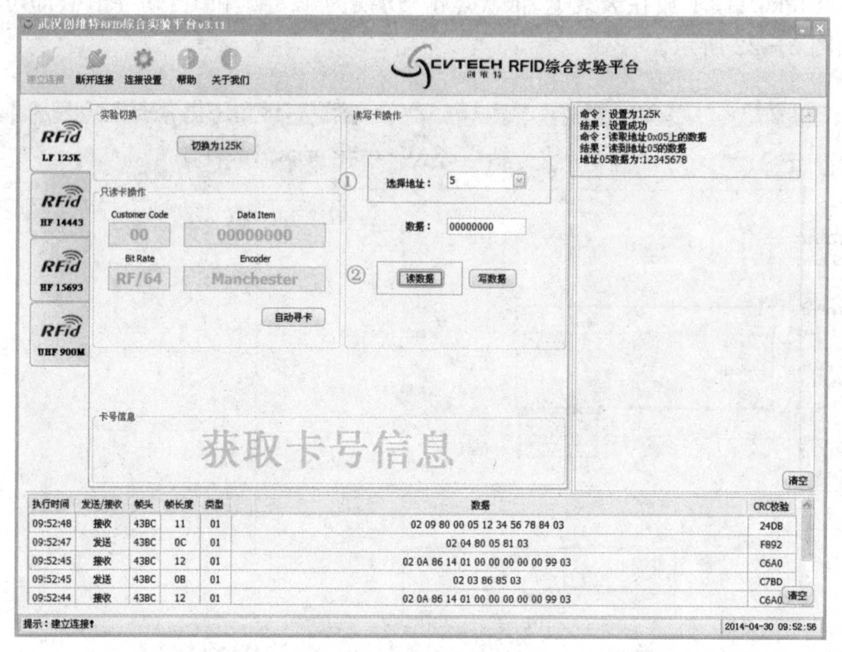

图 5－23 读数据

③ 在"选择地址"下拉框中选择数据要写入的地址，在"数据"文本框中填写需要写入的8位数据(如图中的00000001)，点击"写数据"，进行该卡指定地址处数据的写入，如图5－24所示。

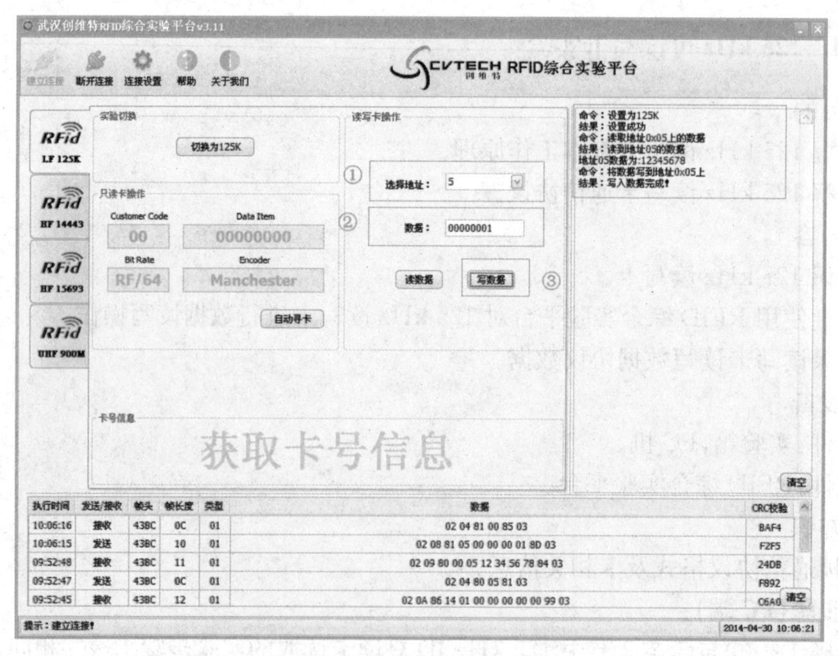

图 5－24 写数据

④ 写入完成后，选择刚才写入数据的地址，重新读数据，比较读出的数据与刚才写入的数据是否相同，验证刚才数据写入是否成功，如图 5－25 所示。

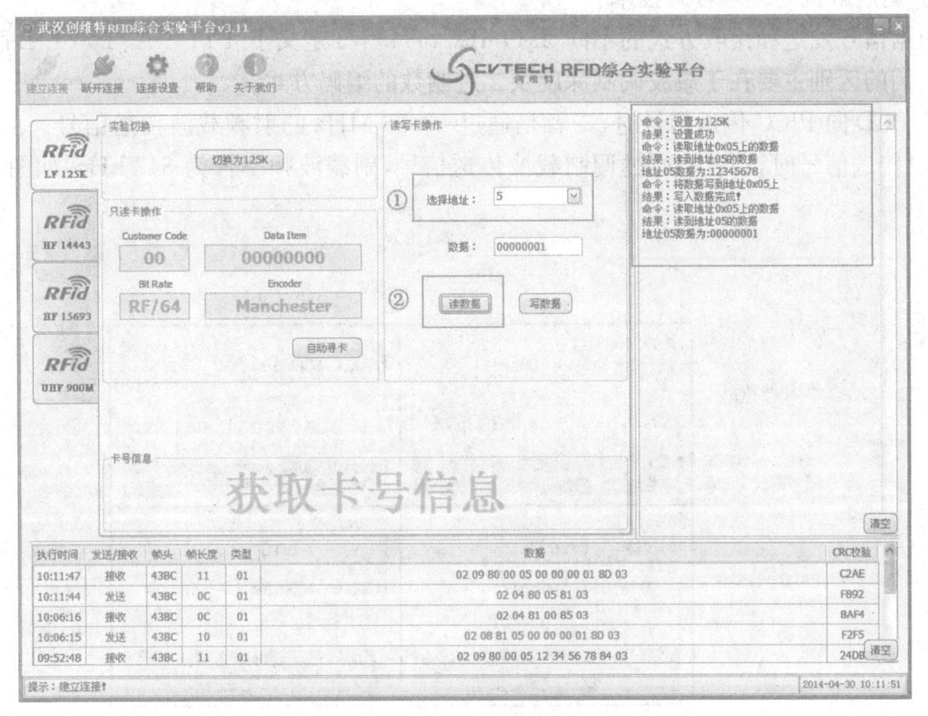

图 5－25 验证数据写入

正如前面的操作，当地址 5 的数据由“00000000”变为“00000001”，这表明 ID 卡的地址 5 的数据写入成功。同样可以对地址 5 到地址 15 进行数据读写实验。

5.4 ISO/IEC14443 通信协议

5.4.1 ISO/IEC14443 通信协议简介

ISO/IEC14443 规定了邻近卡(PICC)的物理特性，比如 ID－1 型卡规格的物理特性和 ID－1 型卡的尺寸。需要供给能量的场的性质与特征，以及邻近耦合设备(PCDs)和邻近卡之间的双向通信，耦合 IC 卡的能量是通过发送频率为 13.56 MHz 的读写器的交变磁场来提供。读写器产生的磁场必须在 1.5～7.5 A/m 之间。标准 ISO14443 规定了两种读写器和近耦合 IC 卡之间的数据传输方式：A 型和 B 型。一张 IC 卡只需选择两种方式之一。符合标准的读写器必须同时支持这两种传输方式，以便支持所有的 IC 卡。读写器在“闲置”状态时能在两种通信方法之间进行周期的转换。标准 ISO14443 规定了邻近卡进入邻近耦合设备时的轮寻，通信初始化阶段的字符格式、帧结构、时序信息；REQ 和 ATQ 命令内容，从多卡中选取其中一张的方法，初始化阶段的其他必需的参数，非接触的半双工的块传输协议并定义了激活和停止协议的步骤。传输协议同时适用于 TYPE A 和 TYPE B 型邻近卡。

TYPE A 和 TYPE B 型卡片主要的区别在于载波调制深度及二进制数的编码方式和防冲突机制。

1）调制解调与编码解码技术

根据信号发送和接收方式的不同，ISO/IEC14443－3 定义了 TYPE A、TYPE B 两种卡型。它们的区别主要在于载波调制深度及二进制数的编码方式。

从 PCD 向 PICC 传送信号时，二者是通过 13.56 MHz 的射频载波传送信号。从 PICC 向 PCD 传送信号时，二者均通过调制载波传送信号，副载波频率皆为 847 kHz，如图 5－26 所示。

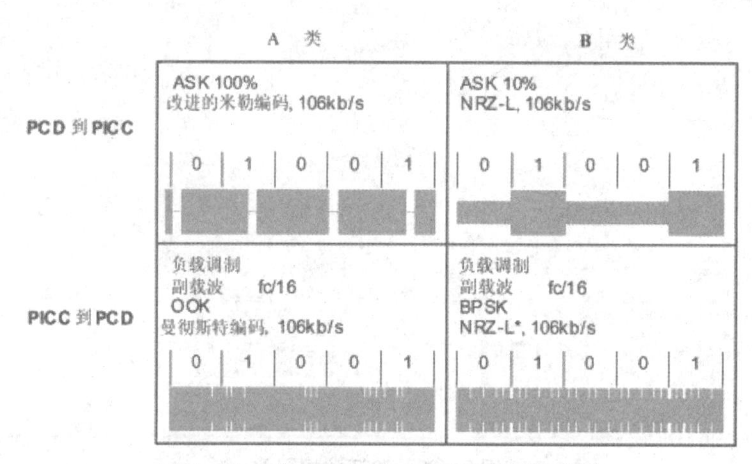

图 5－26 TYPE A、TYPE B 接口的通信信号

TYPE A 型卡在读写机上向卡传送信号时，是通过 13.65 MHz 的射频载波传送信号。其采用方案为同步、改进的米勒编码方式，通过 100％ASK 传送；当卡向读写机具传送信号时，通过调制载波传送信号。使用 847 kHz 的副载波传送曼彻斯特编码。简单地说，当表示信息“1”时，信号会有 0.3 微妙的间隙，当表示信息“0”时，信号可能有间隙也可能没有，与前后的信息有关。这种方式的优点是信息区别明显，受干扰的机会少，反应速度快，不容易误操作；缺点是需要持续不断地提高能量到非接触卡时，能量有可能会出现波动。

TYPE B 型卡在读写机具向卡传送信号时，也是通过 13.65 MHz 的射频载波信号，但采用的是异步、反向不归零编码方式，通过用 10％ASK 传送的方案；在卡向读写机具传送信号时，则是采用的 BPSK 编码进行调制。信息“1”和信息“0”的区别在于信息“1”的信号幅度大，即信号强，信息“0”的信号幅度小，即信号弱。这种方式的优点是持续不断的信号传递，不会出现能量波动的情况。

从 PCD 到 PICC 的通信信号接口主要区别在信号调制方面，TYPE A 调制使用射频工作场的 ASK100％调制原理来产生一个“暂停(pause)”状态来进行 PCD 和 PICC 间的通信，如图 5－27 所示。PCD 到 PICC 的数据传输详见表 5－5。

TYPE B 调制使用射频工作场的 ASK10％调幅来进行邻近耦合设备和邻近卡间的通信。调制指数最小应为 8％，最大应为 14％，如图 5－28 所示。PICC 到 PCD 的数据传输详见表 5－6。

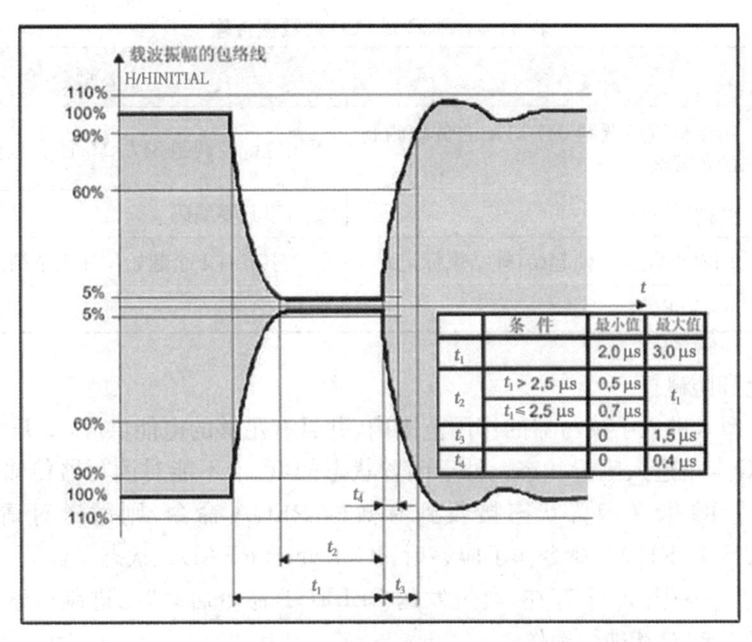

图 5－27 “暂停(pause)”状态

表 5－5 PCD 到 PICC 的数据传输

PCD→PICC	A 型	B 型
调制	ASK 100%	ASK 10%(健控度 8%～12%)
位编码	改进的米勒编码	反向不归零编码
同步	位级同步(帧起始,帧结束标记)	每个字节有一个起始位和一个结束位
波特率	106 kdB	106 kdB

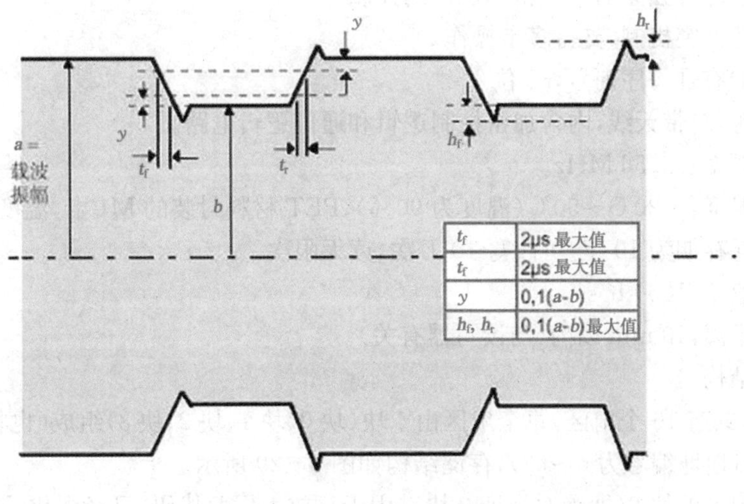

图 5－28 ASK10%调幅

表5-6 PICC到PCD的数据传输

PICC→PCD	A型	B型
调制	用振幅键控调制847 kHz的负载调制的负载波	用相位键控调制847 kHz的负载调制的负载波
位编码	曼彻斯特编码	反向不归零编码
同步	1位“帧同步”(帧起始,帧结束标记)	每个字节有1个起始位和1个结束位
波特率	106 kdB	106 kdB

2) 初始化和防碰撞

当一个A型卡进入了读写器的作用范围内,并且有足够的电能供应,卡开始执行一些预置的程序后,IC卡就进入闲置状态。处于闲置状态的IC卡不能对读写器传输给其他IC卡的数据起响应。IC卡在闲置状态接收到有效的REQA命令,则回送对请求的应答字ATQA。当IC卡对REQA命令作了应答后,IC卡处于READY状态。读写器可识别出在作用范围内至少有一张IC卡存在,通过发送SELECT命令启动“二进制检索树”防碰撞算法,选出一张IC卡,对其进行操作。

当一个B型卡被置入读写器的作用范围内,IC卡执行一些预置程序后进入闲置状态,等待接收有效的REQB命令。对于B型卡,通过发送REQB命令,可以直接启动Slotted ALOHA防碰撞算法,选出一张卡,对其进行操作。

5.4.2 Mifareone卡简介

该实验箱使用Mifareone卡简称M1卡,13.56 MHz ISO/IEC14443标准,M1卡介绍如下:

1) 主要指标

① 容量为8 k位EEPROM。

② 分为16个扇区,每个扇区为4块,每块16个字节,以块为存取单位。

③ 每个扇区有独立的一组密码及访问控制。

④ 具有防冲突机制,支持多卡操作。

⑤ 每张卡有唯一序列号,32位。

⑥ 无电源,自带天线,内含加密控制逻辑和通信逻辑电路。

⑦ 工作频率:13.56 MHz。

⑧ 工作温度:-20℃~50℃(温度为90%),PET材料封装的M1卡,温度可达100℃。

⑨ 数据保存期为10年,可改写10万次,读无限次。

⑩ 通信速率:106 kb/s。

⑪ 读写距离:10 mm以内(与读写器有关)。

2) 存储结构

① M1卡共有16个扇区,每个扇区由4块(块0、块1、块2、块3)组成(也将16个扇区的64个块按绝对地址编号为0~63),存储结构如图5-29所示。

② 第0扇区的块0(即绝对地址0块),用于存放生厂商代码,已经固化,不可更改。

③ 每个扇区的块0、块1、块2为数据块,可用于存储数据。

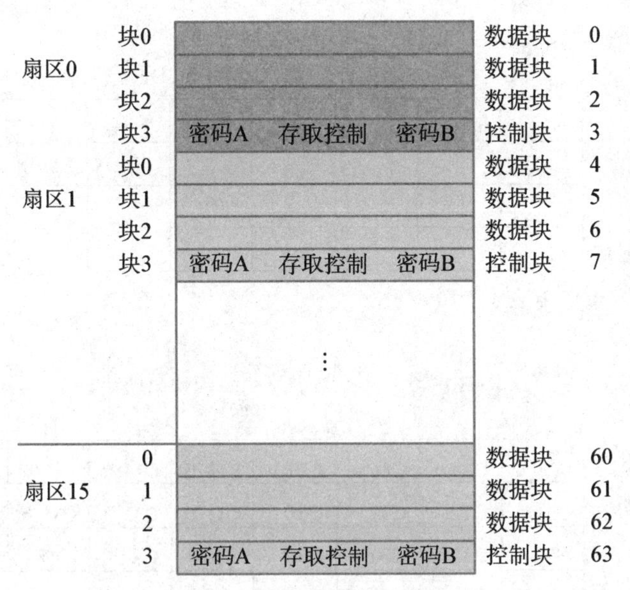

图 5－29 M1 卡存储结构

数据块可有两种应用：

a. 用作一般的数据保存，可以进行读、写操作。

b. 用作数据值，可以进行初始化值、加值、减值、读值操作。

④ 每个扇区的块 3 为控制块，包括了密码 A、存取控制、密码 B，具体结构如下：

A0A1A2A3A4A5FF078069B0B1B2B3B4B5

密码 A(6 字节)、存取控制(4 字节)、密码 B(6 字节)

⑤ 每个扇区的密码和存取控制都是独立的，可以根据实际需要设定各自的密码及存取控制。存取控制为 4 个字节，共 32 位，扇区中的每个块(包括数据块和控制块)的存取条件是由密码和存取控制共同决定的，在存取控制中每个块都有相应的 3 个控制位，定义如下：

块 0：C10　C20　C30

块 1：C11　C21　C31

块 2：C12　C22　C32

块 3：C13　C23　C33

3 个控制位以正和反两种形式存在于存取控制字节中，决定了该块的访问权限(如进行减值操作必须验证密码 A，进行加值操作必须验证密码 B，等等)。3 个控制位在存取控制字节中的位置，以块 0 为例，详见图 5－30。

⑥ 数据块(块 0、块 1、块 2)的存取控制如图 5－31 所示：

例如：当块 0 的存取控制位 C10C20C30＝100 时，验证密码 A 或密码 B 正确后可读；验证密码 B 正确后可写；不能进行加值、减值操作。

⑦ 控制块块 3 的存取控制与数据块(块 0、块 1、块 2)不同，它的存取控制如图 5－32 所示：

例如：当块 3 的存取控制位 C13C23C33＝100 时，表示：

a. 密码 A：不可读，验证密码 A 或密码 B 正确后，可写(更改)。

b. 存取控制：验证密码 A 或密码 B 正确后，可读、可写。

对块0的控制：

	bit 7	6	5	4	3	2	1	0
字节6				C20_b				C10_b
字节7				C10				C30_b
字节8				C30				C20
字节9								

（注： C10_b表示C10取反。）

存取控制（4字节，其中字节9为备用字节）结构如下所示：

	bit 7	6	5	4	3	2	1	0
字节6	C23_b	C22_b	C21_b	C20_b	C13_b	C12_b	C11_b	C10_b
字节7	C13	C12	C11	C10	C33_b	C32_b	C31_b	C30_b
字节8	C33	C32	C31	C30	C23	C22	C21	C20
字节9								

（注： _b表示取反。）

图5-30 控制字节的3个控制位

控制位（X=0..2）			访问条件（对数据块0、1、2）			
C1X	C2X	C3X	Read	Write	Increment	Decrement, transfer, Restore
0	0	0	KeyA/B	KeyA/B	KeyA/B	KeyA/B
0	1	0	KeyA/B	Never	Never	Never
1	0	0	KeyA/B	KeyB	Never	Never
1	1	0	KeyA/B	KeyB	KeyB	KeyA/B
0	0	1	KeyA/B	Never	Never	KeyA/B
0	1	1	KeyB	KeyB	Never	Never
1	0	1	KeyB	Never	Never	Never
1	1	1	Never	Never	Never	Never

（注：KeyA/B 表示密码A或密码B，Never表示任何条件下不能实现。）

图5-31 数据块的存取控制

			密码A		存取控制		密码B	
C13	C23	C33	Read	Write	Read	Write	Read	Write
0	0	0	Never	KeyA/B	KeyA/B	Never	KeyA/B	KeyA/B
0	1	0	Never	Never	KeyA/B	Never	KeyA/B	Never
1	0	0	Never	KeyB	KeyA/B	Never	Never	KeyB
1	1	0	Never	Never	KeyA/B	Never	Never	Never
0	0	1	Never	KeyA/B	KeyA/B	KeyA/B	KeyA/B	KeyA/B
0	1	1	Never	KeyB	KeyA/B	KeyB	Never	KeyB
1	0	1	Never	Never	KeyA/B	KeyB	Never	Never
1	1	1	Never	Never	KeyA/B	Never	Never	Never

（注：KeyA/B 表示密码A或密码B，Never表示任何条件下不能实现。）

图5-32 数据块3的存取控制

c. 密码 B:验证密码 A 或密码 B 正确后,可读、可写。

3) 工作原理

卡片的电气部分只由一个天线和 ASIC 组成。

① 天线:卡片的天线是只有几组绕线的线圈,很适于封装到 ISO 卡片中。

② ASIC:卡片的 ASIC 由一个高速(106 kB 波特率)的射频接口,一个控制单元和一个 8 k 位 EEPROM 组成。

③ 工作原理:读写器向 M1 卡发一组固定频率的电磁波,卡片内有一个 LC 串联谐振电路,其频率与讯写器发射的频率相同。在电磁波的激励下,LC 谐振电路产生共振,从而使电容内有了电荷,在这个电容的另一端,接一个单向导通的电子泵,将电容内的电荷送到另一个电容内储存。当所积累的电荷达到 2 V 时,此电容可作为电源为其他电路提供工作电压,将卡内数据发射出去或接取读写器的数据。

4) M1 射频卡与读写器的通信

M1 射频卡与读写器之间的通信如图 5-33 所示:

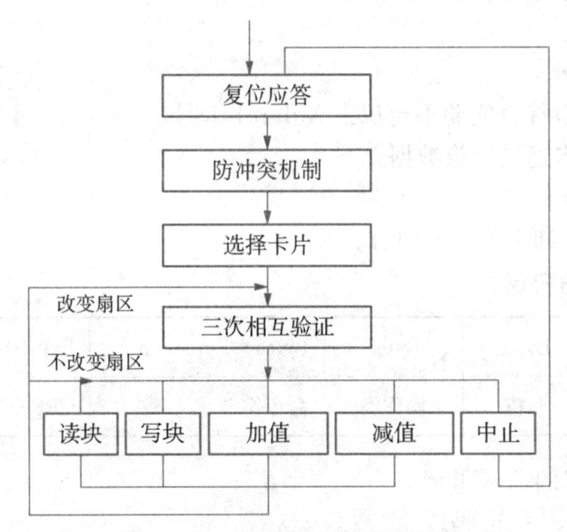

图 5-33 M1 与读写器间的通信

(1) 复位应答

M1 射频卡的通信协议和通信波特率是定义好的,当有卡片进入读写器的操作范围时,读写器以特定的协议与它通信,从而确定该卡是否为 M1 射频卡,即验证卡片的卡型。

(2) 防冲突机制

当有多张卡进入读写器操作范围时,防冲突机制会从其中选择一张进行操作,未选中的则处于空闲模式等待下一次选卡。该过程会返回被选卡的序列号。

(3) 选择卡片

选择被选中的卡的序列号,并同时返回卡的容量代码。

(4) 三次相互验证

选定要处理的卡片之后,读写器就确定要访问的扇区号,并对该扇区密码进行密码校验。在三次相互认证之后就可以通过加密流进行通信。在选择另一扇区时,则必须进行另一扇区的密码校验。

(5) 对数据块的操作

读(Read):读一个块。

写(Write):写一个块。

加(Increment):对数值块进行加值。

减(Decrement):对数值块进行减值。

存储(Restore):将块中的内容存到数据寄存器中。

传输(Transfer):将数据寄存器中的内容写入块中。

中止(Halt):将卡置于暂停工作状态。

5.4.3 ISO/IEC14443 标签寻卡操作实验

实验目的

① 理解 Mifare1 卡的基本工作原理。

② 了解 Mifare1 卡通信协议。

实验内容

① 认识 Mifare1 卡。

② 学会使用 RFID 综合实验平台识别 Mifare1 卡号。

③ 记录 Mifare1 卡通信协议数据。

基础知识

① Mifare1 卡相关知识见前面内容。

② RFID 数据通信协议:

Byte0	Byte1	Byte2	Byte3	Byte4～Byte4＋n	Byte4＋n＋1～Byte4＋n＋2
0x43	0xBC	长度	操作类	命令字节	CRC-16 校验

Byte0:帧头 1,'C'的 ASCⅡ码。

Byte1:帧头 2,Byte0 的反码。

Byte2:Byte0 到 Byte4＋n＋2 的总字节数。

Byte3:表示命令操作针对的模块——0x02 表示 13.56 MHz-ISO/IEC14443 操作。

Byte4～Byte4＋n:命令字节。

命令字节定义:

Byte0	Byte1～Byte1＋n
数据长度	数据

Byte0:Byte1 到 Byte1＋n 的总字节数。

Byte1～Byte1＋n:数据字节。

Byte4＋n＋1～Byte4＋n＋2:Byte0 到 Byte4＋n 的两位 CRC-16 数据校验,高字节在前,低字节在后,CRC-16 多项式:0x8408,初始值:0Xffff。

读取 Mifare1 卡分为三步——寻卡、防冲突、选择。

a. 通过协议的理解，寻卡的命令为：

Byte0	Byte1	Byte2	Byte3	Byte4	Byte5	Byte6	Byte7	Byte9
帧头 1	帧头 2	帧长度	TYPE	R-len	CMD	CMD	CRC1	CRC2
0x43	0xBC	0x09	0x02	0x02	0x02	0x26	0xBA	0xB0

Byte5：0x02(命令字)
Byte6：0x26(RegMfOutSelect)

寻卡成功，返回的数据为(以数据为例)：

Byte0	Byte1	Byte2	Byte3	Byte4	Byte5	Byte6	Byte7	Byte8	Byte9
帧头 1	帧头 2	帧长度	TYPE	R-len	CMD	CMD	CMD	CRC1	CRC2
0x43	0xBC	0x0A	0x02	0x03	0x00	0x04	0x00	0xF0	0XB4

Byte5：0x00(寻卡成功)
Byte6：0x04(Mifare 1 卡)

寻卡失败，返回的数据为：

Byte0	Byte1	Byte2	Byte3	Byte4	Byte5	Byte8	Byte9
帧头 1	帧头 2	帧长度	TYPE	R-len	CMD	CRC1	CRC2
0x43	0xBC	0x08	0x02	0x01	0x01	0x88	0xA6

Byte5：0x01(寻卡失败)

b. 防冲突命令为：

Byte0	Byte1	Byte2	Byte3	Byte4	Byte5	Byte7	Byte9
帧头 1	帧头 2	帧长度	TYPE	R-len	CMD	CRC1	CRC2
0x43	0xBC	0x08	0x02	0x01	0x03	0xAB	0xB4

Byte5：0x03(命令字)

防冲突成功，返回的数据为(以数据为例)：

Byte0	Byte1	Byte2	Byte3	Byte4	Byte5	Byte6	Byte7	Byte8	Byte10	Byte11	Byte12
帧头 1	帧头 2	帧长度	TYPE	R-len	CMD	CMD	CMD	CMD	CMD	CRC1	CRC2
0x43	0xBC	0x0C	0x02	0x05	0x00	0xFD	0xDB	0xC1	0x91	0xDE	0x1E

Byte5：0x00(防冲突成功)
Byte6～Byte10：0xFD 0xDB 0xC1 0x91(卡号)

防冲突失败,返回的数据为:

Byte0	Byte1	Byte2	Byte3	Byte4	Byte5	Byte8	Byte9
帧头1	帧头2	帧长度	TYPE	R-len	CMD	CRC1	CRC2
0x43	0xBC	0x08	0x02	0x01	0x01	0x88	0xA6

Byte5:0x01(防冲突失败)

c. 选择命令为:

Byte0	Byte1	Byte2	Byte3	Byte4	Byte5	Byte7	Byte9
帧头1	帧头2	帧长度	TYPE	R-len	CMD	CRC1	CRC2
0x43	0xBC	0x08	0x02	0x01	0x04	0xDF	0x0B

Byte5:0x04(命令字)

选择成功,返回的数据为(以数据为例):

Byte0	Byte1	Byte2	Byte3	Byte4	Byte5	Byte6	Byte7	Byte11	Byte12
帧头1	帧头2	帧长度	TYPE	R-len	CMD	CMD	CMD	CRC2	CRC2
0x43	0xBC	0x0A	0x02	0x03	0x00	0x08	0xDB	0x31	0x4A

Byte5:0x00(选择成功)

选择失败,返回的数据为:

Byte0	Byte1	Byte2	Byte3	Byte4	Byte5	Byte8	Byte9
帧头1	帧头2	帧长度	TYPE	R-len	CMD	CRC1	CRC2
0x43	0xBC	0x08	0x02	0x01	0x01	0x88	0xA6

Byte5:0x01(选择失败)

实验设备

① 硬件:教学实验箱,PC机。

② 软件:RFID综合实验平台。

操作步骤(PC端14443寻卡实验):

① 先将实验箱的拨码开关s10拨到OFF,用串口线连接实验箱的串口“232 to PC”(在指示灯上方)和PC机串口,运行RFID综合实验平台软件。

② 点击左侧导航栏的“HF 14443”。

③ 如果指示灯 LED3 亮，表示实验箱在 14443 模式工作，否则操作不成功。

④ 打开 PC 端的 RFID 综合实验平台 ，点击“连接设置”，设置串口波特率为 9 600，如图 5－34 所示。

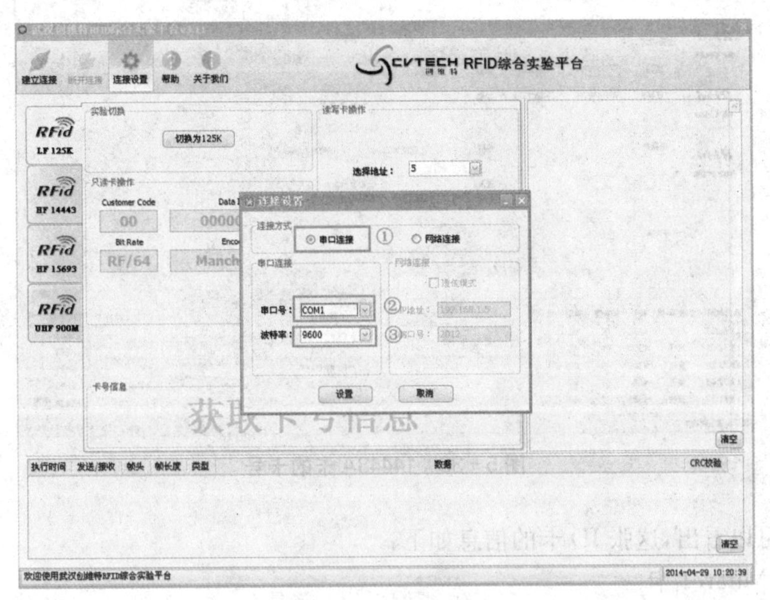

图 5－34 连接设置

⑤ 设置完成后，点击“建立连接”按钮 建立连接，将会提示建立连接，如图 5－35 所示。

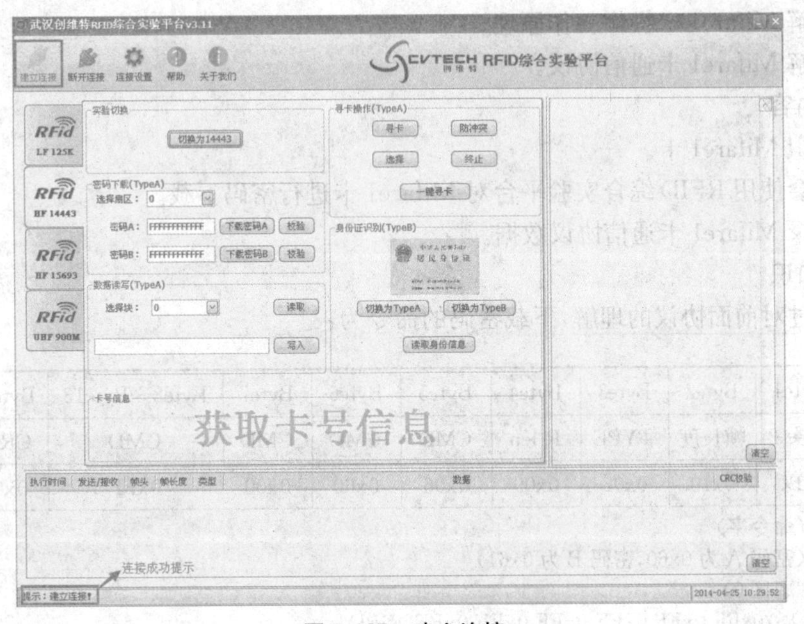

图 5－35 建立连接

⑥ 依次点击“切换为 14443”、“寻卡”和“防冲突”按钮，就可以在看到右侧打印栏的提示信息和下面打印栏的数据收发信息，14443A 卡的卡号在“卡号信息”栏，如图 5－36 所示。

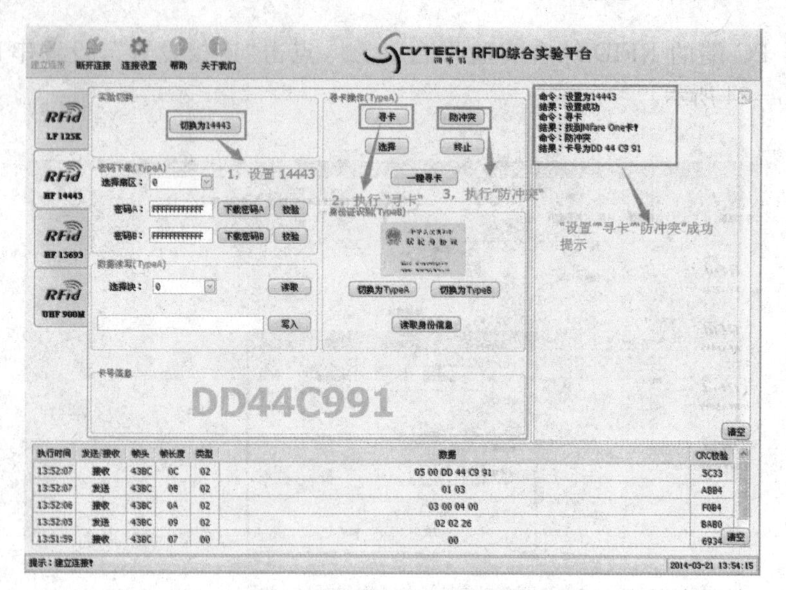

图 5－36　14443A 卡的卡号

从图中可以看出，这张 ID 卡的信息如下：

卡类型：Mifare1 卡

卡号：F5945278/DD44C991

5.4.4　ISO/IEC14443 标签密码下载实验

实验目的

① 理解 Mifare1 卡操作工作原理。

② 了解 Mifare1 卡通信协议。

实验内容

① 认识 Mifare1 卡。

② 学会使用 RFID 综合实验平台对 Mifare1 卡进行密码下载。

③ 记录 Mifare1 卡通信协议数据。

基础知识

① 通过对前面协议的理解，下载密码的命令为：

Byte0	Byte1	Byte2	Byte3	Byte4	Byte5	Byte6	Byte7	Byte8～Byte13	Byte14	Byte15
帧头 1	帧头 2	帧长度	TYPE	R-len	CMD	CMD	CMD	CMD	CRC1	CRC2
0x43	0xBC	0x10	0x02	0x09	0x06	0x60	0x00	0xFF	0x0C	0x36

Byte5：0x06（命令字）
Byte6：0x60（密码 A 为 0x60，密码 B 为 0x61）
Byte7：0x00（扇区 0）
Byte8～Byte13：0xFF 0xFF 0xFF 0xFF 0xFF 0xFF（密码）

下载密码成功,返回的数据为(以数据为例):

Byte0	Byte1	Byte2	Byte3	Byte4	Byte5	Byte8	Byte9
帧头 1	帧头 2	帧长度	TYPE	R-len	CMD	CRC1	CRC2
0x43	0xBC	0x08	0x02	0x01	0x00	0x99	0x2F

Byte5:0x00(下载密码成功)

下载密码失败,返回的数据为:

Byte0	Byte1	Byte2	Byte3	Byte4	Byte5	Byte8	Byte9
帧头 1	帧头 2	帧长度	TYPE	R-len	CMD	CRC1	CRC2
0x43	0xBC	0x08	0x02	0x01	0x00	0x99	0x2F

Byte5:0x01(寻卡失败)

② 校验密码命令为:

Byte0	Byte1	Byte2	Byte3	Byte4	Byte5	Byte6	Byte7	Byte8	Byte9	Byte10
帧头 1	帧头 2	帧长度	TYPE	R-len	CMD	CMD	CMD	CMD	CRC1	CRC2
0x43	0xBC	0x0B	0x02	0x04	0x05	0x60	0x00	0x00	0xAB	0xB4

Byte5:0x05(命令字)
Byte6:0x60(密码 A 为 0x60,密码 B 为 0x61)
Byte7:0x01(扇区 1)
Byte8:0x04(RegFIFOLength=(Byte7) * 4)

校验成功,返回的数据为:

Byte0	Byte1	Byte2	Byte3	Byte4	Byte5	Byte8	Byte9
帧头 1	帧头 2	帧长度	TYPE	R-len	CMD	CRC1	CRC2
0x43	0xBC	0x08	0x02	0x01	0x00	0x99	0x2F

Byte5:0x00(校验密码成功)

校验失败,返回的数据为:

Byte0	Byte1	Byte2	Byte3	Byte4	Byte5	Byte8	Byte9
帧头 1	帧头 2	帧长度	TYPE	R-len	CMD	CRC1	CRC2
0x43	0xBC	0x08	0x02	0x01	0x04	0x88	0xA6

Byte5:0x04(校验失败)

实验设备

① 硬件:教学实验箱,PC 机。

② 软件:RFID 综合实验平台。

实验步骤(PC 端 14443 密码下载实验):

PC 端的连接方式分为串口和网口连接,下面以串口连接方式为例来进行说明。

① 按照前面的步骤,进行 14443A 卡的寻卡操作,如图 5-37 所示。

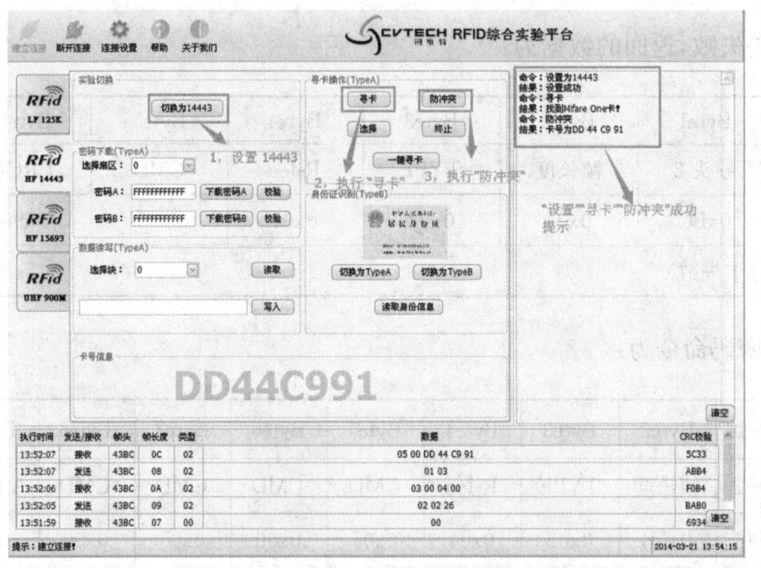

图 5-37　14443A 卡的寻卡操作

② 选择扇区 0,填写密码 A"FFFFFFFFFFFF"(这是初始密码),依次点击"下载密码 A"和"校验"按钮。观察实验结果,如图 5-38 所示,表示密码下载成功。

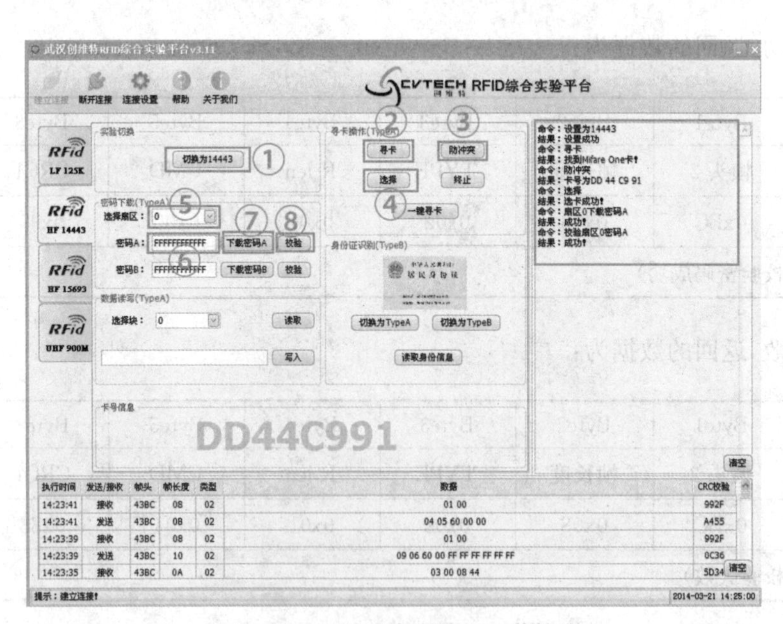

图 5-38　14443A 标签密码下载校验

5.4.5 ISO/IEC14443 标签数据读写实验

实验目的

① 理解 Mifare1 卡操作工作原理。

② 了解 Mifare1 卡通信协议。

实验内容

① 认识 Mifare1 卡。

② 学会使用 RFID 综合实验平台对 Mifare1 卡进行数据读写。

③ 记录 Mifare1 卡通信协议数据。

基础知识

① 数据写入的命令为:

Byte0	Byte1	Byte2	Byte3	Byte4	Byte5	Byte6	Byte7～Byte23	Byte24	Byte25
帧头 1	帧头 2	帧长度	TYPE	R-len	CMD	CMD	CMD	CRC1	CRC2
0x43	0xBC	0x19	0x02	0x12	0x09	0x01	写入数据	0x0E	0x80

Byte5:0x09(命令字)
Byte6:0x01(块 1)
Byte7～Byte23:0x12 0x34 0x56 0x78 0x90 0x00 0x00 0x00 0x00 0x00 0x00 0x00 0x00 0x00 0x00 0x00(待写入的数据)

数据写入成功,返回的数据为(以数据为例):

Byte0	Byte1	Byte2	Byte3	Byte4	Byte5	Byte8	Byte9
帧头 1	帧头 2	帧长度	TYPE	R-len	CMD	CRC1	CRC2
0x43	0xBC	0x08	0x02	0x01	0x00	0x99	0x2F

Byte5:0x00(下载密码成功)

数据写入失败,返回的数据为:

Byte0	Byte1	Byte2	Byte3	Byte4	Byte5	Byte8	Byte9
帧头 1	帧头 2	帧长度	TYPE	R-len	CMD	CRC1	CRC2
0x43	0xBC	0x08	0x02	0x01	0x06	0x99	0x2F

Byte5:0x06(写卡失败)

② 数据读取命令为：

Byte0	Byte1	Byte2	Byte3	Byte4	Byte5	Byte6	Byte9	Byte10
帧头 1	帧头 2	帧长度	TYPE	R-len	CMD	CMD	CRC1	CRC2
0x43	0xBC	0x09	0x02	0x02	0x08	0x01	0x12	0x7D

Byte1：0x08(命令字)
Byte2：0x001(块 1)

数据读取成功，返回的数据为：

Byte0	Byte1	Byte2	Byte3	Byte4	Byte5	Byte6～Byte21	Byte22	Byte23
帧头 1	帧头 2	帧长度	TYPE	R-len	CMD	CMD	CRC1	CRC2
0x43	0xBC	0x18	0x02	0x11	0x00	读取数据	0x1A	0x6D

Byte5：0x00(读取数据成功)
Byte6～Byte22：0x12 0x34 0x56 0x78 0x90 0x00 0x00 0x00 0x00 0x00 0x00 0x00 0x00 0x00 0x00 0x00(读取的数据)

数据读取失败，返回的数据为：

Byte0	Byte1	Byte2	Byte3	Byte4	Byte5	Byte8	Byte9
帧头 1	帧头 2	帧长度	TYPE	R-len	CMD	CRC1	CRC2
0x43	0xBC	0x08	0x02	0x01	0x05	0xCE	0x82

Byte1：0x05(读取数据失败)

实验设备

① 硬件：教学实验箱，PC 机。

② 软件：RFID 综合实验平台。

实验步骤(PC 端 14443 卡数据读写实验)：

PC 端的连接方式有两种：串口连接和网口连接。

① 参照前面的步骤，然后进行 14443 标签卡寻卡和密码下载操作。

② 选择块 0(块 0 属于只读区)，点击“读取”按钮，如图 5－39 所示。

③ 选择块 1，先点击“读取”按钮，然后在数据栏填入全 1，再点击“写入”按钮；再次点击“读取”按钮，查看读取的内容是否为全 1，如果是表示写入成功，否则写入失败，如图 5－40 所示。

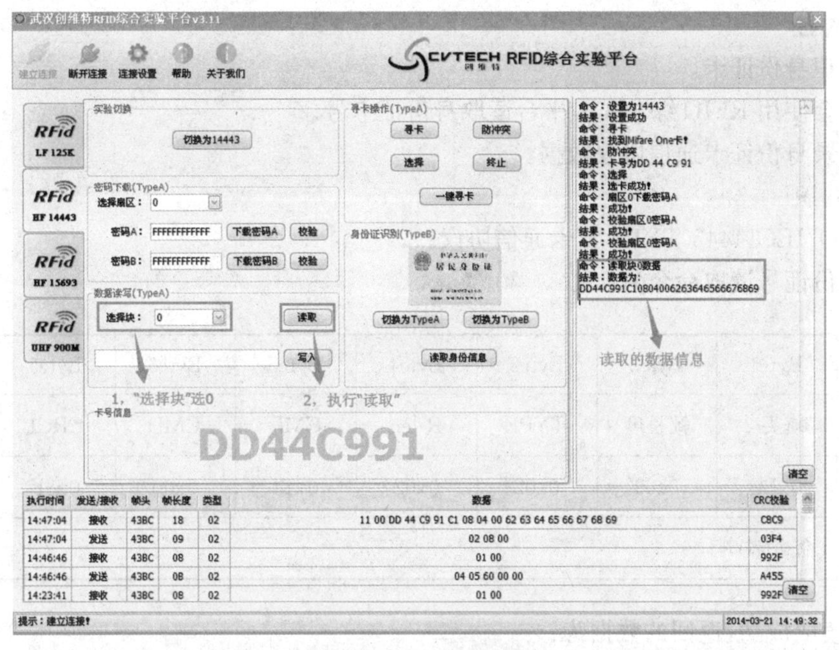

图 5－39 读取操作

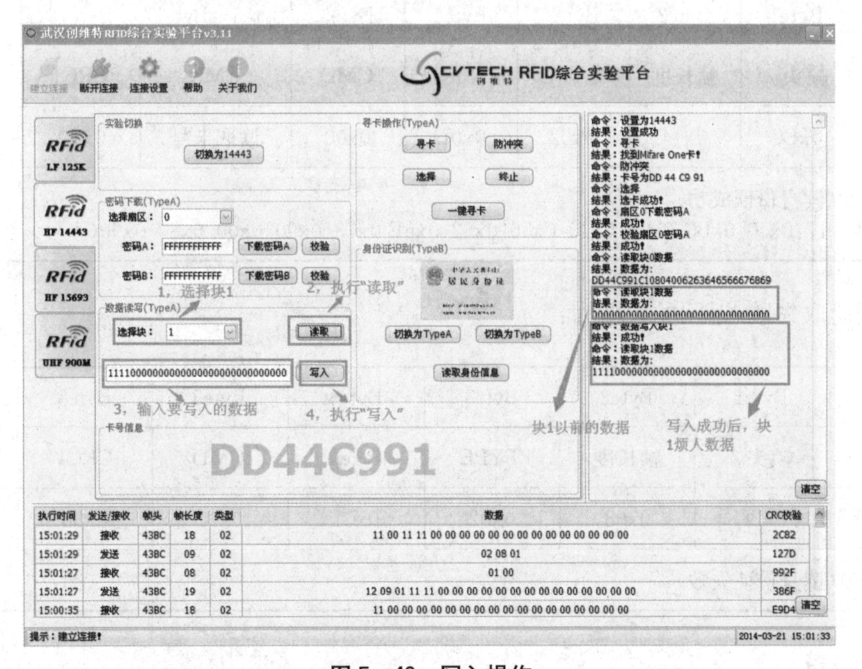

图 5－40 写入操作

5.4.6 ISO/IEC14443 TYPE B 读取身份证卡号实验

实验目的

① 理解读取身份证卡操作基本原理。

② 了解 ISO/IEC14443 TYPE B 卡通信协议。

实验内容

① 认识身份证卡。

② 学会使用 RFID 综合实验平台读取身份证卡号。

③ 记录身份证卡通信协议数据。

基本知识

① ISO/IEC14443 TYPE B 卡通信协议。

② 身份证号读取命令为:

Byte0	Byte1	Byte2	Byte3	Byte4	Byte5	Byte6	Byte9	Byte10
帧头 1	帧头 2	帧长度	TYPE	R-len	CMD	CMD	CRC1	CRC2
0x43	0xBC	0x09	0x02	0x02	0x14	0x00	0x3F	0xC5

Byte5:0x14(命令字)

数据读取成功,返回的数据为:

Byte0	Byte1	Byte2	Byte3	Byte4	Byte5	Byte6～Byte17	Byte18	Byte19
帧头 1	帧头 2	帧长度	TYPE	R-len	CMD	CMD	CRC1	CRC2
0x43	0xBC	0x14	0x02	0x0D	0x00	读取卡号	0x1A	0x6D

Byte5:0x00(读身份证成功)

Byte6～Byte17:0x40 0xB6 0xCB 0x10 0x56 0x52 0x6E 0x73 0x90 0x00 0x80 0x90(卡号)

数据读取失败,返回的数据为:

Byte0	Byte1	Byte2	Byte3	Byte4	Byte5	Byte8	Byte9
帧头 1	帧头 2	帧长度	TYPE	R-len	CMD	CRC1	CRC2
0x43	0xBC	0x08	0x02	0x01	0x01	0x88	0xA6

Byte5:0x01(读身份证失败)

实验设备

① 硬件:教学实验箱,PC 机。

② 软件:RFID 综合实验平台。

实验步骤(PC 端身份证卡号读取实验):

① 进入 14443 界面。

② 点击“切换为 14443”,设置 14443,将身份证放在 14443 天线附近,点击“切换为 Type B”,点击“读取身份信息”,右侧打印面板将打印出身份证编号(此处读出的身份证卡号并不

同于实际的身份证号码，因为身份证号码等信息已被公安系统加密，需要相应的权限才能实现），如图 5 - 41 所示。

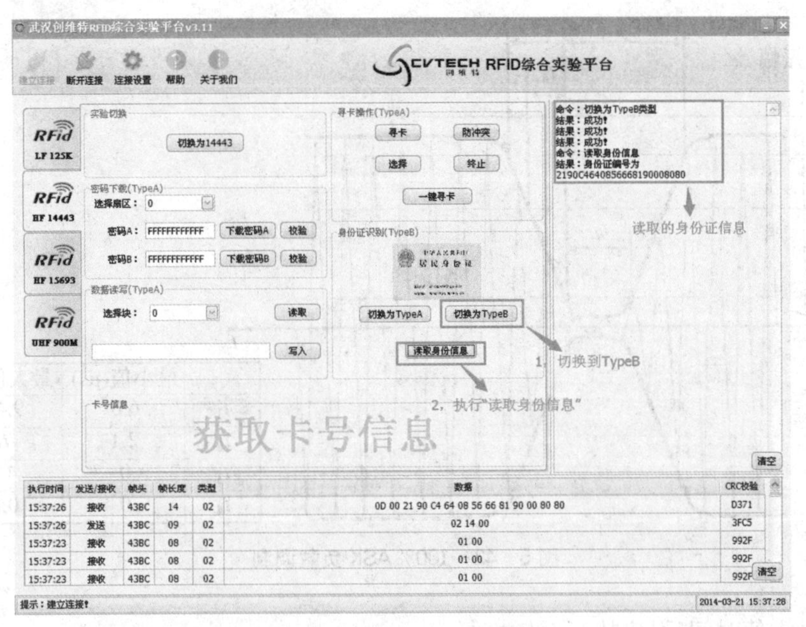

图 5 - 41 读取身份信息

5.5 ISO/IEC15693 通信协议

5.5.1 ISO/IEC15693 通信协议简介

ISO/IEC15693 是一系列针对近距离 RFID 的国际化、独立于生厂商的标准，ISO/IEC15693 - 1 部分描述了物理层，ISO/IEC15693 - 2 部分描述了射频的电源和信号界面，ISO/IEC15693 - 3 部分描述了防冲突和传输协议。

例如工作于 13.56 MHz、读取距离可达 1～1.5 m 的非接触智能卡，使用磁场耦合读卡器和卡片，设计简单让生产读卡器的成本比 ISO/IEC14443 低，大多用于出入控制、出勤考核等。现在很多企业使用的门禁卡大多使用这一类的标准。

功率传送到 VICC(附近式集成电路卡)是通过 VCD(附近式耦合设备)和 VICC 中的耦合天线间的射频完成。由 VCD 给 VICC 提供功率的射频工作场通过 VCD 到 VICC 的通信调制。

一些参数定义了多种模式，以满足不同的国际无线电规则和不同的应用需求。

根据规定的模式，任何数据编码可以与任何调制方式相结合。

5.5.2 调制

采用 ASK 的调制原理，在 VCD 和 VICC 之间产生通信。使用两个调制指数 10% 和

100%，VCD 决定使用何种调制指数，VICC 应对两者都能够解码。

根据 VCD 选定的某种调制指数，产生一个如图 5-42 所示的“暂停(pause)”状态。

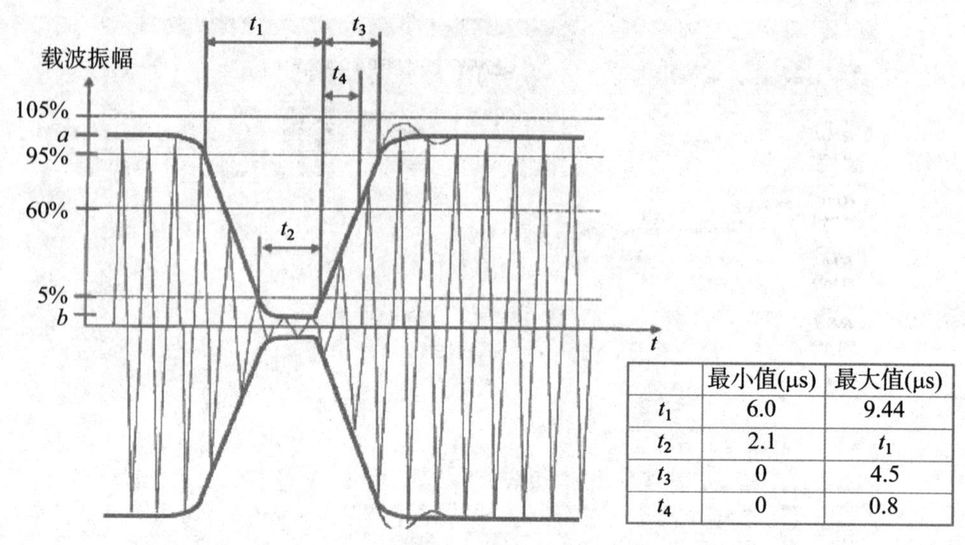

	最小值(μs)	最大值(μs)
t_1	6.0	9.44
t_2	2.1	t_1
t_3	0	4.5
t_4	0	0.8

图 5-42　100% ASK 负载调制

在 t_4 最大值时间后，应执行时钟恢复。

在 10%和 30%之间的任何调制值 VICC 都应该能进行操作，如图 5-43 所示。

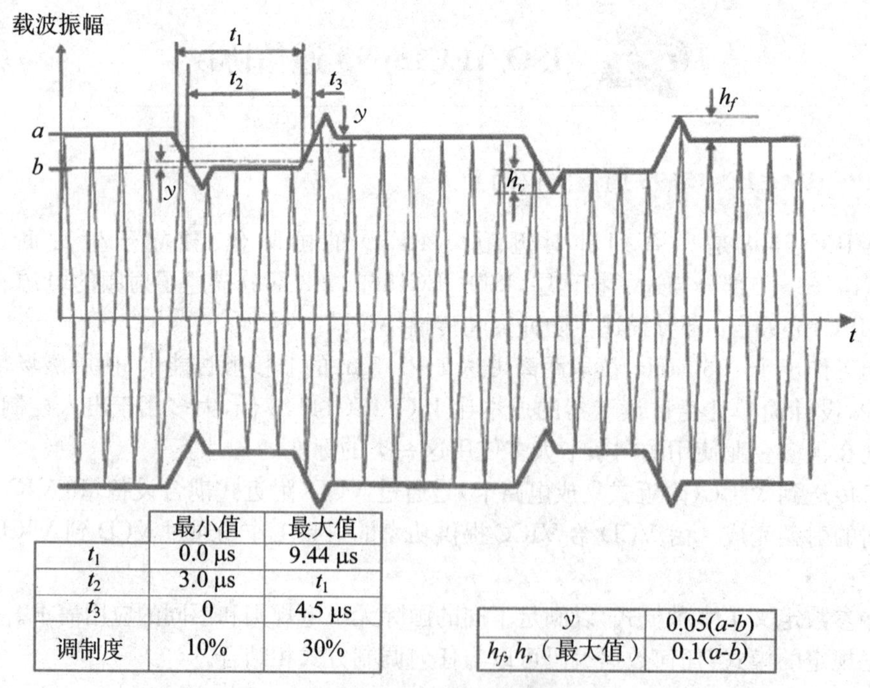

	最小值	最大值
t_1	0.0 μs	9.44 μs
t_2	3.0 μs	t_1
t_3	0	4.5 μs
调制度	10%	30%

y	$0.05(a-b)$
h_f, h_r（最大值）	$0.1(a-b)$

图 5-43　10% ASK 负载调制

5.5.3 数据速率和数据编码

数据编码采用脉冲位置调制。

VICC 应能够支持两种数据编码模式。VCD 决定选择哪一种模式，是在帧起始(SOF)时给予 VICC 指示。

1) 数据编码模式:256 取 1

一个单字节的值可以由一个暂停的位置表示。在 $256/f_c$(约 18.88 μs)的连续时间内 256 取 1 的暂停决定了字节的值。传输一个字节需要 4.833 ms，数据速率是 1.54 kb/s (f_c/8192)。最后一帧字节应在 VCD 发出帧结束(EOF)前被完整传送。

图 5-44 显示了该脉冲位置调制技术。

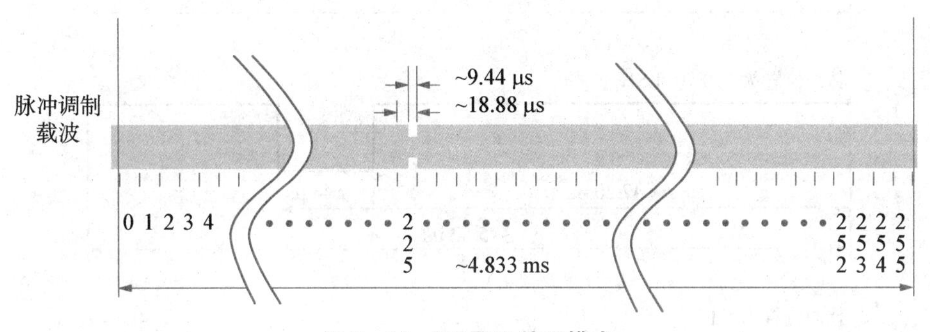

图 5-44 256 取 1 编码模式

在图中数据‘E1’=(11100001)b=(225)是由 VCD 发送给 VICC 的。

暂停产生在已决定值的时间周期的后一半，如图 5-45 所示。

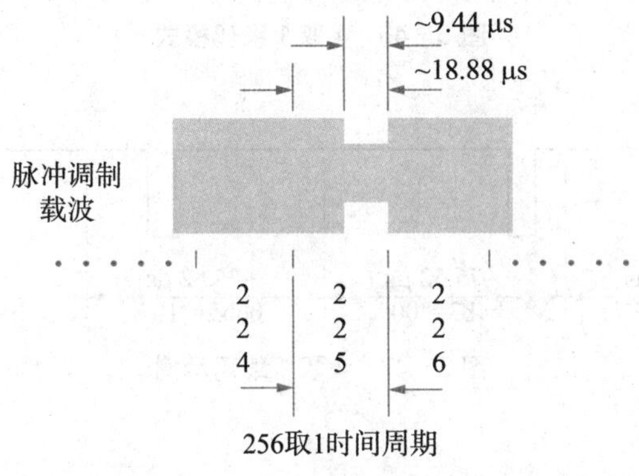

图 5-45 1 个时间周期的延迟

2) 数据编码模式:4 取 1

使用 4 取 1 脉冲位置调制模式，这种位置一次决定 2 个位。4 个连续的位对构成 1 个字节，首先传送最低的位对。数据速率为 25.48 kb/s(f_c/512)。图 5-46 显示了 4 取 1 脉冲位置技术和编码。

例如:图 5-47 显示了 VCD 传送‘E1’=(11100001)b=225。

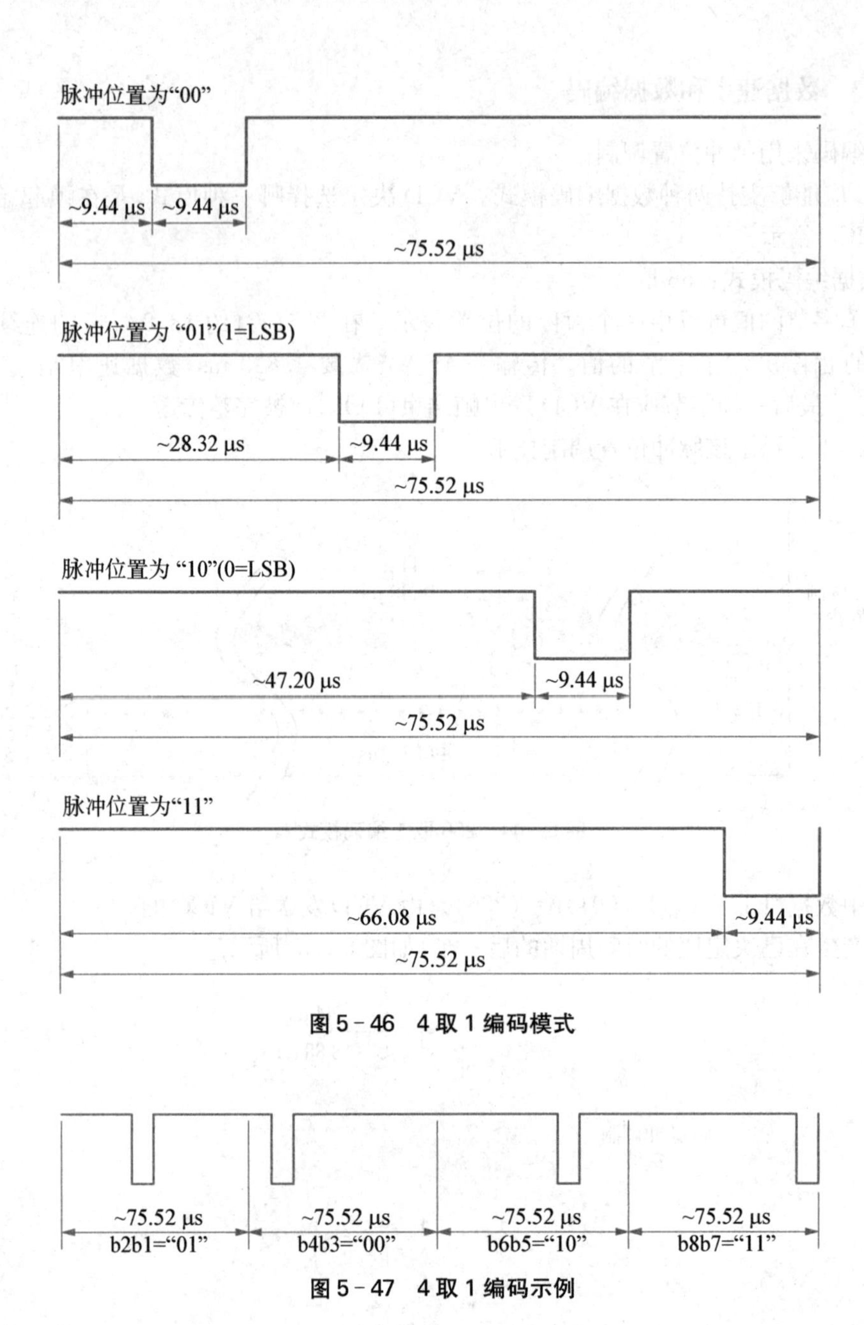

图 5－46　4 取 1 编码模式

图 5－47　4 取 1 编码示例

5.5.4　VCD 到 VICC 帧

选择帧为了容易同步和不依赖协议。帧由帧起始(SOF)和帧结束(EOF)来分隔，使用编码违例来实现此功能。ISO/IEC 保留未使用项以备将来使用。

在发送一帧数据给 VCD 后，VICC 应准备在 300 μs 内接收来自 VCD 的一帧数据。

VICC 应准备在能量场激活的情况下，在 1 ms 内接收一帧数据。

1）SOF 选择 256 取 1 编码

图 5－48 显示了 SOF 序列选择 256 取 1 的数据编码模式。

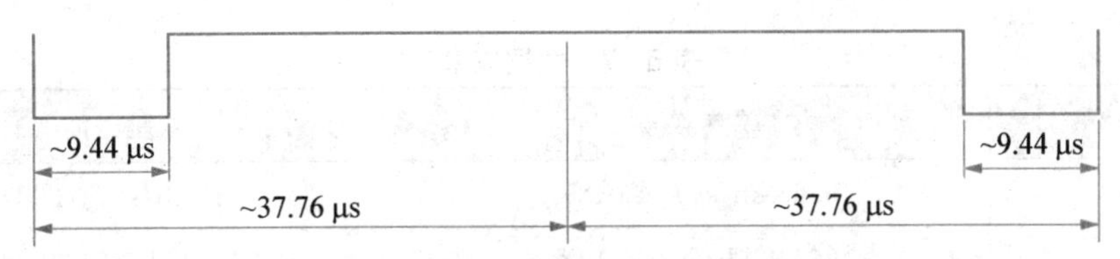

图 5-48 256 取 1 模式的开始帧

2) SOF 选择 4 取 1 编码

图 5-49 显示了 SOF 序列选择 4 取 1 的数据编码模式。

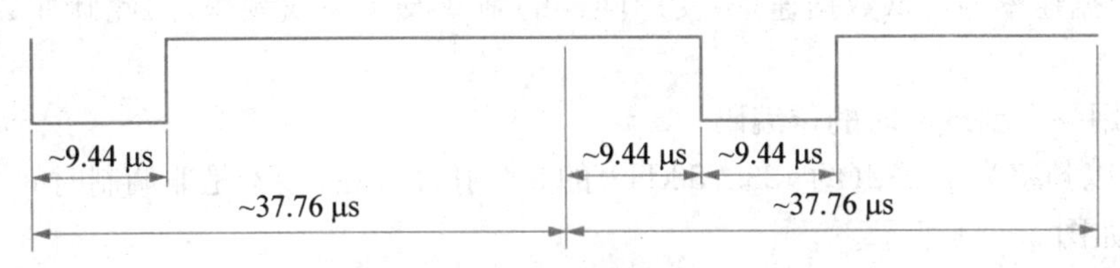

图 5-49 4 取 1 模式的开始帧

3) EOF 满足两者中任意一种数据编码模式

图 5-50 显示了 EOF 序列选择任意一种数据编码模式。

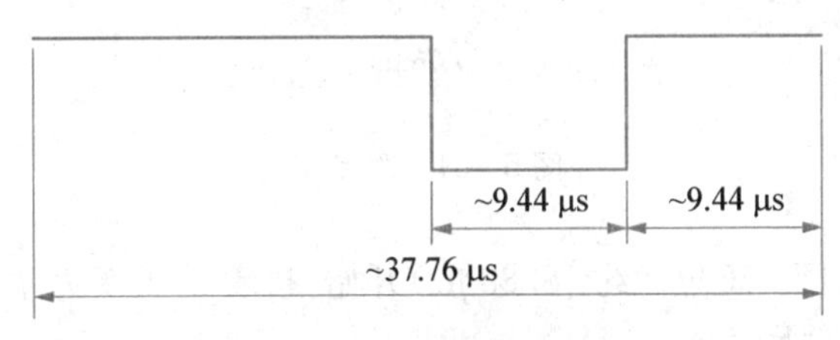

图 5-50 任意模式的结束帧

5.5.5 VICC 到 VCD 通信接口

对于一些参数定义了多种模式，以满足不同的噪声环境和不同的应用需求。

1) 负载调制

VICC 应能经电感耦合区域与 VCD 通信，在该区域中，所加载的载波频率能产生频率为 FS 的副载波。该副载波应能通过切换 VICC 中的负载来产生，按测试方法描述进行测量，负载调制振幅应至少 10 mV。

2) 副载波

由 VCD 通信协议报头的第一位选择使用一种或两种副载波，VICC 应支持两种模式。

当使用一种副载波，副载波负载调制频率 f_{s1} 应为 $f_c/32$(约 423.75 kHz)。

当使用两种副载波，频率 f_{s1} 应为 $f_c/32$(约 423.75 kHz)，频率 f_{s2} 应为 $f_c/28$(约 484.28 kHz)。

若两种副载波都出现，它们之间应有连续的相位关系。

3) 数据速率

使用低或高数据速率，由 VCD 通信协议报头的第二位选择使用何种速率，VICC 应支持如表 5-7 表示的数据速率。

表 5-7 数据速率

数据速率	单副载波	双副载波
低	6.62 kb/s(f_c/2048)	6.67 kb/s(f_c/2032)
高	26.48 kb/s(f_c/512)	26.69 kb/s(f_c/508)

4) 位表示和编码

根据以下方案,数据应使用曼彻斯特编码方式进行编码。所有时间参考了 VICC 到 VCD 的高数据速率。对低数据速率,使用同样的副载波频率或频率,因此脉冲数和时间应乘以 4。

(1) 使用一个副载波时的位编码

逻辑 0 以频率为 f_c/32(约 423.75 kHz)的 8 个脉冲开始,接着是非调制时间 256/f_c(约 18.88 μs),如图 5-51 所示。

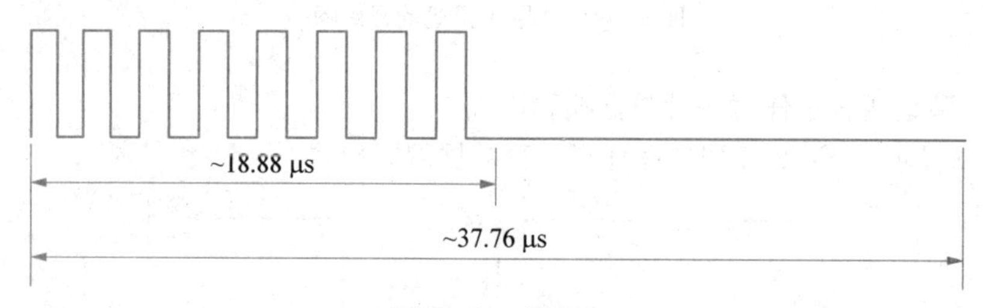

图 5-51 逻辑 0

逻辑 1 以非调制时间 256/f_c(约 18.88 μs)开始,接着是频率为 f_c/32(约 423.75 kHz)的 8 个脉冲,如图 5-52 所示。

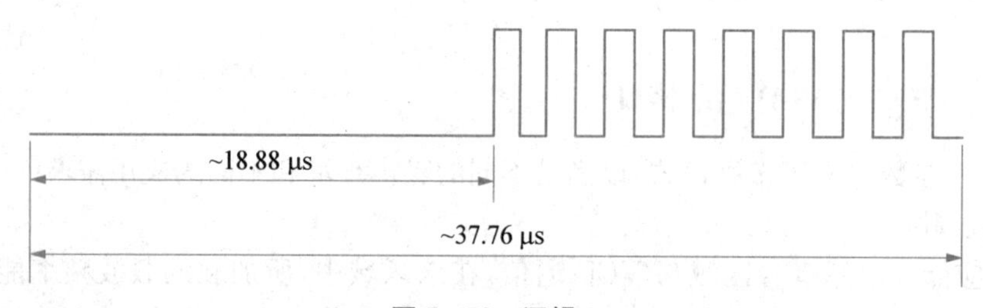

图 5-52 逻辑 1

(2) 使用两个副载波时的位编码

逻辑 0 以频率为 f_c/32(约 423.75 kHz)的 8 个脉冲开始,接着是频率为 f_c/28(约 484.28 kHz)的 9 个脉冲,如图 5-53 所示。

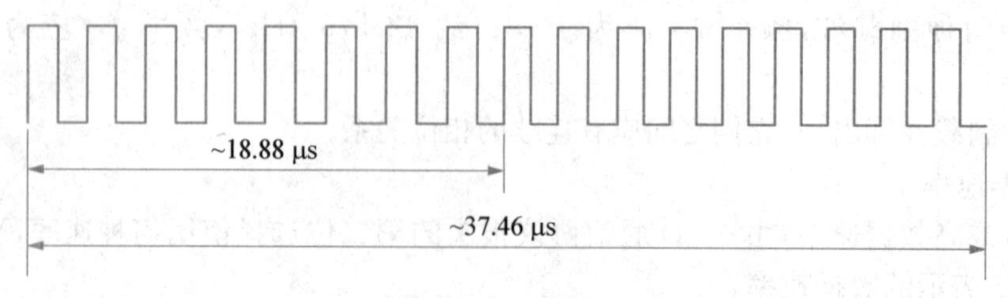

图 5-53 逻辑 0

逻辑 1 以频率为 f_c/28(约 484.28 kHz)的 9 个脉冲开始，接着是频率为 f_c/32(约 423.75 kHz)的 8 个脉冲，如图 5-54 所示。

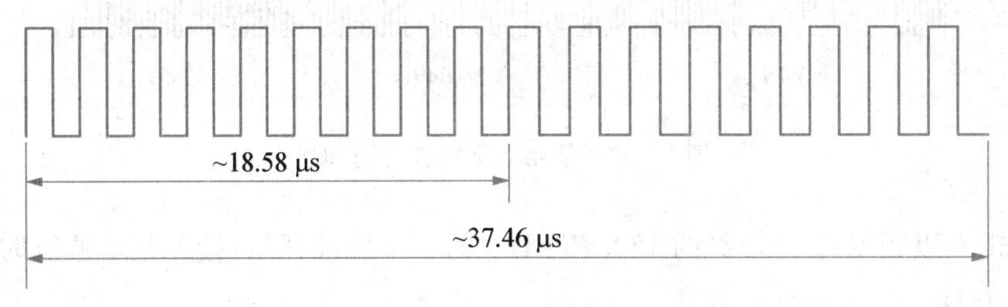

图 5-54 逻辑 1

5) VICC 到 VCD 帧

选择帧为了容易同步和不依赖协议。

帧由帧起始(SOF)和帧结束(EOF)来分隔，使用编码违例来实现此功能。

所有时间参考了 VICC 到 VCD 的高数据速率。对低数据速率，使用同样的副载波频率或频率，因此，脉冲数和时间应乘以 4。

在发送一帧数据给 VCD 后，VICC 应准备在 300 μs 内接收来自 VCD 的一帧数据。

(1) 使用一个副载波时的 SOF

SOF 包含三个部分：

① 一个非调制时间 768/f_c(56.64 μs)。

② 频率为 fc/32(423.75 kHz)的 24 个脉冲。

③ 逻辑 1 以非调制时间 256/f_c(18.88 μs)开始，接着是频率为 f_c/32(423.75 kHz)的 8 个脉冲。

单副载波 SOF 如图 5-55 所示。

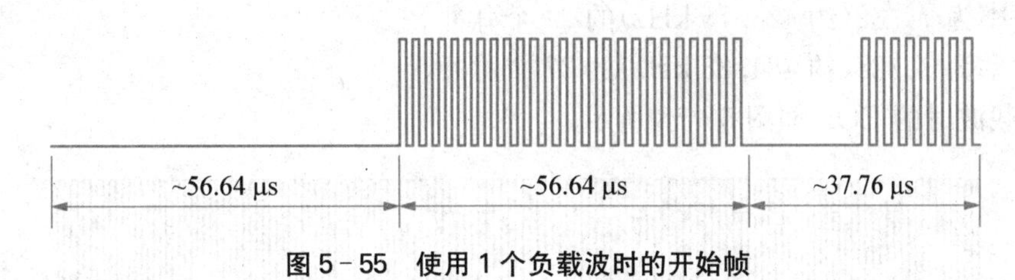

图 5-55 使用 1 个负载波时的开始帧

(2) 使用两个副载波时的 SOF

SOF 包含三个部分：

① 频率为 f_c/28(约 484.28 kHz)的脉冲。

② 频率为 f_c/32(约 423.75 kHz)的 24 个脉冲。

③ 逻辑 1 以频率为 f_c/28(约 484.28 kHz)的 9 个脉冲开始，接着是频率为 f_c/32(约 423.75 kHz)的 8 个脉冲。

双副载波时的 SOF 如图 5-56 所示。

(3) 使用一个副载波时的 EOF

EOF 包含三个部分：

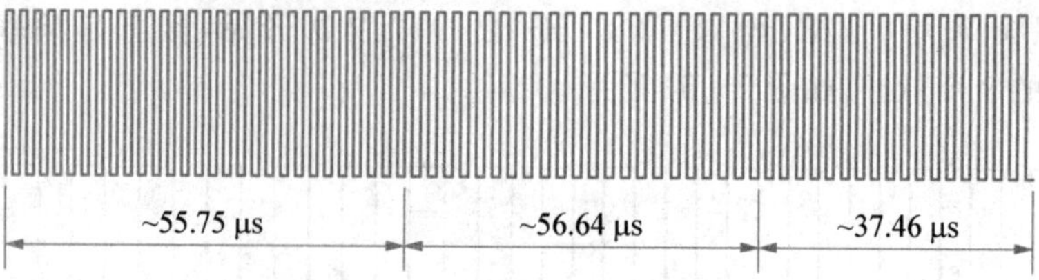

图 5-56　使用双副载波时的 SOF

① 逻辑 0 以频率为 $f_c/32$(约 423.75 kHz)的 8 个脉冲开始，接着是非调制时间 $256/f_c$(约 18.88 μs)。

② 频率为 $f_c/32$(约 423.75 kHz)的 24 个脉冲。

③ 一个非调制时间 $768/f_c$(约 56.64 μs)。

单副载波时的 EOF 如图 5-57 所示。

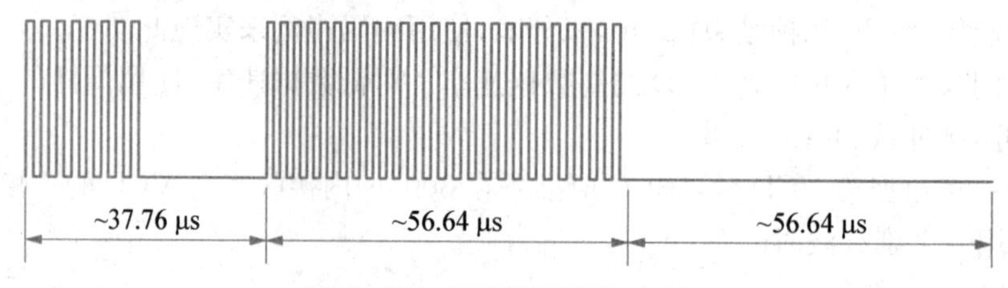

图 5-57　使用单副载波时 EOF

(4) 使用两个副载波时的 EOF

EOF 包含三个部分：

① 逻辑 0 以频率为 $f_c/32$(约 423.75 kHz)的 8 个脉冲开始，接着是频率为 $f_c/28$(约 484.28 kHz)的 9 个脉冲。

② 频率为 $f_c/32$(约 423.75 kHz)的 24 个脉冲。

③ 频率为 $f_c/28$(约 484.28 kHz)的 27 个脉冲。

双副载波时的 EOF 如图 5-58 所示。

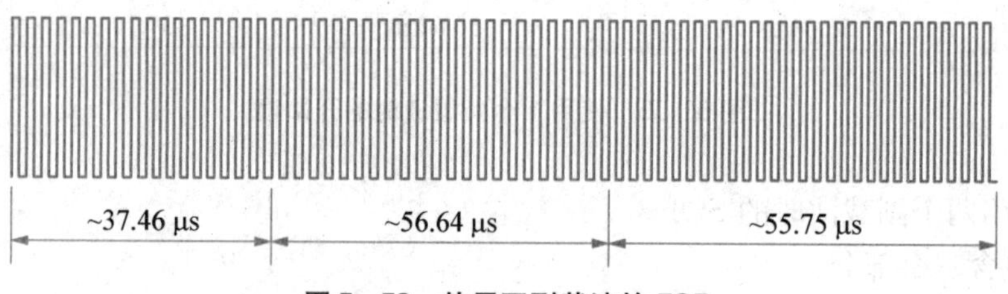

图 5-58　使用双副载波的 EOF

5.5.6　唯一标识符

VICC 由一个 64 位(bit)的唯一标识符(Unique Identifier，UID)来标识。在 VCD 和 VICC 之间防冲突和一对一交换期间，用来定位每个唯一特别的 VICC。唯一标识符应永久地由 IC 制造商设定。

5.5.7 应用族标识符

应用族标识符(Application Family Identifier,AFI)代表由 VCD 锁定的应用类型。VICCs 只有满足所需的应用准则才能从出现的 VICCs 中被挑选出。应用族标识符将被相应的命令编程和锁定。应用族标识符被编码在一个字节里,由两个的半字节组成,高位半字节用于编码一个特定的或所有应用族,低位半字节用于编码一个特定的或所有应用子族。子族不同于 0 的编码,有自己的所有权。

5.5.8 数据存储格式标识符

数据存储格式标识符(Data Storage Format Identifier, DSFID)指出了数据在 VICC 内存中是怎样构成的。数据存储格式标识符被相应的命令编程和锁定,被编码在一个字节里。数据存储格式标识符允许即时知道数据的逻辑组织。

假如 VICC 不支持数据存储格式标识符的编程,将以数值"0"作为应答。

5.5.9 循环冗余编码

循环冗余编码(CRC)是根据 ISO/IEC13239 计算出的。初始登记内容应该全是 1:"FFFF"。在每一帧内 EOF 前的两字节 CRC 附加于每一次请求和应答。CRC 的计算作用于 SOF 后的所有字节,但不包括 CRC 域。当收到来自 VCD 的一次请求,VICC 将校对 CRC 的值是否有效。假如无效,VICC 将丢掉该帧,并不作回答(调制)。当收到来自 VICC 的一次响应,建议 VCD 校对 CRC 的值是否有效。假如值无效,接下来的责任就留给 VCD 的设计者来承担了。首先传输 CRC 的最低有效字节。每一字节首先传输最低有效位。

5.5.10 VICC 内存结构

标准中规定的命令假定物理内存以固定大小的块(或页)出现。

① 达到 256 个块可被寻址。

② 块大小可至 256 位(bit)。

③ 这可导致最大的内存容量达到 8k 字节(64 kbits)。

(注:该结构允许未来扩展至最大内存容量。)

标准中规定的命令集允许按块操作(读和写)。关于其他操作方式,没有明示或暗示的限制(例如在未来标准的修订版或客户定制命令集由字节或逻辑对象决定)。

5.5.11 块安全状态

根据协议(例如:读单个块)的规定,在响应一次 VCD 请求时,块安全状态作为参数由 VICC 返回。块安全状态编码成一个字节。

块安全状态是协议的一个元素,如表 5-8 所示。在 VICC 的物理内存结构中的 8 位(bit)是否执行,这里没有明示或暗示的规定。

表5-8 块安全状态

位(bit)	标志名称	值	描述
b_1	Lock_flag	0	非锁定
		1	锁定
$b_2 \sim b_8$	RFU	0	

5.5.12 全部协议描述

1) 协议概念

传输协议定义了VCD和VICC之间指令和数据双向交换的机制。它基于"VCD首先说"的概念,意味着除非收到并正确地解码一个VCD发送来的指令,否则任何VICC都不会开始传输。

(1) 协议基于一个交换。

① 从VCD到VICC的一次请求

② 从VICC到VCD的一次响应

VICC发送一次响应的条件在协议中有定义。

(2) 每一次请求和每一次响应包含在一帧内。帧分隔符(SOF和EOF)在ISO/IEC15693-2中有规定。

(3) 每次请求包括以下的域:

① 标志

② 命令编码

③ 强制和可选的参数域,取决于命令

④ 应用数据域

⑤ CRC

(4) 每次响应包括以下的域:

① 标志

② 强制和可选的参数域,取决于命令

③ 应用数据域

④ CRC

(5) 协议是双向的。一帧中传输的位的个数是8的倍数,即整数个字节。

(6) 一个单字节域在通信中首先传输最低有效位(Least Significant Bit, LSB)。

(7) 一个多字节域在通信中首先传输最低有效字节(Least Significant Byte, LSByte),每字节首先传输最低有效位。

(8) 标志的设置表明可选域的存在。当标志设置为1,这个域存在;当标志设置为0,这个域不存在。

(9) RFU标志应设置为0。

2) 模式

条件模式参考了在一次请求中,VICC应回答请求的设置所规定的机制。

(1) 寻址模式

当寻址标志设置为1(寻址模式),请求应包含编址的VICC的唯一ID。

任何 VICC 在收到寻址标志为 1 的请求，应将收到的唯一 ID(地址)和自身 ID 相比较。假如匹配，VICC 将执行它(假如可能)，并根据命令描述的规定返回一个响应给 VCD。假如不匹配，VICC 将保持沉默。

(2) 非寻址模式

当寻址标志设置为 0(非寻址模式)，请求将不包含唯一的 ID。

任何 VICC 在收到寻址标志为 0 的请求，VICC 将执行它(假如可能)，并根据命令描述的规定返回一个响应给 VCD。

(3) 选择模式

当选择标志设置为 1(选择模式)，请求将不包含 VICC 唯一的 ID。

处于选择状态的 VICC 在收到选择标志为 1 的请求时，VICC 将执行它(假如可能)，并根据命令描述的规定返回一个响应给 VCD。

VICC 只有处于选择状态，才会响应选择标志为 1 的请求。

3) 请求格式

请求包含以下域：

① 标志

② 命令编码

③ 参数和数据域

④ CRC

如图 5－59 所示。

SOF	标志	命令编码	参数	数据	CRC	EOF

图 5－59 通用请求格式

请求标志：

在一次请求中，域“标志”规定了 VICC 完成的动作及响应域是否出现或没有出现，包含 8 位(bit)。

请求标志 1 到标志 4 的规定如表 5－9 所示。

表 5－9 请求标志 1 到标志 4 的规定

位(bit)	标志名称	值	描述
b_1	副载波标志	0	VICC 应使用单个副载波频率
		1	VICC 应使用两个副载波
b_2	数据速率标志	0	使用低数据速率
		1	使用高数据速率
b_3	目录标志	0	标志 5 到标志 8 的意思根据表 5－10
		1	标志 5 到标志 8 的意思根据表 5－10
b_4	协议扩展标志	0	无协议格式扩展
			协议格式已扩展，保留供以后使用

注 1：副载波标志参考 ISO/IEC15693－2 中规定的 VICC-to-VCD 通信。

注 2：数据速率标志参考 ISO/IEC15693－2 中规定的 VICC-to-VCD 通信。

目录标志没有设置时请求标志 5 到标志 8 的规定如表 5-10 所示。

表 5-10　当目录标志没有设置时请求标志 5 到标志 8 的规定

位(bit)	标志名称	值	描述
b_5	选择标志	0	根据寻址标志设置,请求将由任何 VICC 执行
		1	请求只由处于选择状态的 VICC 执行 寻址标志应设置为 0,UID 域应不包含在请求中
b_6	寻址标志	0	请求没有寻址,不包括 UID 域。可以由任何 VICC 执行
		1	请求有寻址,包括 UID 域。仅由那些自身 UID 与请求中规定的 UID 匹配的 VICC 才能执行
b_7	选择权标志	0	含义由命令描述定义,如果没有被命令定义,它应设置为 0
		1	含义由命令描述定义
b_8	RFU	0	

目录标志设置时请求标志 5 到标志 8 的规定如表 5-11 所示。

表 5-11　当目录标志设置时请求标志 5 到标志 8 的规定

位(bit)	标志名称	值	描述
b_5	AFI 标志	0	AFI 域没有出现
		1	AFI 域有出现
b_6	Nb_slots 标志	0	16slots
		1	1slot
b_7	选择权标志	0	含义由命令描述定义,如果没有被命令定义,它应设置为 0
		1	含义由命令描述定义
b_8	RFU	0	

4) 响应格式

响应应包含以下域:

① 标志

② 一个或多个参数域

③ 数据

④ CRC

如图 5-60 所示。

SOF	标志	参数	数据	CRC	EOF

图 5-60　通用响应格式

(1) 响应标志

在一次响应中,响应标志指出 VICC 是怎样完成动作的,并且相应域是否出现。响应标志由 8 位(bit)组成,如表 5－12 所示。

表 5－12 响应标志 1 到标志 8 定义

位(bit)	标志名称	值	描述
b_1	出错标志	0	没有错误
		1	检测到错误,错误码在“错误”域
b_2	RFU	0	
b_3	RFU	0	
b_4	扩展标志	0	无协议格式扩展
		1	协议格式被扩展,保留供以后使用
b_5	RFU	0	
b_6	RFU	0	
b_7	RFU	0	
b_8	RFU	0	

(2) 响应错误码

当错误标志被 VICC 置位,将包含错误域,并提供出现的错误信息。错误码在表 5－13 中定义。假如 VICC 不支持表 5－13 中列出的规定错误码,VICC 将以错误码‘0F’应答(“不给出错误信息”)。

表 5－13 响应错误码定义

错误码	意义
‘01’	不支持命令,即请求码不能被识别
‘02’	命令不能被识别,例如:发生一次格式错误
‘03’	不支持命令选项
‘0F’	无错误信息或规定的错误码不支持该错误
‘10’	规定块不可用(不存在)
‘11’	规定块被锁,因此不能被再锁
‘12’	规定块被锁,其内容不能改变
‘13’	规定块没有被成功编程
‘14’	规定块没有被成功锁定
‘A0’-‘DF’	客户定制命令错误码
其他	RFU

5) VICC 状态

一个 VICC 可能处于以下四种状态中的一种:

① 断电
② 准备
③ 静默
④ 选择

这些状态间的转换有规定，断电、准备和安静状态的支持是强制性的。选择状态的支持是可选的。

(1) 断电状态

当VICC不能被VCD激活的时候，它处于断电状态。

(2) 准备状态

当VICC被VCD激活的时候，它处于准备状态。选择标志没有置位时，它将处理任何请求。

(3) 静默状态

当VICC处于静默状态，目录标志没有设置且寻址标志已设置情况下，VICC将处理任何请求。

(4) 选择状态

只有处于选择状态的VICC才会处理选择标志已设置的请求。

5.5.13 防冲突

防冲突序列的目的是在VCD工作域中产生由VICC的唯一ID(UID)决定的VICCs目录。VCD在与一个或多个VICCs通信中处于主导地位。它通过发布目录请求初始化卡通信。

1) 请求参数

在发布目录命令时，VCD将Nb_slots_标志设置为期望值，然后在命令域后加入Mask长度和Mask值。Mask长度指出Mask值的高位数目。当使用16 slots时请求参数可以是0到60之间的任何值，当使用1 slot时请求参数可以是0到64之间的任何值，首先传输低位。Mask值以整数个字节的数目存在，首先传输最低有效字节。假如Mask长度不是8的倍数，Mask值的最高有效位(Most Significant Bit, MSB)将补0，使得Mask值是整数个字节。

2) VICC处理请求

收到一次有效的请求，VICC将通过执行规定的操作流程处理请求。

5.5.14 时间规范

VCD和VICC应遵循以下的时间规范：

在收到来自VCD的一个EOF后，VICC传送响应前的等待时间。

在收到来自VCD的一个EOF后，VICC调制空闲时间。

VCD在发送后续请求前需要有等待时间。

VCD在一次目录过程中，接通下一个位置前需要有等待时间。

5.5.15 命令

1) 命令类型

定义了四种命令：强制的命令、可选的命令、定制的命令、私有的命令。

(1) 强制的命令

命令码范围从‘01’到‘1F’。所有 VICCs 都支持强制命令码。

(2) 可选的命令

命令码范围从‘20’到‘9F’。VICCs 可以有选择地支持可选的命令码。假如支持，请求和响应格式都将遵循这份标准给出的定义。

假如某个 VICC 不支持一个可选的命令，并且寻址标志或选择标志已设置，它可能会返回一个错误码(“不支持”)或保持静默。假如既没有设置寻址标志，也没有设置选择标志，VICC 将保持静默。

假如一个命令有不同的可选性解释，它们应该由 VICC 支持，否则返回一个错误码。

(3) 定制的命令

命令码范围从‘A0’到‘DF’。VICCs 支持定制命令，在它们的可选范围内，执行由制造商规定的功能。标志的功能(包括保留位)将不会被修改，除非是选择标志。可以被定制的域仅限于参数和数据域。

任何定制命令都会把 IC 制造商编码包含在参数的首要位置，这允许 IC 制造商在执行定制命令时不需冒命令编码重复的风险，当然也就不会有误译了。

假如某个 VICC 不支持一个定制的命令，并且寻址标志或选择标志已设置，它可能会返回一个错误码(“不支持”)或保持静默。假如既没有设置寻址标志，也没有设置选择标志，VICC 将保持静默。假如一个命令有不同的可选性解释，它们应该由 VICC 支持，否则返回一个错误码。

(4) 私有的命令

命令码范围从‘E0’到‘FF’。这个命令方便 IC 和 VICC 制造商用于各种目的的应用，如测试、系统信息编程等等。它们在这个标准中没有作规定。IC 制造商根据其选择对私有命令作记录或不作记录。在 IC 和 VICC 被制造完成后，这些命令被允许关闭。

2) 命令编码

命令编码如表 5-14 所示。

表 5-14 命令编码

命令编码	类型	功能
‘01’	强制	目录
‘02’	强制	保持静默
‘03’～‘1F’	强制	RFU
‘20’	可选	读单个块
‘21’	可选	写单个块
‘22’	可选	锁定块
‘23’	可选	读多个块
‘24’	可选	写多个块
‘25’	可选	选择
‘26’	可选	复位准备
‘27’	可选	写 AFI

续 表

命令编码	类型	功能
28’	可选	锁定 AFI
‘29’	可选	写 DSFID
‘2A’	可选	锁定 DSFID
‘2B’	可选	获取系统信息
‘2C’	可选	获取多个块安全状态
‘2D’～‘9F’	可选	RFU
‘A0’～‘DF’	定制	ICMfg 决定
‘E0’～‘FF’	私有	ICMfg 决定

3）命令集

(1) 目录

命令编码＝‘01’

当收到目录请求命令，VICC 将完成防冲突序列。

请求包含：

① 标志

② 目录命令编码

③ AFI，假如 AFI 标志已设置

④ Mask 长度

⑤ Mask 值

⑥ CRC

目录标志被设置为 1。

标志 5 到标志 8 根据表格 5－11 定义。目录请求格式如图 5－61 所示。

SOF	标志	目录	可选择的 AFI	Mask 长度	Mask 值	CRC16	EOF
	8 bits	8 bits	8 bits	8 bits	0～64 bits	16 bits	

图 5－61 目录请求格式

响应包括：

① DSFID

② 唯一的 ID

如果 VICC 发现一个错误，它将保持静默。目录响应格式如图 5－62 所示。

SOF	标志	DSFID	UID	CRC16	EOF
	8 bits	8 bits	64 bits	16 bits	

图 5－62 目录响应格式

(2) 保持静默

命令编码＝‘02’

当收到保持静默命令，VICC 将进入保持静默状态并且不返回响应。保持静默状态没有响应。

当保持静默时：

① 当目录标志被设置，VICC 不会处理任何请求。

② VICC 将处理任何可定位的请求。

在以下情况，VICC 将跳出静默状态：

① 重新设置(断电)。

② 收到选择请求。如果支持将进入选择状态，如果不支持将返回。

③ 收到重置或者准备请求，将进入准备状态。

保持静默请求格式如图 5－63 所示。

SOF	标志	保持静默	UID	CRC16	EOF
	8 bits	8 bits	64 bits	16 bits	

图 5－63 保持静默请求格式

(3) 读单个块

命令编码＝‘20’

当收到读单个块命令，VICC 将读请求块，并且在应答中返回它的值。

假如在请求中选择标志已设置，VICC 将返回块安全状态，接着是块值。

假如在请求中选择标志没有设置，VICC 将只返回块值。

读单个块请求格式如图 5－64 所示。

SOF	标志	读单个块	UID	块数量	CRC16	EOF
	8 bits	8 bits	64 bits	8 bits	16 bits	

图 5－64 读单个块请求格式

(4) 写单个块

命令编码＝‘21’

当收到写单个块命令，VICC 将包含在请求中的数据写入请求块，并且在应答中报告操作成功与否。

假如可选择标志没有设置，当它已完成写操作启动后，VICC 将返回其响应。

假如可选择标志已设置，VICC 将等待收到来自 VCD 的 EOF，然后基于该接收信息将返回其响应。

写单个块请求格式如图 5－65 所示。

SOF	标志	写单个块	UID	块数量	数据	CRC16	EOF
	8 bits	8 bits	64 bits	8 bits	块长度	16 bits	

图 5－65 写单个块请求格式

(5) 锁定块

命令编码='22'

当收到块锁定命令,VICC 将永久锁定请求块。

假如可选择标志没有设置,当它已完成锁定操作启动后,VICC 将返回其响应。

假如可选择标志已设置,VICC 将等待收到来自 VCD 的 EOF,然后基于该接收信息将返回其响应。

锁定单个块请求格式如图 5-66 所示。

SOF	标志	锁定块	UID	块数量	CRC16	EOF
	8 bits	8 bits	64 bits	8 bits	16 bits	

图 5-66 锁定单个块请求格式

(6) 读多个块

命令编码='23'

当收到读多个块命令,VICC 将读请求块,并且在响应中发送回它们的值。

假如选择标志在请求中有设置,VICC 将返回块安全状态,接着返回一个接一个的块值。

假如选择标志没有在请求中有设置,VICC 将只返回块值。

块编号从'00'到'FF'(0 到 255)。

请求中块的数目是 1 个,比 VICC 在其响应中应返回的块数目要少。

举例"块数量"域中的值'06'请求读 7 个块。值'00'请求读单个块。

读多个块请求格式如图 5-67 所示。

SOF	标志	读多个块	UID	首个块序号	块数量	CRC16	EOF
	8 bits	8 bits	64 bits	8 bits	8 bits	16 bits	

图 5-67 读多个块请求格式

(7) 写多个块

命令编码='24'

当收到写多个块命令,VICC 将包含在请求中的数据写入请求块,并且在响应中报告操作成功与否。

假如可选择标志没有设置,当它已完成写操作启动后,VICC 将返回其响应。

假如可选择标志已设置,VICC 将等待收到来自 VCD 的 EOF,然后基于该接收信息将返回其响应。

写多个块请求格式如图 5-68 所示。

SOF	标志	写多个块	UID	首块序号	块数	数据	CRC16	EOF
	8 bits	8 bits	64 bits	8 bits	8 bits	块长度	16 bits	

图 5-68 写多个块请求格式

(8) 选择

命令编码=‘25’

当接收到选择命令：

假如 UID 等于其自身的 UID，VICC 将进入选择状态，并将发送一个响应。

假如不一样，VICC 将回到准备状态，并将不发送响应。选择命令在寻址模式下将总是被执行(选择标志设置为 0，寻址标志设置为 1)。

选择请求格式如图 5-69 所示。

SOF	标志	选择	UID	CRC16	EOF
	8 bits	8 bits	64 bits	16 bits	

图 5-69 选择请求格式

(9) 复位准备

命令编码=‘26’

当收到复位准备命令，VICC 将返回至准备状态。

复位请求格式如图 5-70 所示。

SOF	标志	复位准备	UID	CRC16	EOF
	8 bits	8 bits	64 bits	16 bits	

图 5-70 复位请求格式

(10) 写 AFI

命令编码=‘27’

当收到写 AFI 请求，VICC 将 AFI 值写入其内存中。

假如可选择标志没有设置，当它已完成写操作启动后，VICC 将返回其响应。

假如可选择标志已设置，VICC 将等待收到来自 VCD 的 EOF，然后基于该接收信息将返回其响应。

写 AFI 请求格式如图 5-71 所示。

SOF	标志	写 AFI	UID	AFI	CRC16	EOF
	8 bits	8 bits	64 bits	8 bits	16 bits	

图 5-71 写 AFI 请求格式

(11) 锁定 AFI

命令编码=‘28’

当收到锁定 AFI 请求，VICC 将 AFI 值永久地锁定在其内存中。

假如可选择标志没有设置，当它已完成写操作启动后，VICC 将返回其响应。

假如可选择标志已设置，VICC 将等待收到来自 VCD 的 EOF，然后基于该接收信息将返回其应答。

锁定AFI请求格式如图5-72所示。

SOF	标志	锁定AFI	UID	CRC16	EOF
	8 bits	8 bits	64 bits	16 bits	

图5-72 锁定AFI请求格式

(12) 写DSFID命令

命令编码='29'

当收到写DSFID请求,VICC将DSFID值写入其内存中。

假如可选择标志没有设置,当它已完成写操作启动后,VICC将返回其响应。

假如可选择标志已设置,VICC将等待收到来自VCD的EOF,然后基于该接收信息将返回其应答。

写DSFID请求格式如图5-73所示。

SOF	标志	写DSFID	UID	DSFID	CRC16	EOF
	8 bits	8 bits	64 bits	8 bits	16 bits	

图5-73 写DSFID请求格式

(13) 锁定DSFID

命令编码='2A'

当收到锁定DSFID请求,VICC将DSFID值永久地锁定在其内存中。

假如可选择标志没有设置,当它已完成写操作启动后,VICC将返回其响应。

假如可选择标志已设置,VICC将等待收到来自VCD的EOF,然后基于该接收信息将返回其响应。

锁定DSFID请求格式如图5-74所示。

SOF	标志	锁定DSFID	UID	CRC16	EOF
	8 bits	8 bits	64 bits	16 bits	

图5-74 锁定DSFID请求格式

(14) 获取系统信息

命令编码='2B'

这个命令允许从VICC重新得到系统信息值。

获取系统信息请求格式如图5-75所示。

SOF	标志	获取系统信息	UID	CRC16	EOF
	8 bits	8 bits	64 bits	16 bits	

图5-75 获取系统信息请求格式

信息标志定义详见表 5-15。

表 5-15 信息标志定义

位(bit)	标志名称	值	描述
b_1	DSFID	0	不支持 DSFID，DSFID 域不出现
		1	支持 DSFID，DSFID 域出现
b_2	AFI	0	不支持 AFI，AFI 域不出现
		1	支持 AFI，AFI 域出现
b_3	VICC 内存容量	0	不支持信息的 VICC 内存容量，内存容量域不出现
		1	支持信息的 VICC 内存容量，内存容量域出现
b_4	IC 参考	0	不支持信息的 IC 参考，IC 参考域不出现
		1	支持信息的 IC 参考，IC 参考域出现
b_5	RFU	0	
b_6	RFU	0	
b_7	RFU	0	
b_8	RFU	0	

VICC 内存容量信息见表 5-16。

表 5-16 VICC 内存容量信息

MSB LSB

16	14	13	9	8	1
RFU		块容量的字节数		块数目	

块容量以 5 bits 的字节数量表达出来，允许定制到 32 字节，即 256 bits。它比实际的字节数目要少 1。

举例：值‘1F’表示 32 字节，值‘00’表示 1 字节。块数目是基于 8 bits，允许定制到 256 个块。它比实际的字节数目要少 1。

举例：值‘FF’表示 256 个块，值‘00’表示 1 个块。最高位的 3 bits 保留供未来使用，可以设置为 0。IC 参考基于 8 bits，它的意义由 IC 制造商定义。

(15) 获取多个块安全状态

命令编码=‘2C’

当收到获取多个块安全状态的命令，VICC 将发送回块的安全状态。块的编码从‘00’到‘FF’(0 到 255)。

请求中块的数量比块安全状态的数量少 1，VICC 将在其响应中返回块安全状态。

举例在“块数量”域中，值‘06’要求返回 7 个块安全状态。在“块数量”域中，值‘00’要求返回单个块安全状态。

4）定制命令集

定制命令格式是普通的，允许 VICC 制造商发布明确的定制命令编码。定制命令编码是一个定制命令编码和一个 VICC 制造商编码之间的结合。定制请求参数定义是 VICC 制造商的职责。

定制请求格式如图 5-76 所示。

SOF	标志	定制	IC 制造商编码	定制请求参数	CRC16	EOF
	8 bits	8 bits	64 bits	客户定义	16 bits	

图 5-76 定制请求格式

5.5.16 循环冗余检查

一个消息中的所有数据，从标志起始到数据的结束都要作循环冗余检查的计算，这个循环冗余检查用在从 VCD 到 VICC 和从 VICC 到 VCD。

循环冗余检查定义见表 5-17。

表 5-17 循环冗余检查定义

循环冗余检查类型	长度	多项式	方向	预置	余数
ISO/IEC13239	16 bits	$X^{16}+X^{12}+X^{5}+1=$‘8408’	向后	‘FFFF’	‘F0B8’

为了防止转换错误增加额外的保护，对计算好的循环冗余检查还需要进一步的转换。转换中附加到消息的值，是计算好的循环冗余检查的补充。为了方便检查收到的消息，2 个循环冗余检查字节常常也包含在预计算中。这种情况下，为达到已生成的循环冗余检查的预期值，余数值是‘F0B8’。

5.6 ISO/IEC15693 的数据包配置

实际上 RFID 读写器的命令、数据结构和通信协议都是在 ISO/IEC 系列标准的基础上经过包装及二次封装而成的。

5.6.1 信令请求解释

1）信令列表

在计算机软件控制下可执行 ISO/IEC15693 标准相关命令，其必备指令和常用可选指令一共有 15 个，具体定义如表 5-18 所示。

表 5-18 ISO/IEC15693 部分指令定义表

命令编码	功能	命令描述
01	呼叫读取标签	防冲突：检测射频磁场空间有效范围内所有标签并读出各自的唯一序列号

续 表

命令编码	功能	命令描述
02	保持静默	该命令使指定的标签进入静默状态，处于静默状态的标签不会响应读写器的呼叫读取标签命令
03	选择	该命令使指定的标签进入选定状态，处于选定状态的标签只响应带选择参数的命令
04	复位	该命令使所有标签进入初始复位状态，当它们首次进入射频磁场中时，所有标签都处于复位状态
05	写应用族标识	修改标签的应用族标识字节值
06	锁定应用族标识	锁定应用族标识字节，禁止以后修改标签的应用族标识值
07	读单个数据块	读出标签的单个数据的值
08	写单个数据块	在标签的单个数据块写入数据
09	锁定单个数据块	禁止以后写入已选定的标签的某个数据块 注意：此操作不能撤销，一旦锁定，这个数据块就不能再解锁了
0A	读取多个数据块	读出标签的多个数据块的值
0B	写多个数据块	在标签的多个数据块写入数据
0C	写存储数据格式标识	写入标签一个新的存储数据格式标志值
0D	锁定存储数据格式标志	禁止以后修改标签的数据格式标志值
0E	获取系统信息	读取标签信息，如生产厂商代码、卡存储容量等
0F	获取多个数据块安全状态	读取标签多个数据块的安全状态

2）信令相关说明和使用要求

对命令功能的通俗描述和使用的相关要求说明如下：

01(Inventory)指令：读取 UID 卡号，属于强制命令，对应 ISO/IEC15693 标准的 0x01 指令，读取射频场强范围内处于激活状态的 RFID 标签。根据相应的标志，可以只读取单个标签，也可以读取多个标签，执行防冲突功能，理论上可以一次读出所有处于激活状态的标签。

02(Stay Quiet)指令：静默标签，属于强制指令，对应 ISO/IEC15693 标准的 0x02 指令，使激活的标签进入静默状态。一次只能对单个标签进行操作，且必须跟在同一个标签的 Inventory 指令之后。

03(Select)指令：选择标签，属于可选指令，对应 ISO/IEC15693 标准的 0x25 指令，使激活的标签进入选中状态。一次只能对单个标签进行操作，且必须跟在同一个标签的 Inventory 指令之后。

04(Reset To Ready)指令：重新激活标签，属于可选指令，对应 ISO/IEC15693 标准的 0x26 指令，使处于静默状态的标签重新进入激活状态，而不需要拿离射频磁场。一次只能对单个标签进行操作。

05(Write AFI)指令：写 AFI，属于可选指令，对应 ISO/IEC15693 标准的 0x27 指令，对标签写 AFI 值。

06(Lock AFI)指令：锁定 AFI，属于可选指令，对应 ISO/IEC15693 标准的 0x28 指令，锁定标签的 AFI。

07(Read Single Block)指令:读单块数据,属于可选指令,对应ISO/IEC15693标准的0x20指令,读已经读取的UID标签的单个块数据,需要输入块结构和块地址参数。

08(Write Single Block)指令:写单块数据,属于可选指令,对应ISO/IEC15693标准的0x21指令,写已经读取的UID标签的单个块数据,一次只能对单个标签进行操作,需要输入块结构、块地址参数和想要写入的数据。

09(Lock Block)指令:锁定块数据,属于可选指令,对应ISO/IEC15693标准的0x22指令,锁定已经读取的UID标签的单个块数据,需要块地址参数。

0A(Read Multi Block)指令:读多个块的数据,属于可选指令,对应ISO/IEC15693标准的0x23指令,读已经读取的UID标签的多个块数据,需要输入块结构、起始块地址和块数量参数。

0B(Write Multi Block)指令:写多个块的数据,属于可选指令,对应ISO/IEC15693标准的0x24指令,写已经读取的UID标签的多个块数据,需要输入块结构、起始块地址、块数量参数和想要写入的数据。

0C(Write DSFID)指令:写数据存储格式标志,属于可选指令,对应ISO/IEC15693标准的0x29指令,写已经读取的UID标签的DSFID数据。

0D(Lock DSFID)指令:锁定数据存储格式标志,属于可选指令,对应ISO/IEC15693标准的0x2A指令,锁定已经读取的UID标签的DSFID数据。

0E(Get System Info)指令:获取标签系统信息,属于可选指令,对应ISO/IEC15693标准的0x2B指令,获取系统信息。

0F(Get Multi Block Security Status)指令:获取标签多个块的安全状态信息,属于可选指令,对应ISO/IEC15693标准的0x2C指令,获取多个块的安全状态。

强制指令对不同厂家生产的标签能达到相同的执行效果。可选指令需要根据具体厂家生产标签的数据手册执行,才能实现相应的功能。

5.6.2 信息包配置响应

射频通信数据帧包含报文的不同字段和控制信息。实际数据字段的前面有首部信息,而后面包含关于传输正确性检查信息的数据安全部分。

1) 编码方式

协议规定以ASCⅡ模式通信,在传输过程中,除了标志字符和结束字符外,其余字节按照十六进制的数值拆分成两个ASCⅡ字符表示。这样报文中的字节都是可见的ASCⅡ字符,而且在一个比较小的范围内。如果有规定范围以外的字符出现,则为非法字符。

能够出现的所有代码共计20个字符,分别为ASCⅡ字符0到9和A到F(不使用小写字母,十六进制格式)、开始符':'、地址标志符'@'、结束字符'CR'和'LF'。

报文帧中允许出现的合法字符如表5-19所示。

表5-19 读写器通信编码表

Hex	字符	Hex	字符
0x30	0	0x41	A
0x31	1	0x42	B

续 表

Hex	字符	Hex	字符
0x32	2	0x43	C
0x33	3	0x44	D
0x34	4	0x45	E
0x35	5	0x46	F
0x36	6	0x3A	:
0x37	7	0x40	@
0x38	8	0x0D	CR
0x39	9	0x0A	LF

2）报文帧格式

协议规定有两种帧格式：不带地址码的短帧格式和有地址码的长帧格式。一个报文帧数据由 7 部分组成，报文帧各部分的数据长度如下表 5－20 所示。

表 5－20 命令帧结构表

Byte0	Byte1	Byte2～Byte2＋m	Byte2＋m＋1
0x2	命令长度	命令码	0x3

命令帧的各部分说明如下：

Byte0：命令头

Byte1：表示从 Byte1 到 Byte3＋m＋1 的总字节数

Byte2＋m＋1：表示命令尾

按照协议的编码规定，报文帧的编码结构如表 5－21 所示。

表 5－21 命令帧 ASCⅡ码格式结构表

Byte0	Byte1	Byte2	Byte3	Byte4～Byte4＋n	Byte4＋n＋1～Byte4＋n＋2
0x43	0xBC	帧长度	模块类型	命令	CRC－16 校验

报文帧的各部分说明如下：

Byte0：帧头 1，'C'的 ASCⅡ码

Byte1：帧头 2，Byte0 的反码

Byte2：Byte0 到 Byte4＋n＋2 的总字节数

Byte3：表示命令操作针对的模块

0x00：表示串口配置，比如串口切换，Zigbee 连接情况等

0x01：表示 125K

0x02：表示 13.56M－14443

0x03：表示 13.56M－15693

0x04：表示 900M

0x05：表示 Zigbee1

0x06：表示 Zigbee2

Byte4＋n＋1～Byte4＋n＋2：Byte0 到 Byte4＋n 的两位 CRC 数据校验，高位在前，低位在后协议规定报文帧数据校验方式是循环冗余码校验(Cyclical Redundancy Check)(CRC-16)方式，其定义如下表 5-22 所示。

表 5-22　CRC 检验码定义表

CRC 类型	长度	多项式	方向	预置数	余数
ISO/IEC13239	16 bits	0x8408	向后	‘FFFF’	‘F0B8’

其校验范围是帧编号、功能码、源地址、数据包长度和数据包，不包含起始字符和结束字符。计算结果是 2 字节，在加入报文帧时，低字节在前，高字节在后。

通信方式协议支持的通信方式为主——从应答方式，如表 5-23 所示，即当主机发送一帧到接收端时，接收端必须回复一个应答帧/数据帧，并且在应答帧/数据帧里加上错误信息代码。指令帧只能是上位机发给下位机的。应答帧/数据帧只能是下位机发送给上位机的。

表 5-23　主机和读写器通信方式

指令帧：Master→Reader
应答帧：Reader→Master

其中错误信息代码定义如下表 5-24 所示。

表 5-24　错误信息代码定义表

错误编码	描述
0x00	通信正确
0x01	CRC 错误
0x02	数据长度错误
0x03	没有结束符
0x04	没有起始符
0x05	冲突
…	…
0x0F	不明错误
0x10	读写器不支持的命令
0x11	不允许使用的命令
0x12	硬件版本不兼容

应答帧/数据帧一般指下位机对上位机发送的报文帧。它是报文接收方响应发送方的帧。帧中记录的是报文帧被接收的情况，数据包中有至少 1 字节的数据来表示报文帧被接收的情况。

5.7 ISO/IEC15693 标签实验

5.7.1 ISO/IEC15693 标签识别实验

实验目的

熟悉和学习 ISO/IEC18000－3，ISO/IEC15693 标准规范第三部分协议和指令内容。

实验内容

① 认识 ISO/IEC15693 标签。

② 学会使用 RFID 综合实验平台对卡进行数据相应操作。

③ 记录读写卡读写数据协议数据。

实验设备

① 硬件：教学实验箱，PC 机。

② 软件：RFID 综合实验平台。

基础知识

数据帧通信协议格式及卡相关信息。

实验步骤(PC 端)：

① 确保拨码开关 s10 拨到 OFF，用串口线连接实验箱的串口“232 to PC”（在指示灯上方）和 PC 机，做好实验准备，进入 RFID 选择界面。

② 点击左侧导航栏的“HF 15693”（此时听到“咔”的一声）。

③ 当指示灯 LED4 亮时，表示实验箱在 15693 模式工作。

④ 打开 PC 端的 RFID 综合实验平台 ，进行“连接设置”，串口波特率是 9 600，如图 5－77 所示。

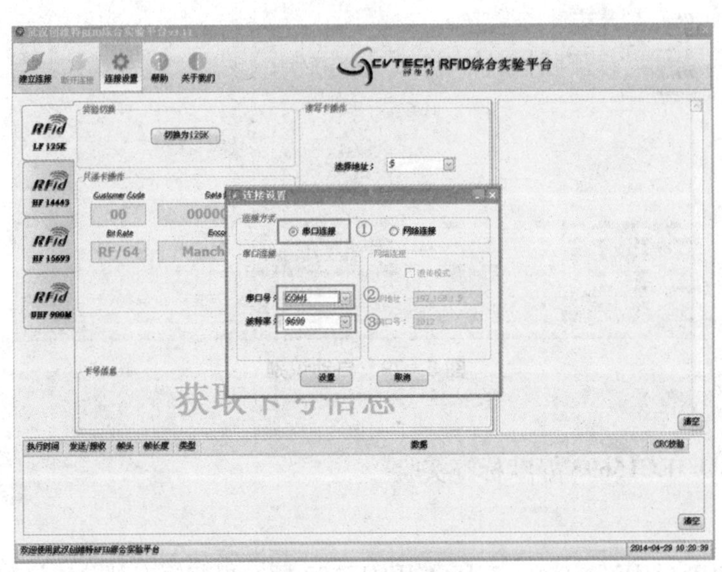

图 5－77 连接设置

⑤ 设置完成后，点“建立连接”按钮 建立连接 建立连接，右下角提示：建立连接！如图 5－78 所示。

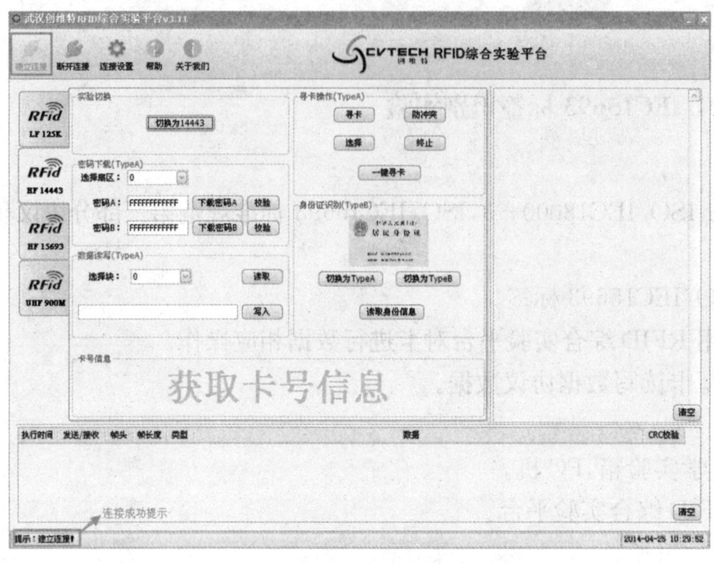

图 5－78 建立连接

⑥ 将卡放在 15693 读卡区，点击“识别标签”命令，选择“自动识别”，右侧打印栏会有读到的卡信息，下方协议栏会看到数据的收发，如图 5－79 所示。

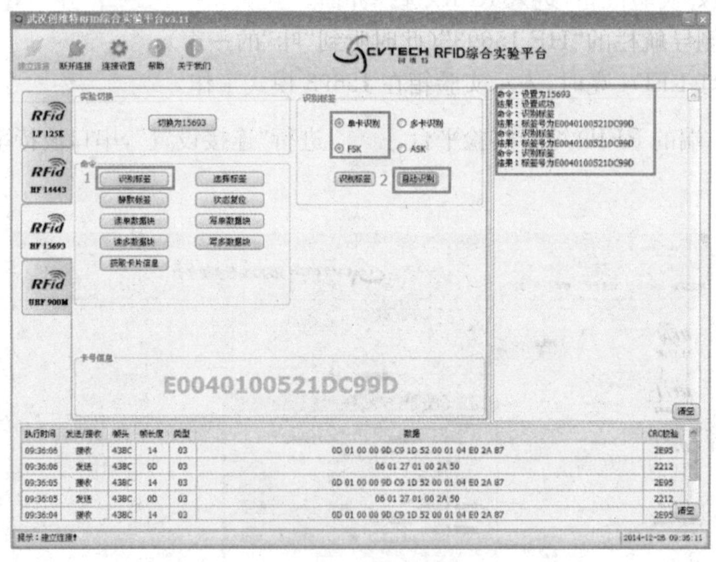

图 5－79 自动识别

5.7.2 ISO/IEC15693 静默标签实验

实验目的

熟悉和学习 ISO/IEC18000－3，ISO/IEC15693 标准规范第三部分协议和指令内容。

实验内容

① 认识 ISO/IEC15693 标签。

② 学会使用 RFID 综合实验平台对卡进行数据相应操作。

③ 记录读写卡读写数据协议数据。

实验设备

① 硬件:教学实验箱,PC 机。

② 软件:RFID 综合实验平台。

基础知识

数据帧通信协议格式及卡相关信息。

实验步骤(PC 端):

① 点击识别标签按钮,然后点击自动识别,进行 15693 卡的寻卡操作,如图 5-80 所示。

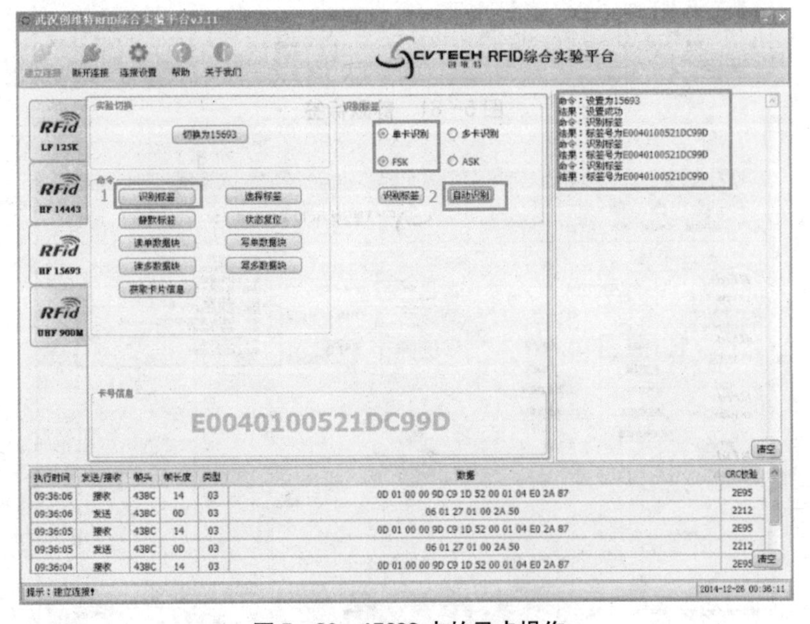

图 5-80 15693 卡的寻卡操作

② 点击左边命令栏"静默标签"按钮,然后点击右边静默标签栏"静默标签"按钮,进行静默标签操作,如图 5-81 所示。

③ 执行静默标签后,重新点击识别标签按钮,右侧打印栏会显示标签无响应,说明静默操作成功,如图 5-82 所示。

5.7.3 ISO/IEC15693 标签选择实验

实验目的

熟悉和学习 ISO/IEC18000-3,ISO/IEC15693 标准规范第三部分协议和指令内容。

实验内容

① 认识 ISO/IEC15693 标签。

② 学会使用 RFID 综合实验平台对卡进行数据相应操作。

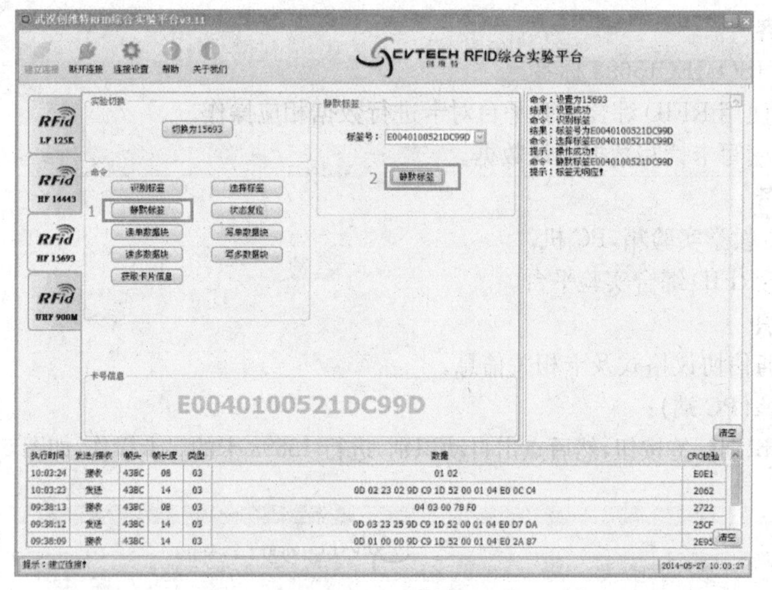

图 5-81 静默标签

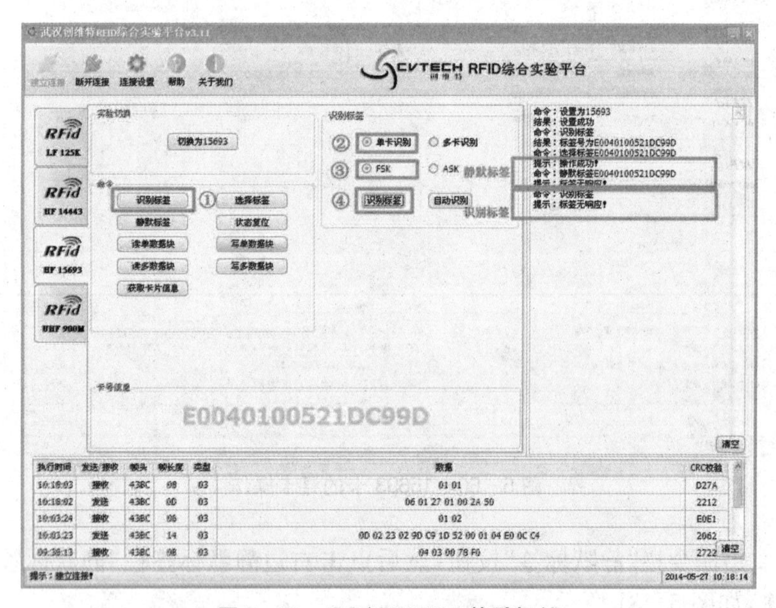

图 5-82 ISO/IEC15693 静默标签

③ 记录读写卡读写数据协议数据。

实验设备

① 硬件：教学实验箱，PC 机。

② 软件：RFID 综合实验平台。

基础知识

数据帧通信协议格式及卡相关信息。

实验步骤(PC 端)：

① 按照前面步骤操作，进行 15693 卡的自动识别寻卡，如图 5-83 所示。

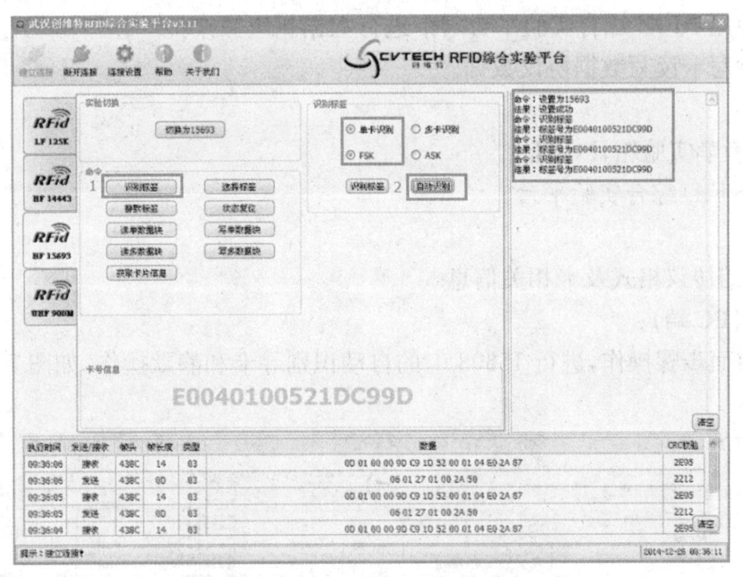

图 5-83　15693 卡的寻卡操作

② 点击左边命令栏“选择标签”按钮，然后点击右边选择标签栏“选择标签”，进行标签选择操作，观察下发数据的收发，如图 5-84 所示。

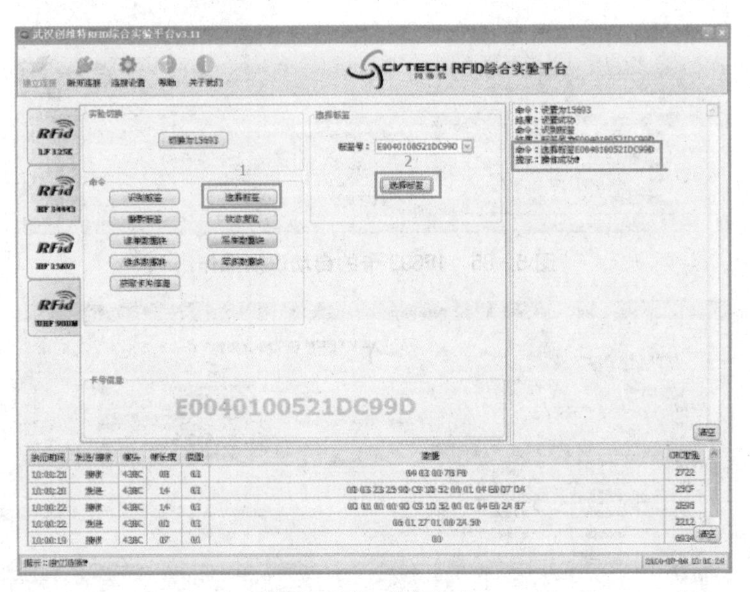

图 5-84　选择标签

5.7.4　ISO/IEC15693 标签状态复位实验

实验目的

熟悉和学习 ISO/IEC18000-3，ISO/IEC15693 标准规范第三部分协议和指令内容。

实验内容

① 认识 ISO/IEC15693 标签。

② 学会使用RFID综合实验平台对卡进行数据相应操作。

③ 记录读写卡读写数据协议数据。

实验设备

① 硬件:教学实验箱,PC机。

② 软件:RFID综合实验平台。

基础知识

数据帧通信协议格式及卡相关信息。

实验步骤(PC端):

① 按照前面步骤操作,进行15693卡的自动识别寻卡和静默操作,如图5-85、图5-86所示。

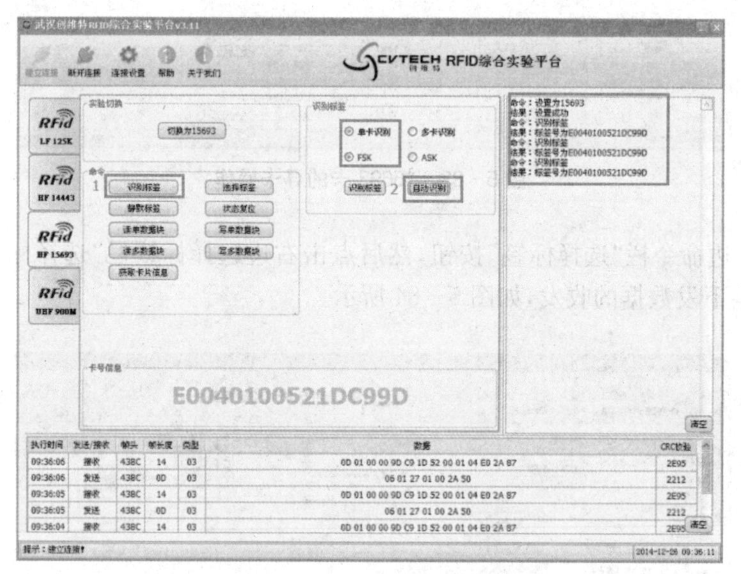

图5-85　15693卡的自动识别操作

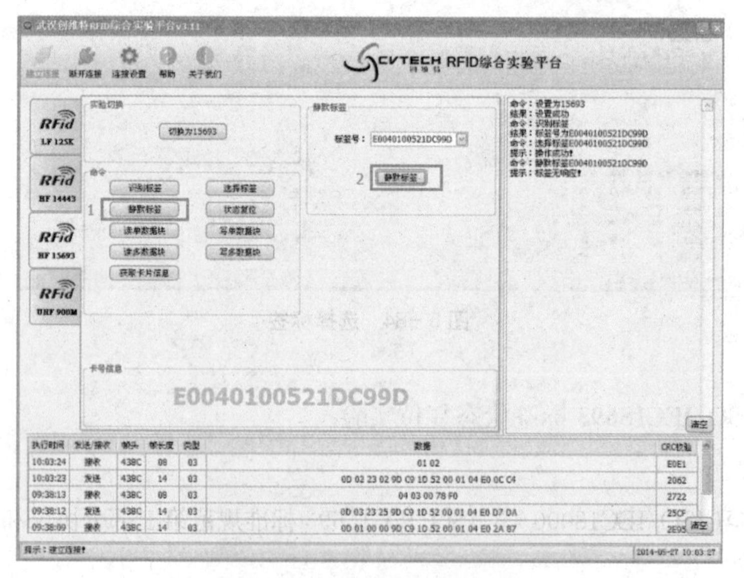

图5-86　15693卡的静默操作

② 点击左边命令栏“状态复位”按钮，选中标签号，点右边状态复位栏“状态复位”，进行状态复位，右侧打印栏会显示操作成功，下方协议栏会看到数据的收发，如图 5－87 所示。

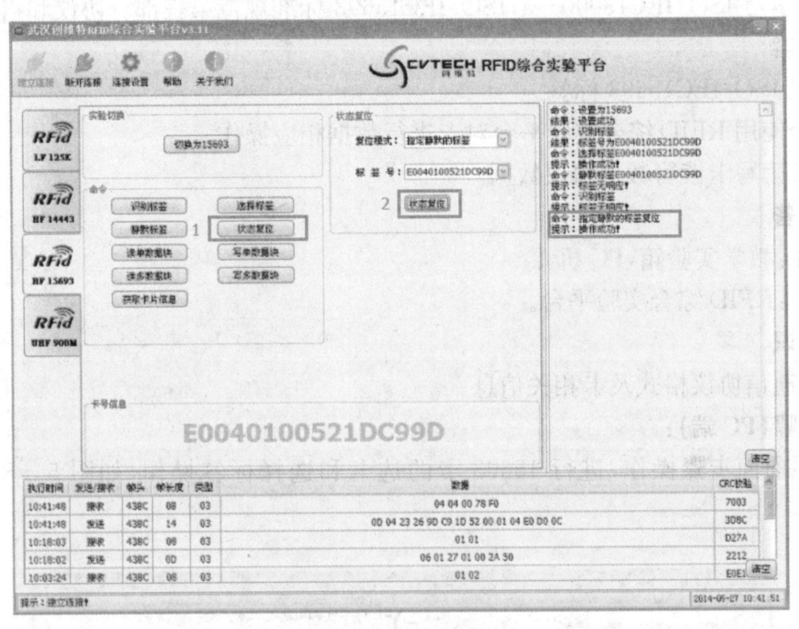

图 5－87　状态复位

③ 状态复位后，重新识别标签，右侧打印栏会有读到的卡的信息，下方协议栏会看到数据的收发，如图 5－88 所示。

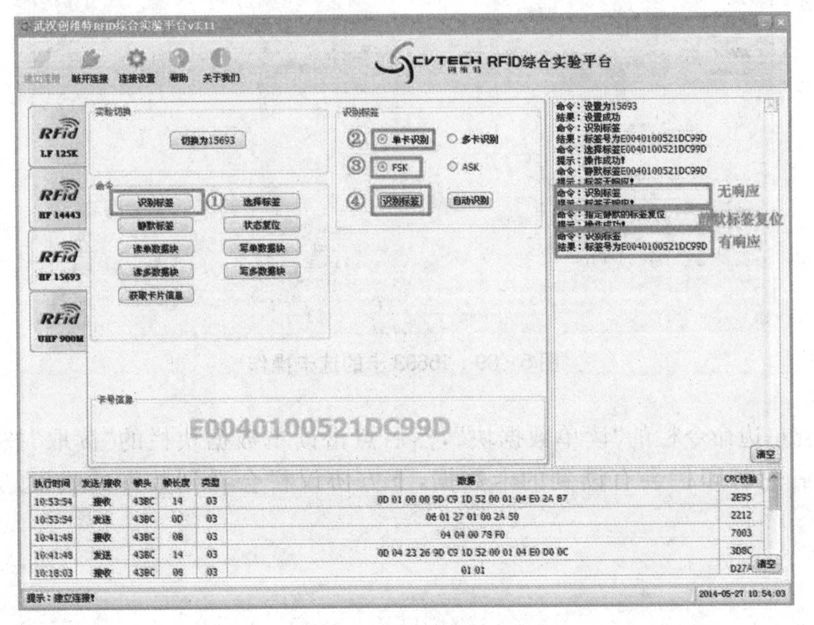

图 5－88　读卡情况

5.7.5 ISO/IEC15693 标签读单数据块实验

实验目的

熟悉和学习 ISO/IEC18000－3，ISO/IEC15693 标准规范第三部分协议和指令内容。

实验内容

① 认识 ISO/IEC15693 标签。

② 学会使用 RFID 综合实验平台对卡进行数据相应操作。

③ 记录读写卡读写数据协议数据。

实验设备

① 硬件：教学实验箱，PC 机。

② 软件：RFID 综合实验平台。

基础知识

数据帧通信协议格式及卡相关信息。

实验步骤（PC 端）：

① 按照前面步骤操作，进行 15693 卡的选卡和选择标签操作，如图 5－89、图 5－90 所示。

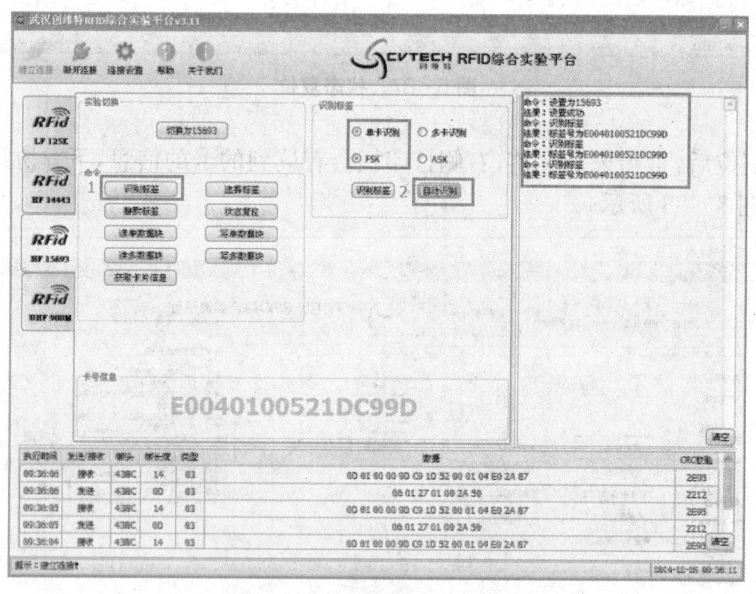

图 5－89 15693 卡的选卡操作

② 点击左边命令栏的“读单数据块”，然后点击读单数据块栏的“读取”按钮，读单块数据的值，右侧打印栏会有读到的卡数据，下方协议栏会看到数据的收发，如图 5－91 所示。

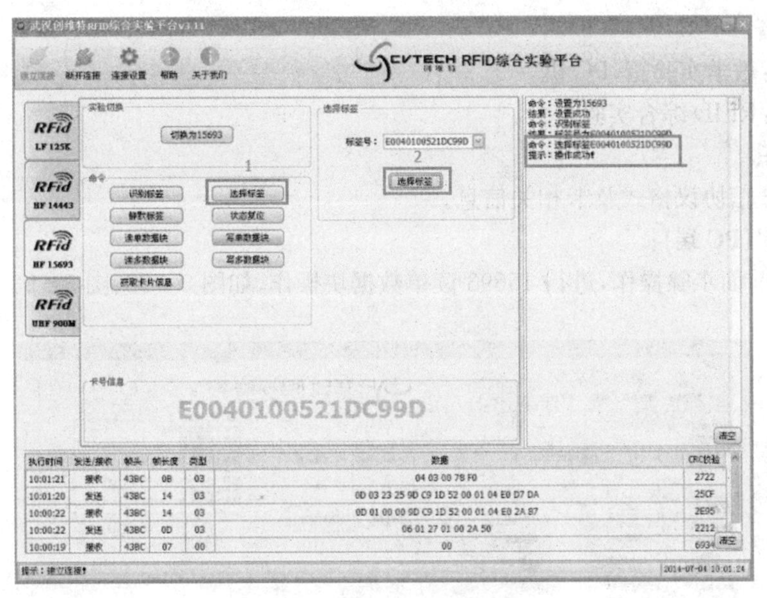

图 5－90 选择标签

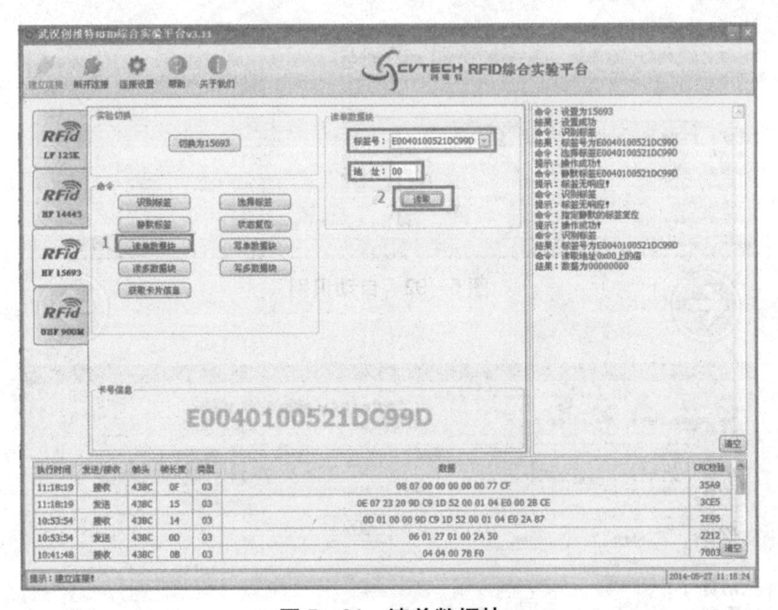

图 5－91 读单数据块

5.7.6 ISO/IEC15693 标签写单数据块实验

实验目的

熟悉和学习 ISO/IEC18000－3，ISO/IEC15693 标准规范第三部分协议和指令内容。

实验内容

① 认识 ISO/IEC15693 标签。

② 学会使用 RFID 综合实验平台对卡进行数据相应操作。

③ 记录读写卡读写数据协议数据。

实验设备

① 硬件:教学实验箱,PC 机。

② 软件:RFID 综合实验平台。

基础知识

数据帧通信协议格式及卡相关信息。

实验步骤(PC 端):

① 按照前面步骤操作,进行 15693 读单数据块操作,如图 5-92、图 5-93 所示。

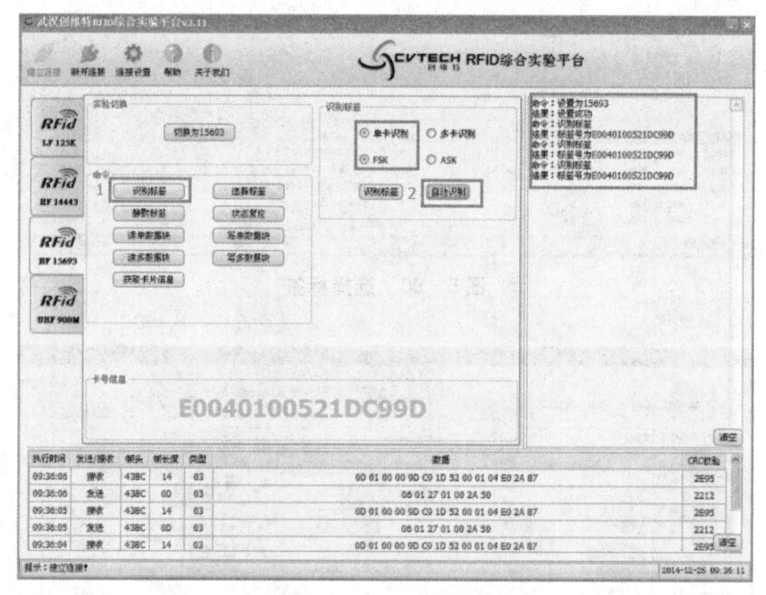

图 5-92 自动识别

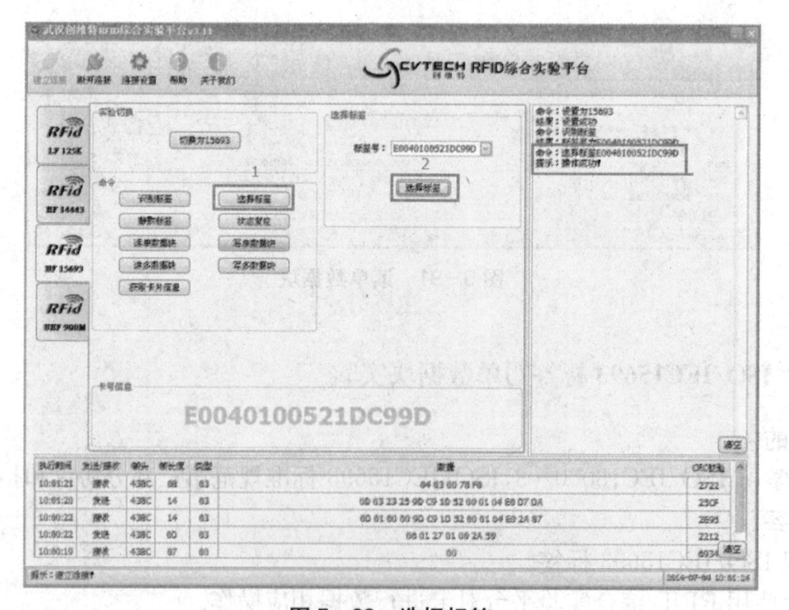

图 5-93 选择标签

② 点击左边命令栏的“写单数据块”，选择标签号、地址，并填好需要写入的数值，然后点击“写入”，写入单块数据的值，右侧打印栏会提示操作成功，下方协议栏会看到数据的收发，如图 5-94 所示。

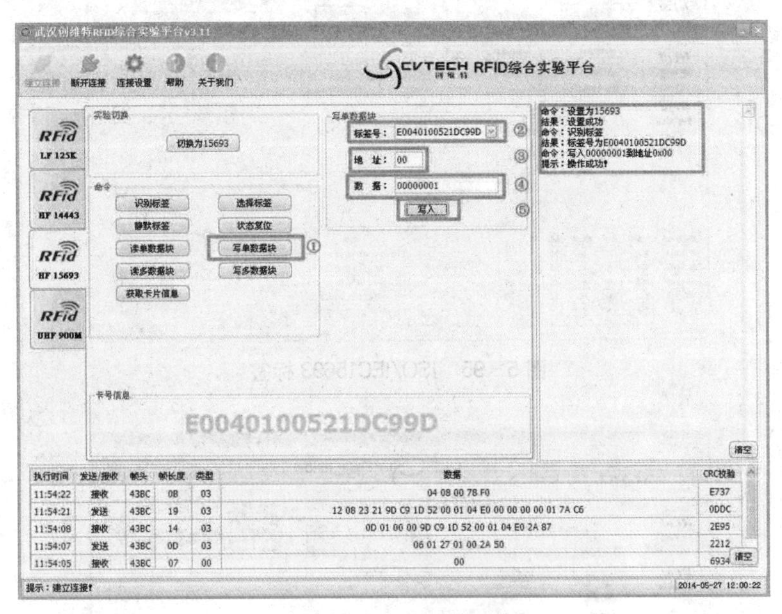

图 5-94 写单数据块

5.7.7 ISO/IEC15693 标签读多数据块实验

实验目的

熟悉和学习 ISO/IEC18000-3，ISO/IEC15693 标准规范第三部分协议和指令内容。

实验内容

① 认识 ISO/IEC15693 标签。

② 学会使用 RFID 综合实验平台对卡进行数据相应操作。

③ 记录读写卡读写数据协议数据。

实验设备

① 硬件：教学实验箱，PC 机。

② 软件：RFID 综合实验平台。

基础知识

数据帧通信协议格式及卡相关信息。

实验步骤(PC 端)：

① 按照前面的步骤，进行 ISO/IEC15693 标签选择，如图 5-95、图 5-96 所示。

② 点击左边命令栏的“读多数据块”，然后点击“读取”，读多块数据的值。右侧打印栏会有读到的数据，下方协议栏会看到数据的收发。如果现在读的块的值与刚才写的块的值相同，表示前面写的数据操作成功，如图 5-97 所示。

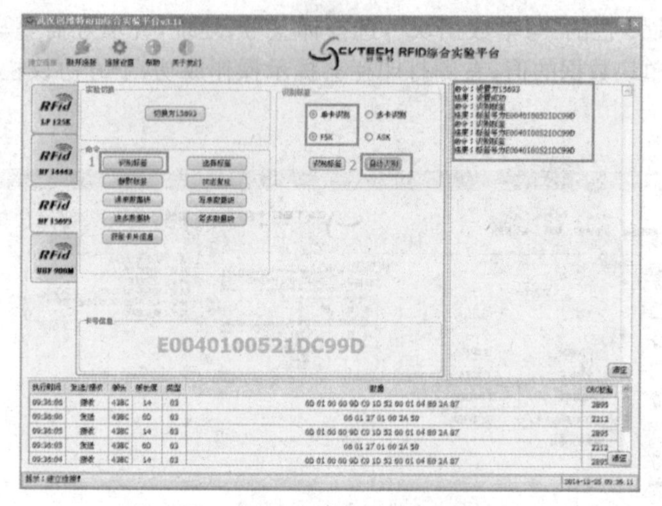

图 5－95　ISO/IEC15693 标签

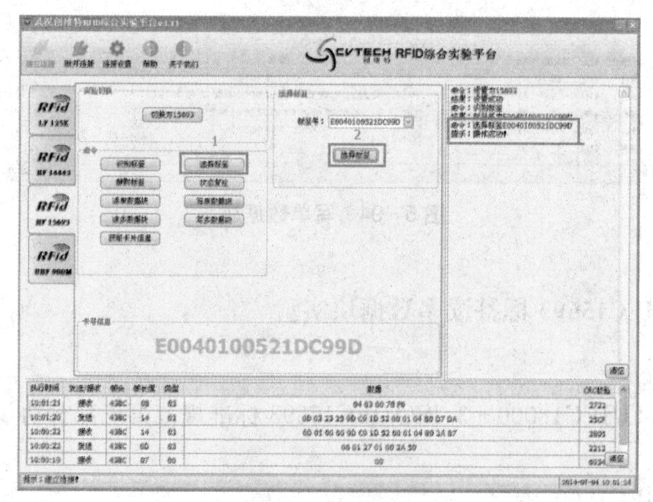

图 5－96　自动识别

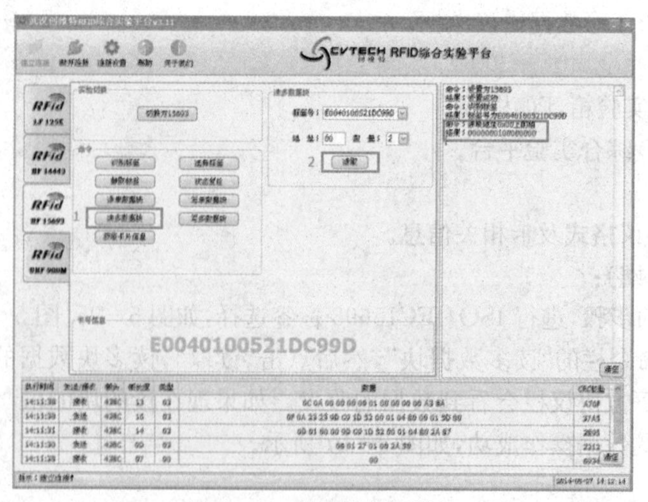

图 5－97　读多块数据的值

5.7.8 ISO/IEC15693标签获取系统信息实验

实验目的

熟悉和学习ISO/IEC18000－3,ISO/IEC15693标准规范第三部分协议和指令内容。

实验内容

① 认识ISO/IEC15693标签。

② 学会使用RFID综合实验平台对卡进行数据相应操作。

③ 记录读写卡读写数据协议数据。

实验设备

① 硬件:教学实验箱,PC机。

② 软件:RFID综合实验平台。

基础知识

数据帧通信协议格式及卡相关信息。

实验步骤(PC端):

① 按照前面的步骤,进行15693卡的选卡操作,如图5－98、图5－99所示。

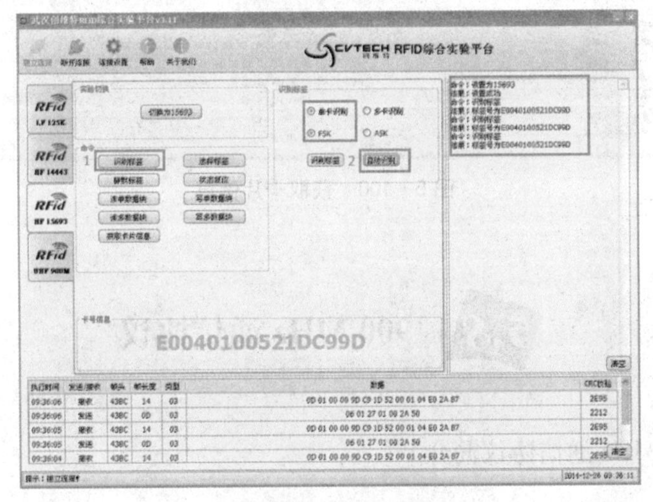

图5－98 自动识别

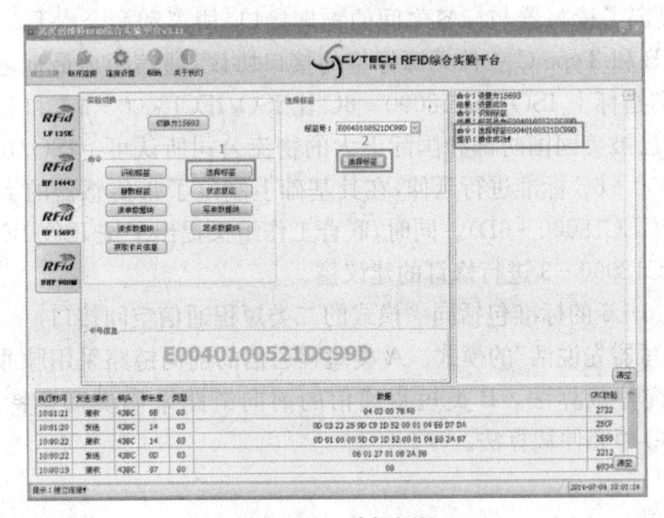

图5－99 选择标签

② 点击命令栏“获取卡片信息”，在获取卡片信息栏点击“获取信息”，获得卡片信息。右侧打印栏会有读取的卡信息，下方协议栏会看到数据的收发信息，如图 5 - 100 所示。

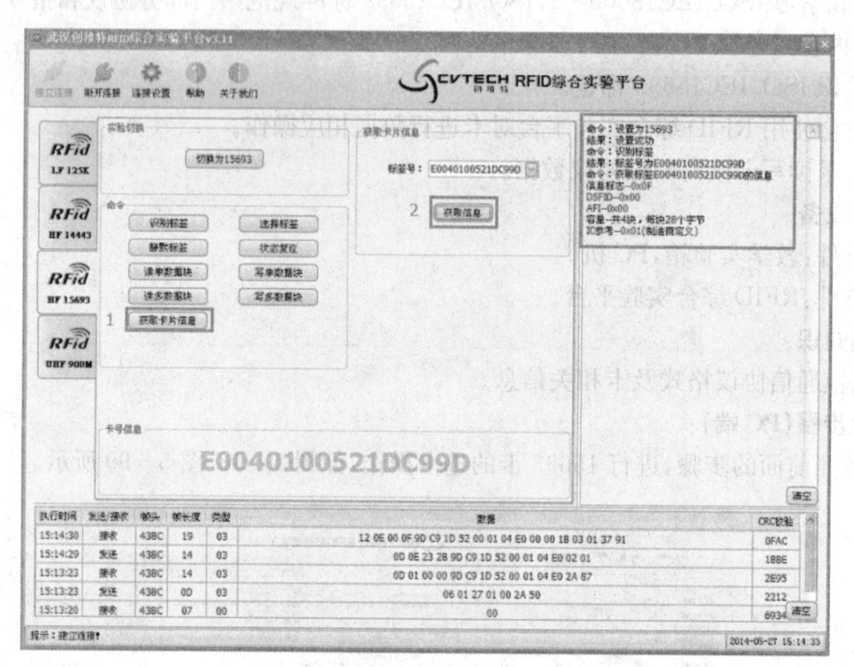

图 5 - 100　获取卡片信息

5.8 900 MHz 通信协议

5.8.1　900 MHz 通信协议简介

ISO/IEC18000 - 6 定义了工作于 860～960 MHz 的 ISM 频段 RFID 设备的空间接口通信协议参数，规定了读写器与标签之间的物理接口、协议和命令以及防碰撞方法。它包含 Type A、Type B 和 Type C 三种无源标签的接口协议，通信距离最远可以达到 10 m。

在技术性能和指标上 ISO/IEC18000 - 6C 比 ISO/IEC18000 - 6A 和 ISO/IEC18000 - 6B 更加完善和先进，已被美国国防部和国际上大的物流公司所认可。ISO/IEC 的联合工作组又对 ISO/IEC18000 - 6C 标准进行延伸，在其基础上制定了带传感器的半无源标签的通信协议标准(即 ISO/IEC18000 - 6D)。同时，联合工作组又提出了按 ISO/IEC18000 - 6C 的工作模式对 ISO/IEC18000 - 3 进行修订的建议稿。

ISO/IEC18000 - 6 的标准包括同一模式的二类短程通信空间接口。二类都用一个公共的返向链路和“读写器先说话”的模式。A 类短程通信的前向链路采用脉冲间隔编码与自适应的 ALOHA 冲突仲裁算法。B 类短程通信的前向链路采用曼彻斯特编码和自适应的 Btree(Binary Tree)冲突仲裁算法。

5.8.2 900 MHz 短程通信方式

下图 5 - 103 为 A 类和 B 类两类短程通信方式。

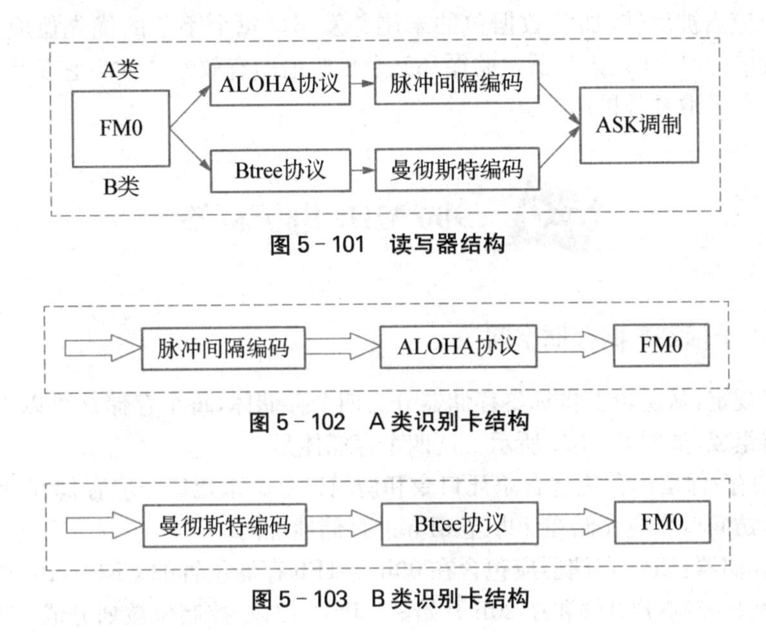

图 5 - 101 读写器结构

图 5 - 102 A 类识别卡结构

图 5 - 103 B 类识别卡结构

5.8.3 循环冗余校验

1) 循环冗余校验概述

A 类和 B 类短程通信对前向和返向链路用同样的 16 位循环冗余校验(CRC - 16)。另外,当 A 类通信达到防错保护所需的电平时,对短命令采用 5 位循环冗余校验(CRC - 5)。一旦收到读写器命令,识别卡应检验 CRC 值是否有效。如果它是无效的,应当放弃该帧,不响应并且不采取任何其他动作。

2) 读写器至识别卡的 5 位循环冗余校验(CRC - 5)

5 位循环冗余校验(CRC - 5)应计算帧首 SOF 之后整个命令的所有位,但不包括首个 CRC 位。用于计算 CRC 值的多项式是 X^5+X^3+1。一个可能的实现方案是采用如通信协议所定义的 5 位移位寄存器。这 5 位移位寄存器名为 Q4 至 Q0,MSB 在 Q4,而 LSB 在 Q0。这 5 位移位寄存器应当预加载'01001'(LSB 至 MSB)或以十六进制表示为 0x09(HEX)。这 11 位的数据必须同步通过该循环冗余校验移位寄存器,首先采用优先位(MSB)。这 5 个 CRC 位随后发出。在该循环冗余校验的 5 个位的 LSB 同步通过后,5 位循环冗余校验(CRC - 5)移位寄存器应为全零。

3) 读写器至识别卡的 16 位循环冗余校验(CRC - 16)

16 位循环冗余校验(CRC - 16)应计算帧首 SOF 之后整个命令的所有位,但不包括首个 CRC 位。用于计算 CRC 值的多项式是 $X^{16}+X^{12}+X^5+1$。16 位移位寄存器应当被预加载'FFFF'。CRC 值的计算结果应当被反转,加到数据包的末尾并发出。每个字节的优先位应当被先发送。

4）识别卡至读写器再至识别卡的 16 位循环冗余校验(CRC－16)

16 位循环冗余校验(CRC－16)应按首个 CRC 位之前的全部数据位进行计算。用于计算 CRC 值的多项式是 $X^{16}+X^{12}+X^{5}+1$。该 16 位移位寄存器应当被预加载'FFFF'。CRC 值的计算结果应当被反转，加到数据包的末尾并发出。每个字节的优先位应当被先发送。接收识别卡的响应时，建议读写器检验循环冗余校验值的有效性。如果它是无效的，读写器的设计者有责任采取补救措施。

5.9 900 MHz 电子标签

5.9.1 电子标签数据存储空间

根据协议规定，从逻辑上将标签存储器分为四个存储体，每个存储体可以由一个或一个以上的存储器组成，如图 5－104 所示。这四个存储体是：

① 保留内存：保留内存应包含杀死口令和访问口令。杀死口令应存储在 00h 至 1Fh 的存储地址内。访问口令应存储在 20h 至 3Fh 的存储地址内。

② EPC 存储器：EPC 存储器应包含在 00h 至 1Fh 存储位置的 CRC－16、在 10h 至 1Fh 存储地址的协议-控制(PC)位和在 20h 开始的 EPC。协议-控制位被划分成 10h 至 14Fh 存储位置的 EPC 长度、15h 至 17Fh 存储位置的 RFU 位和在 18h 至 1Fh 存储位置的编号系统识别(NSI)，CRC－16、PC、EPC 应优先存储 MSB(EPC 的 MSB 应存储在 20h 的存储位置)。

③ TID 存储器：TID 存储器应包含 00h 至 07h 存储位置的 8 位 ISO15963 分配类识别(对于 EPCglobal 为 111000102)、08h 至 13h 存储位置的 12 位任务掩模设计识别(EPCglobal 成员免费)和 14h 至 1Fh 存储位置的 12 位标签型号。标签可以在 1Fh 以上的 TID 存储器中包含标签指定数据和提供商指定数据(例如标签序号)。

④ 用户存储器：用户存储器允许存储用户指定数据。该存储器组织为用户定义。

1）保留内存

杀死口令：保留内存的 00h 至 1Fh 存储电子标签的杀死口令，杀死口令为 1word，即 2 字节。电子标签出厂时的默认杀死口令为 0000h。用户可以对杀死口令进行修改。用户可以对杀死口令进行锁存，一经锁存后，用户必须提供正确的访问口令，才能对杀死口令进行读写。

访问口令：保留内存的 20h 至 3Fh 存储电子标签的访问口令，访问口令为 1word，即 2 字节。电子标签出厂时的默认访问口令为 0000h。用户可以对访问口令进行修改。用户可以对访问口令进行锁存，一经锁存后，用户必须提供正确的访问口令，才能对访问口令进行读写。

2）EPC 存储器

CRC－16：循环冗余校验位，16 位，上电时，标签应通过协议-控制前 5 位指定的(PC＋EPC)字数而不是整个 EPC 存储器长度计算 CRC－16。

协议-控制位：协议-控制位包含标签在盘存操作期间以其 EPC 反向散射的物理层信息。EPC 存储器 10h 至 1Fh 存储地址存储有 16 协议-控制位，协议-控制位值定义如下：

10h—14h 位：标签反向散射的(PC＋EPC)的长度，所有字为：

000002:1 个字(EPC 存储器 10h—1Fh 存储地址)

000012:2 个字(EPC 存储器 10h—2Fh 存储地址)

000102:2 个字(EPC 存储器 10h—3Fh 存储地址)

111112:32 个字(EPC 存储器 10h—1FFh 存储地址)

15h—17h 位:RFU(第 1 类标签为 0002)。

18h—1Fh 位:默认值为 000000002 且可以包括如 ISO/IEC15961 定义的 AFI 在内的计数系统识别(NSI)。NSI 的 MSB 存储在 18h 的存储位置。

默认(未编程)协议-控制位值应为 0000h。

截断应答期间,标签用协议-控制位代替 00002。

EPC:为识别标签对象的电子产品码。EPC 存储在以 20h 存储地址开始的 EPC 存储器内,MSB 优先。询问机可以发出选择命令,包括全部或部分规范的 EPC。询问机可以发出 ACK 命令,使标签反向散射其 PC、EPC 和 CRC-16。最后,询问机可以发出 Read 命令,读取整个或部分 EPC。

3) TID 存储器

TID 存储器应包含 00h 至 07h 存储位置的 8 位 ISO/IEC15963 分配类识别(对于 EPCglobal 为 111000102)、08h 至 13h 存储位置的 12 位任务掩模设计识别(EPCglobal 成员免费)和 14h 至 1Fh 存储位置的 12 位标签型号。标签可以在 1Fh 以上的 TID 存储器中包含标签指定数据和提供商指定数据(如标签序号)。

4) 用户存储器

用户存储器允许存储用户指定数据。

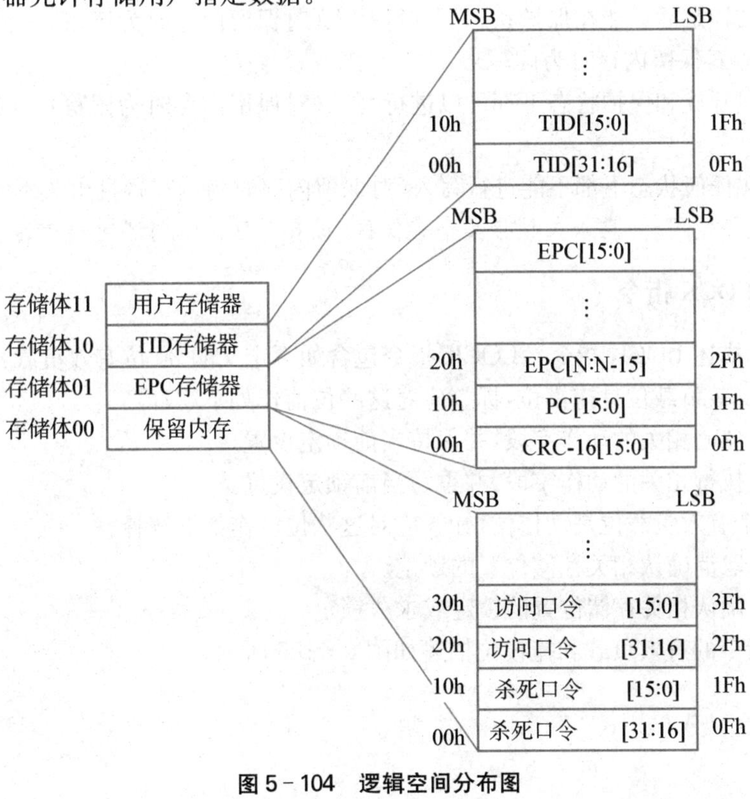

图 5-104 逻辑空间分布图

5.9.2 数据锁存/解锁

1）概述

为了防止未授权的写入和杀死操作，ISO/IEC18000－6C 标签提供锁存/解锁操作。32 位的访问口令保护标签的锁存/解锁操作，而 32 位杀死口令保护标签的杀死操作。用户可以在电子标签的保留内存设定杀死口令和访问口令。

2）数据操作的两个状态

当标签处于开放或保护状态时，可以对其进行数据操作（读、写、擦、锁存/解锁、杀死）。当标签的访问口令为全零或用户正确输入访问口令时，标签处于保护状态。当标签的访问口令不为零，且用户没有输入访问口令或输入的访问口令不正确时，标签处于开放状态。对标签的锁存/解锁操作只能在保护状态下进行。

（注：当用户进行锁存/解锁操作时需要满足下列两个条件之一：一、标签的访问口令为全零；二、提供正确的访问口令。）

3）各个存储区的锁存/解锁操作

对保留内存（Reserved）区进行锁存后，用户对该存储区不能进行读写，这是为了防止未授权的用户读取标签的杀死口令和访问口令。对其他三个存储区（EPC 存储区、TID 存储区和用户存储区）进行锁存后，用户对相应存储区不能进行写入，但可以进行读取操作。

4）锁定类型

标签支持三种锁定类型：

① 标签被锁定后只能在保护状态下进行写入（对保留内存时为读写），而不能在开放状态下进行写入（对保留内存时为读写）。

② 标签在开放和保护状态下都可以进行写入（对保留内存时为读写），且锁定状态永久不能被改写。

③ 标签在任何状态下都不能进行写入（对保留内存时为读写），且永久不能被解锁。

（注：此操作慎用，一旦永久锁存某个存储区，该存储区数据将不可再读写。）

5.9.3 LOCK 指令

这里简单描述 LOCK 指令。LOCK 指令包含如下定义的 20 位有效负载：

前 10 个有效负载位是掩模位，标签应对这些位值作如下解释：

掩模＝0：忽略相关的动作字段，并保持当前锁定设置。

掩模＝1：执行相关的动作字段，并重写当前锁定设置。

最后 10 个有效负载位是动作位，标签应对这些位值作如下解释：

动作＝0：取消确认相关存储位置的锁定。

动作＝1：确认相关存储位置的锁定或永久锁定。

LOCK 指令的有效负载和掩模位描述如图 5－105 所示。

LOCK命令有效负载

0	1	2	3	4	5	6	7	8	9	10	11	12	13	14	15	16	17	18	19
杀死掩模		访问掩模		EPC掩模		TID掩模		用户掩模		杀死动作		访问动作		EPC动作		TID动作		用户动作	

掩模和相关动作字段

	杀死口令		访问口令		EPC存储器		TID存储器		用户存储器	
	0	1	2	3	4	5	6	7	8	9
掩模	跳过/写入	跳过/写入	跳过/写入	跳过/写入	跳过/写入	跳过/写入	跳过/写入	跳过/写入	跳过/写入	跳过/写入
	10	11	12	13	14	15	16	17	18	19
动作	读取/写入口令	永久锁定	读取/写入口令	永久锁定	写入口令	永久锁定	写入口令	永久锁定	写入口令	永久锁定

图 5－105　LOCK 有效负载和使用

各个动作字段的功能如表 5－25 所示。

表 5－25　各个动作字段的功能表

写入口令	永久锁定	描述
0	0	在开放状态或保护状态下可以写入相关存储体
0	1	在开放状态或保护状态可以永久写入相关存储体，或者可以永远不锁定相关存储体
1	0	在保护状态下可以写入相关存储体但在开放状态下不行
1	1	在任何状态下都不可以写入相关存储体
0	0	在开放状态或保护状态下可以读取和写入相关口令位置
0	1	在开放状态或保护状态下可以永久读取和写入相关口令位置，并可以永远不锁定相关口令位置
1	0	在保护状态下可以读取和写入相关口令位置但在开放状态下不行
1	1	在任何状态下都不可以读取或写入相关口令位置

5.9.4　数据包格式

上位机发送到 RMU 的数据包以下称“命令”，而 RMU 返回到上位机的数据包以下称“响应”。以下所有数据段的长度单位为字节。RMU 与上位机传递的数据包的通用格式见表 5－26、表 5－27。

表 5－26　命令的数据包格式

数据段	SOF	LENGTH	CMD	PAYLOAD	＊CRC－16	EOF
长度(字节)	1	1	1	＜254	2	1

表5-27 响应的数据包格式

数据段	SOF	LENGTH	CMD	PAYLOAD	*CRC-16	EOF
长度(字节)	1	1	1	＜253	2	1

SOF(Start Of Frame):SOF是1个字节的常数(SOF==0xAA),表示数据帧的开始。

LENGTH:LENGTH部分是按字节计算的＜SOF＞和＜EOF＞之间数据(即＜LENGTH＞、＜CMD＞、＜STATUS＞、＜PAYLOAD＞、＜CRC-16＞)的长度。

STATUS:STATUS是RMU的响应中包含的对上位机命令的执行状态。STATUS只在RMU的响应中,上位机的命令中没有STATUS部分。STATUS中高四位是通用的标志位,而低四位是各命令中特有的状态。

PAYLOAD:PAYLOAD是需要传递的实际数据。除了在各命令格式中已定义的PAYLOAD有效字节外,在LENGTH可表示的范围内可延长任意PAYLOAD,RMU不对其进行操作。

CRC-16:CRC-16部分是对＜LENGTH＞、＜CMD＞、＜STATUS＞(响应中)和＜PAYLOAD＞部分计算的CRC-16值。用户可通过CMD的bit 7选择是否使用该选项。当上位机命令的CRC-16验证失败时RMU返回固定格式的响应,其中STATUS字节的值为0xC0。

EOF(End Of Frame):EOF是1个字节的常数(EOF==0x55),表示数据帧的结束。

插入字节:为了避免数据中出现SOF、EOF字节,实际通信过程中利用插入字节保证SOF和EOF的唯一性。当发送数据包的SOF和EOF之间出现0xAA、0x55、0xFF字节时,发送方应在该字节前插入1个0xFF字节。接收方接收到包含插入字节的数据后应删除插入字节并提取有效数据。

RMU的响应时间:上位机发送命令后当RMU在一定时间内没有响应,则说明命令格式不正确或RMU在命令执行过程中遇到不可预测的错误。这时上位机可再次发送命令。

5.9.5 命令定义

询问状态:该命令询问RMU的状态,正确接收该命令之后RMU回复功放的开关状态。

读取功率设置:该命令读取RMU的功率设置。用户使用RMU对标签进行操作前可用该命令读取RMU的功率设置。

设置功率:该命令设置RMU的输出功率和功放控制模式。用户使用RMU对标签进行操作前需要用该命令设置RMU的输出功率和功放控制模式。

打开功放:该命令打开RMU功放。当用户选择功放手动控制模式时,向标签发送命令前需要用该命令打开RMU的功放。

关闭功放:该命令关闭RMU功放。当用户选择功放手动控制模式时,完成标签命令操作后可用该命令关闭RMU的功放。

读取频率设置:该命令读取RMU的频率设置。

设置频率:该命令设置RMU的频率。RMU的频率设置有三个参数:起始频率(BF)、频道数(CN)和带宽(SPC)。

识别标签(单标签识别):该命令启动标签识别循环,对单张标签进行识别时使用该命令。

识别标签(防碰撞识别):该命令启动标签识别循环,对多张标签进行识别时使用该命令。

识别标签(单步识别):该命令识别单张标签。与单标签识别和防碰撞识别命令的不同在于该命令不启动识别循环。

5.9.6 900 MHz 标签功率设置实验

实验目的

了解 900 MHz 标签的功率设置。

实验内容

① 熟悉 900 MHz 标签的操作。

② 学会使用 CVT - IOT - VSL 综合实验平台对 900 MHz 标签进行功率设置。

③ 记录卡操作通信协议数据。

实验设备

① 硬件:教学实验箱,PC 机。

② 软件:RFID 综合实验平台。

基础知识

900 MHz 标签相关知识及数据帧通信协议格式。

实验步骤(PC 端):

① 确保拨码开关 s10 拨到 OFF,用串口线连接实验箱的串口"232 to PC"(在指示灯上方)和 PC 机,做好实验准备,进入 RFID 选择界面。

② 点击左侧导航栏的"UHF 900M"(此时听到"咔"的一声)。

③ 当指示灯 LED5 亮时,表示实验箱在 900M 模式工作。

④ 打开 PC 端的 RFID 综合实验平台 ,进行"连接设置",串口波特率是 9 600,如图 5 - 106 所示。

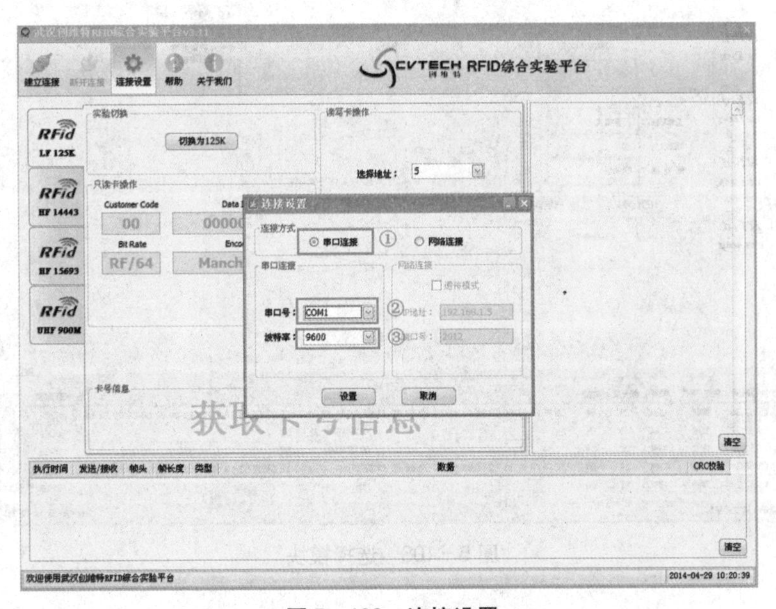

图 5 - 106 连接设置

⑤ 设置完成后，点击“建立连接”按钮 建立连接 ，建立连接，左下角提示“建立连接！”如图 5－107 所示。

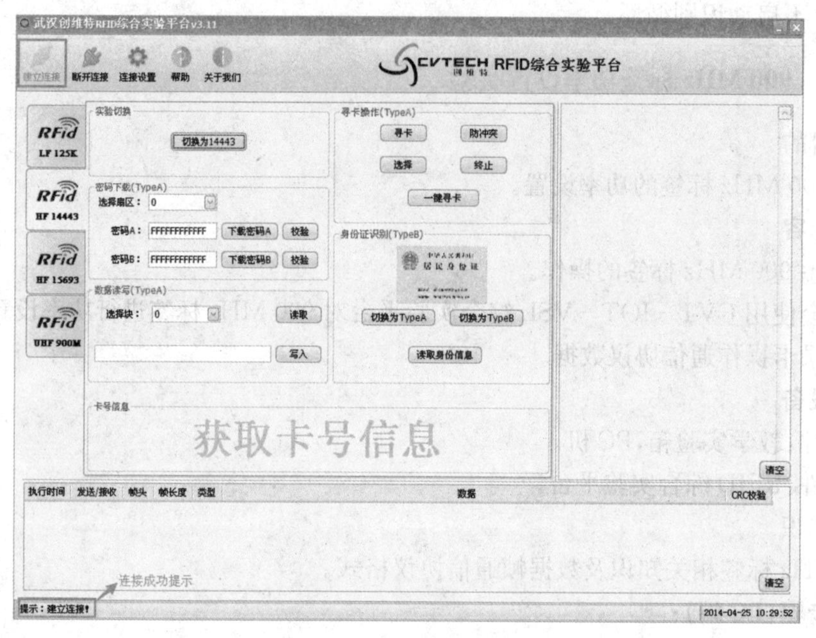

图 5－107　建立连接

⑥ 选择模块栏，选择“NXP900”，按照下图 5－108 中步骤所示顺序，设置参数和蜂鸣器状态。

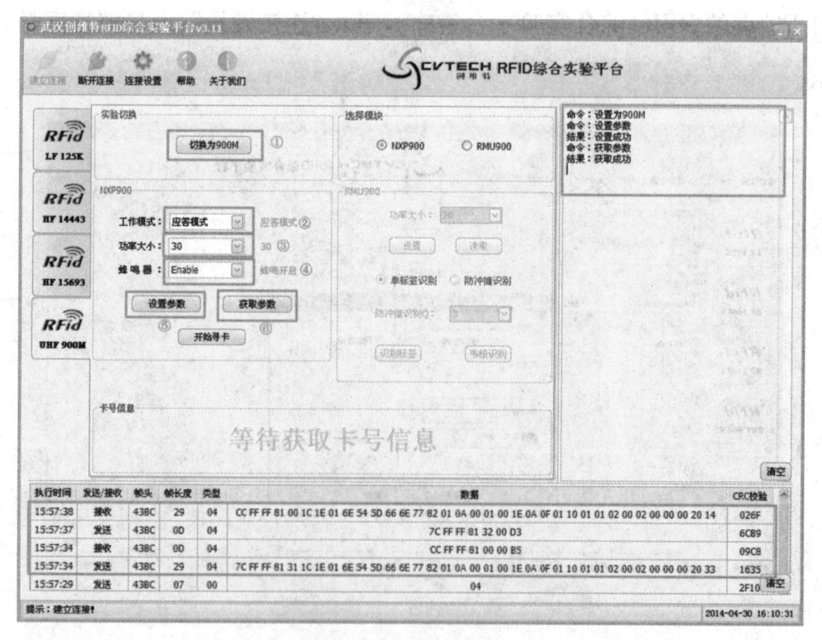

图 5－108　选择模块

5.9.7 900 MHz 标签识别实验

实验目的

了解 900 MHz 标签的功率设置。

实验内容

① 熟悉 900 MHz 标签的操作。

② 学会使用 CVT－IOT－VSL 综合实验平台对 900 MHz 标签进行功率设置。

③ 记录卡操作通信协议数据。

实验设备

① 硬件：教学实验箱，PC 机。

② 软件：RFID 综合实验平台。

基础知识

900 MHz 标签相关知识及数据帧通信协议格式。

实验步骤(PC 端)：

① 参照前面实验步骤，进行 900M 标签卡功率设置，如图 5－109 所示。

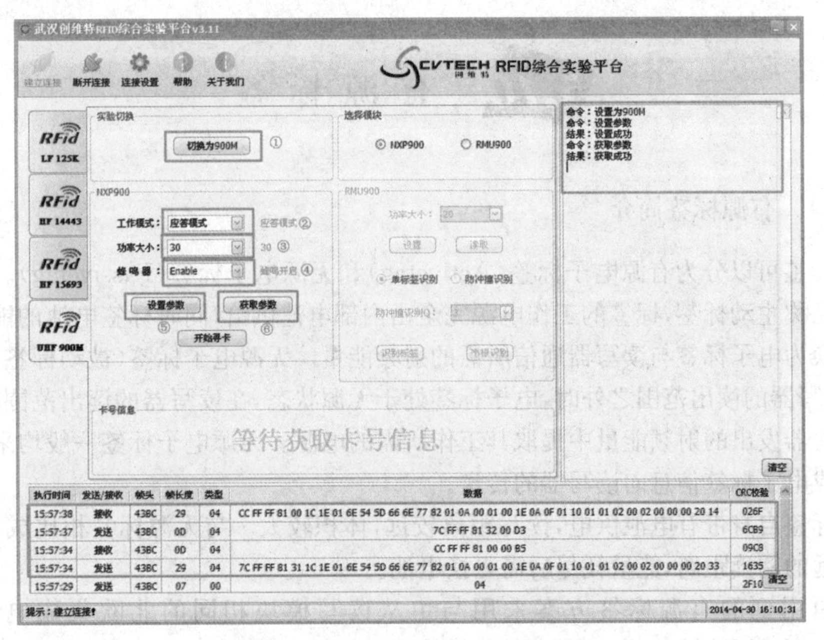

图 5－109 900M 标签卡功率设置

② 将 900 M 卡放在读卡区，点击“被动寻卡”按钮，界面下方将出现卡号和所读次数(如果暂时没有读到卡号，注意调整 900 M 卡位置)，下方协议栏会看到数据的收发，如图 5－110 所示。

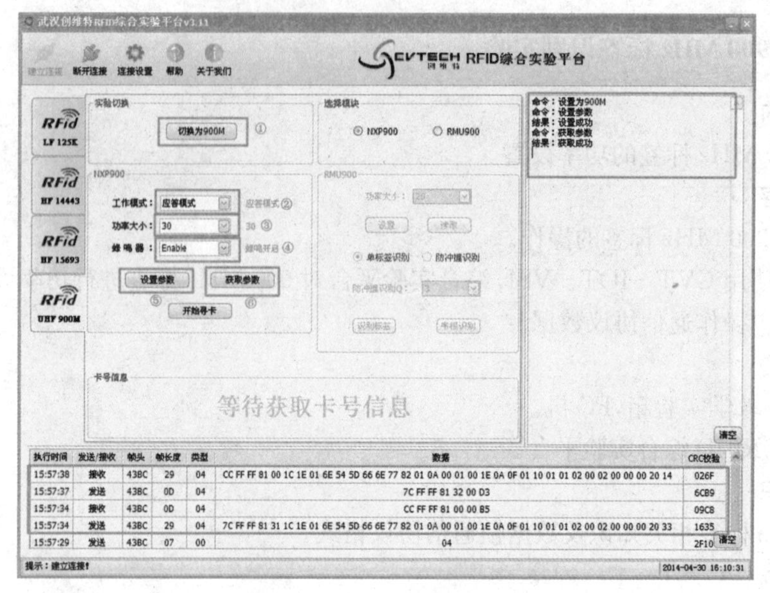

图 5－110　被动寻卡

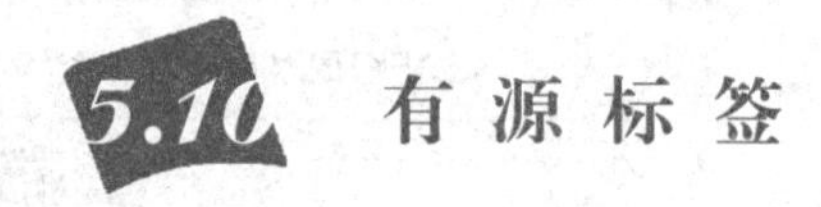

5.10 有源标签

5.10.1　有源标签简介

电子标签可以分为有源电子标签(Activetag)和无源电子标签(Passivetag)。其中有源电子标签又称主动标签,标签的工作电源完全由内部电池供给,同时标签电池的能量供应也部分地转换为电子标签与读写器通信所需的射频能量。无源电子标签(被动标签)没有内装电池,在读写器的读出范围之外时,电子标签处于无源状态,在读写器的读出范围内时,电子标签从读写器发出的射频能量中提取其工作所需的电源。无源电子标签一般均采用反射调制方式完成电子标签信息向读写器的传送。

有源标签自身带有电池供电,读写距离较远,体积较大。与无源标签相比成本更高,一般具有较远的阅读距离,能量耗尽后需更换电池。

实验中用到的有源标签方案采用与主从读写模块相同的北欧集成电路公司的NRF24LE1,内置天线和纽扣电池。

5.10.2　硬件结构

有源标签模块如图 5－111 所示,主要分为主从两个读写模块和有源标签三部分:主读写模块为 U1 部分,包括相应的指示灯(对应的控制 IO 为 P13)、蜂鸣器(对应的控制 IO 为 P12)、串口转换电路部分和复位按钮 S4 等;从读写模块为 U2 部分,包括相应的指示灯(对应的控制 IO 为 P13)、复位按钮 S3 等。主从模块之间通过 SPI 接口进行通信。

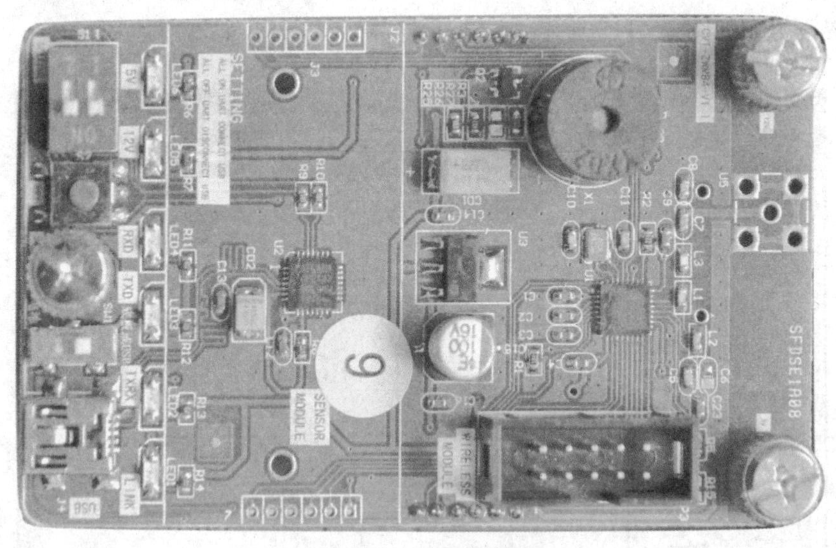

图 5-111 有源标签模块

5.10.3 有源标签卡读取实验

实验目的

① 掌握有源标签卡操作基本原理。

② 了解有源标签卡读卡协议。

实验内容

① 认识有源标签卡。

② 学会使用 CVT-IOT-VS 综合实验平台识别有源标签卡。

实验设备

硬件:教学实验箱,PC 机。

软件:上位机演示平台有源 RFID 读写识别演示软件。

基础知识

工作原理:不同的实验箱预先烧录了不同的通道号,只有标签卡的通道号与主从读写模块的通道号一致才能接收和配置相应的标签信息,方便同一个实验室内多台设备同时做实验而不会互相干扰。

主读写模块:

通过串口上报主读写器与从读写器识别的标签信息。

向标签下发休眠/唤醒指令,切换标签工作状态。

向标签下发射频信号强度配置指令,调节标签信号发射距离。

通过 SPI 接收从读写模块识别的标签 ID 信息。

控制指示灯和蜂鸣器的状态。

从读写模块:

通过 SPI 向主读写模块发送识别的标签 ID 信息。

控制指示灯状态。

软件界面分布如图 5-112 所示：

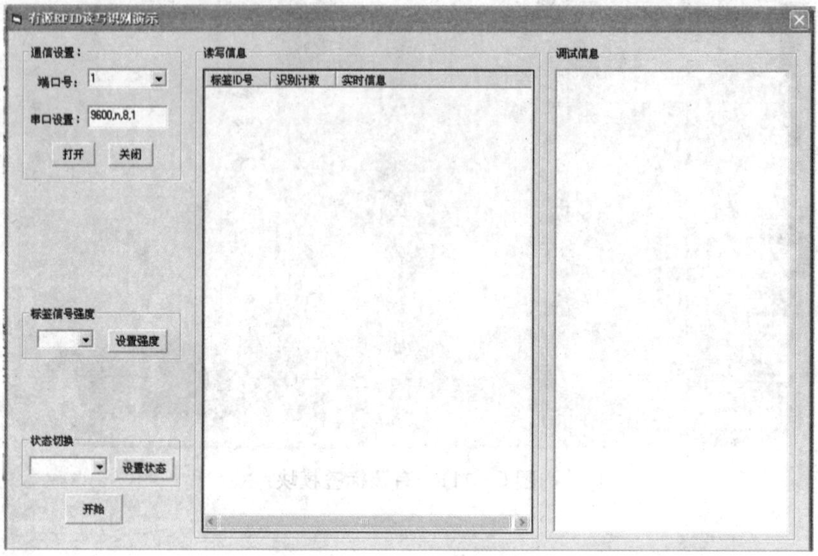

图 5-112 软件界面

串口通信参数：

波特率：9 600

校验位：None

数据位：8

停止位：1

读写器串口通信协议格式如下：

模块	Byte0	Byte1	Byte2	Byte3	Byte4	Byte5	Byte6	Byte7
主模块	0xFB	0x10	0x00	0x00	标签号	0x00	ReaderID	0x01
从模块	0xFB	0x10	0x00	0x00	标签号	0x00	ReaderID	0x02

（注：上述从模块通信协议指从模块识别的标签信息通过 SPI 接口传送到主模块，然后主模块通过串口进行输出的信号格式。）

ReaderID：读写器编号

nRF24LE1 软件开发环境可以选择 KEILC51。nRF24LE1 程序下载说明：nRF24LE1 程序下载需要使用 mPro 编程器，安装步骤如下：

将编程器接入电脑 USB 口。

运行 mProV1.6\mPro 驱动自动适应安装程序\mPro 驱动安装目录下的驱动安装.exe 程序，根据提示生成.inf 文件，如图 5-113 所示。

更新设备驱动，将驱动文件位置指示到刚才保存的文件(图 5-114)，在设备管理器中查看，出现如图 5-115 所示设备，表明驱动安装成功。

启动 mPro 软件，如图 5-116 所示：

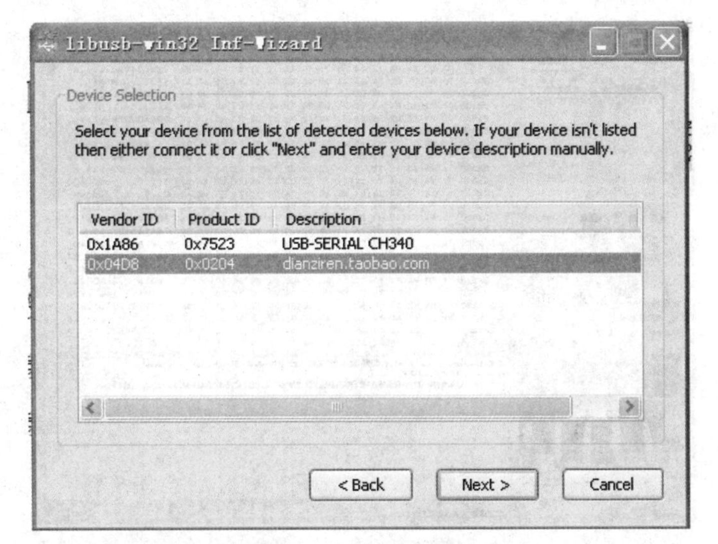

图 5－113　驱动安装

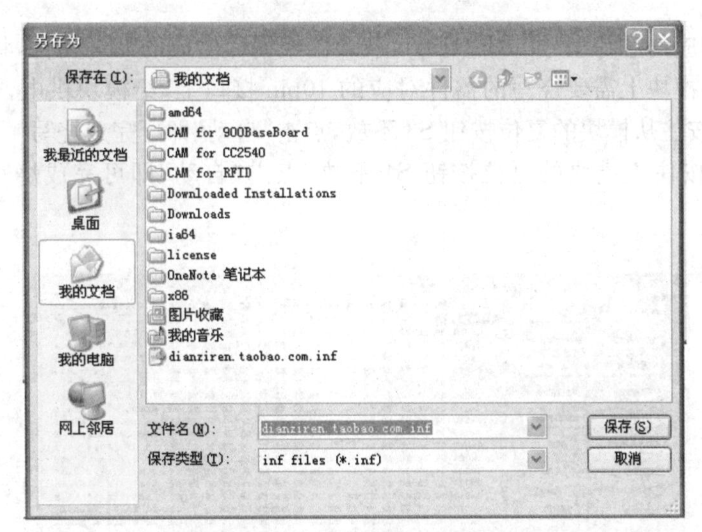

图 5－114　文件存放

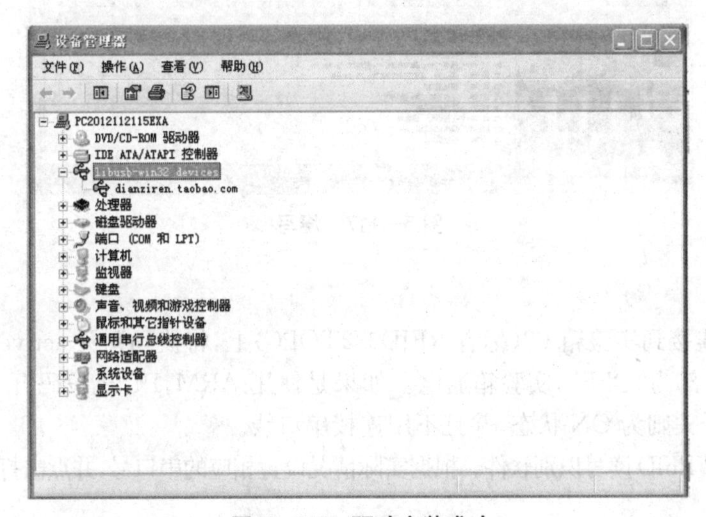

图 5－115　驱动安装成功

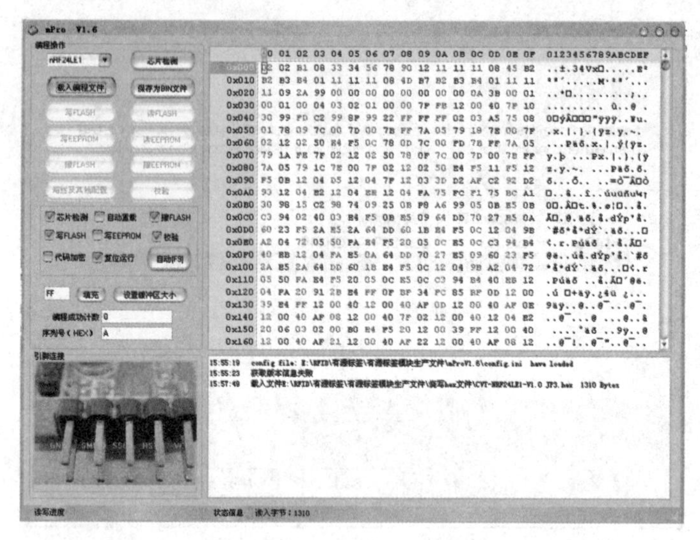

图 5-116　启动 mPro 软件

依次选择相应的芯片型号 nRF24LE1，载入已经编译生成的 hex 文件，将烧写器的排线连接到有源标签模块上需要烧写的器件对应的 10pin 接口上，给模块供电，若给主模块 U1 烧写程序，需要按住从模块的复位按钮 S3 不放，点击“自动”即可完成烧写。若给从模块 U2 烧写程序，需要按住主模块的复位按钮 S4 不放，点击“自动”即可完成烧写，如图 5-117 所示：

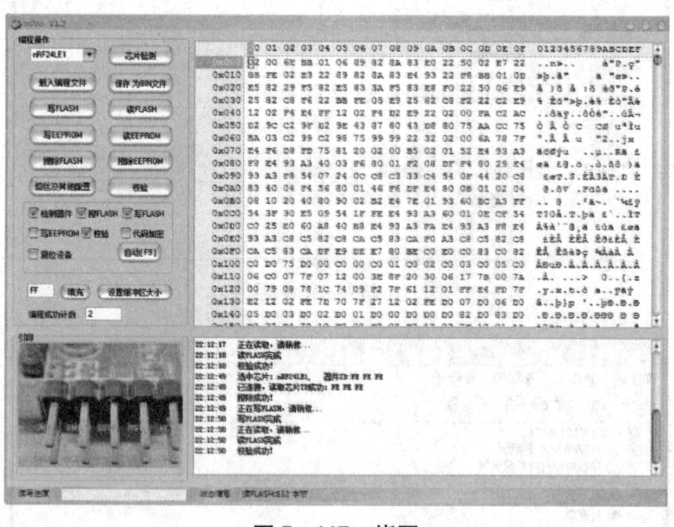

图 5-117　烧写

实验步骤

① 将串口连接到实验箱 P2(标有 RFID232TOPC)上，将拨码开关 activetag 和 PC 机拨到“ON”，其余全部为“OFF”，实验箱通电。如果是使用 ARM，PC 机拨码开关则为 OFF 状态，ARM 拨码开关则为 ON 状态，并且不用连接串口线。

② 打开有源 RFID 读写识别软件。根据实际情况设置相应的串口号，并点击打开(图 5-118)。

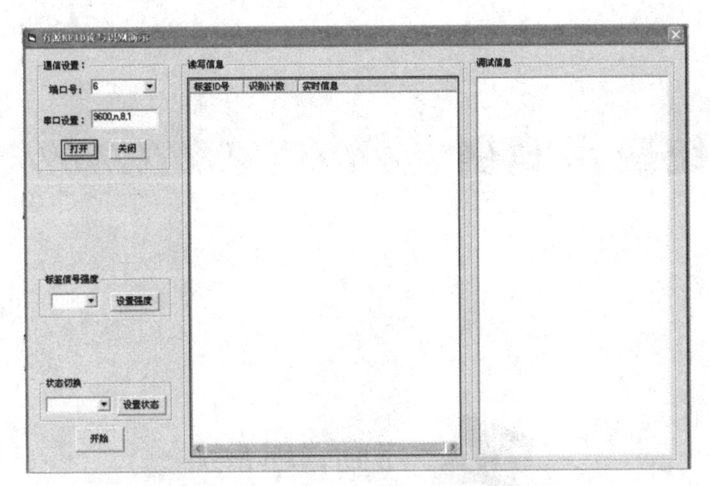

图 5-118　打开有源 RFID 读写识别软件

③ 给对应的有源标签卡供电，可以看到相应的指示灯闪烁。LED1 闪烁表示主读写模块收到了有源标签的数据，LED5 闪烁表示从读写模块收到了有源标签的数据。主读写模块收到从读写模块的数据后会使蜂鸣器短暂鸣叫。

④ 点击“开始”按钮，可以在相应的软件界面看到相关的调试信息，如图 5-119 所示。

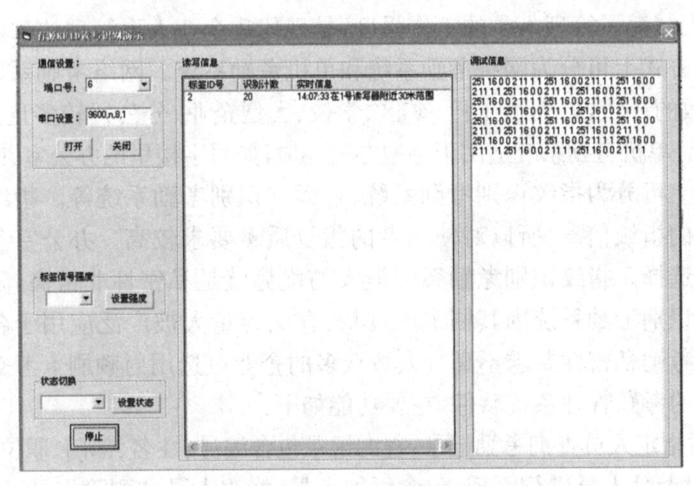

图 5-119　调试信息

可以使用上位机软件通过有源标签模块设置有源标签的标签信号的发射强度和状态，发射强度可以分别设置为 0 dBm，−6 dBm，−12 dBm 或−18 dBm，对应的串口协议为：

0xdd0x0f 时，标签射频信号强度最大（发射功率 0 dBm）；

0xdd0x0d 时，标签射频信号强度较大（发射功率−6 dBm）；

0xdd0x0b 时，标签射频信号强度较小（发射功率−12 dBm）；

0xdd0x09 时，标签射频信号强度最小（发射功率−18 dBm）。

RFID 系统应用案例

6.1 考勤管理系统

6.1.1 考勤管理系统概述

考勤系统是一套高度智能化,可实时统计也可脱机使用的人事考勤管理系统。通过刷卡或指纹识别系统自动记录读卡时间、地点、日期和人名等资料,并通过考勤管理软件生成各种报表。它取代原始的手工统计考勤的方式,将大量的数据分析、时间统计的工作交由考勤软件完成,大大缓解了管理人员的工作强度,是现代化企业人事管理的重要组成部分。

从系统管理方式上可分为网络考勤系统和单机考勤系统。网络考勤系统适用于人数较多、考勤点较分散的环境,如大型工厂、矿区、学校、大型企业、分公司较多且又需要集中管理人事信息的企业。单机考勤系统适用于小型办公环境,如写字楼里的办公室、中小型企业等。

从识别方式上可分为指纹识别考勤系统、射频卡识别考勤系统等。指纹识别考勤系统由于要采集人员的指纹信息,所以对使用者的指纹质量要求较高。办公室工作人员是指纹考勤系统的最佳选择。指纹识别考勤系统最大的优势就是私密性非常高,防止发生代打卡等情况。射频卡识别考勤系统因其刷卡速度快、存储容量大被广泛应用于各类工矿、企业、机关等场所。对考勤私密性要求不高且人数众多的企业可选用射频刷卡考勤系统。

本系统设计的考勤管理系统软件,主要功能如下:

查询功能:对指定人员查询考勤记录,查询记录包含编号、姓名、部门、职位和刷卡时间。

人员管理:对考勤人员进行管理,包含添加人员、修改人员和删除人员。

考勤记录管理:清除所有考勤记录和清除指定考勤记录。

6.1.2 考勤管理实验

125 kHz 卡片分为两种:一种是只读卡,一种是可读可写卡。本实验用到的是只读卡片。考勤管理系统软件界面分布如图 6-1 所示:

【实验步骤】

① 将串口连接到实验箱 COM1 上,实验箱通电。

② 打开考勤管理系统软件。

③ 串口设置,如果直接使用 PC 机串口 1,选择 COM1,如果使用 USB 转串口或其他方

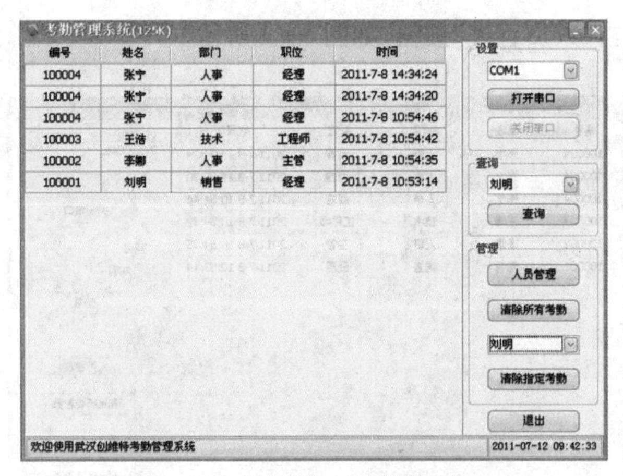

图 6-1　考勤管理系统软件界面图

式,请选择相应串口,然后打开串口。打开串口后,考勤管理软件会循环发送寻卡命令。

④ 查询功能:在查询栏选择要查询的人员姓名,点击“查询”,如图 6-2、图 6-3 所示。

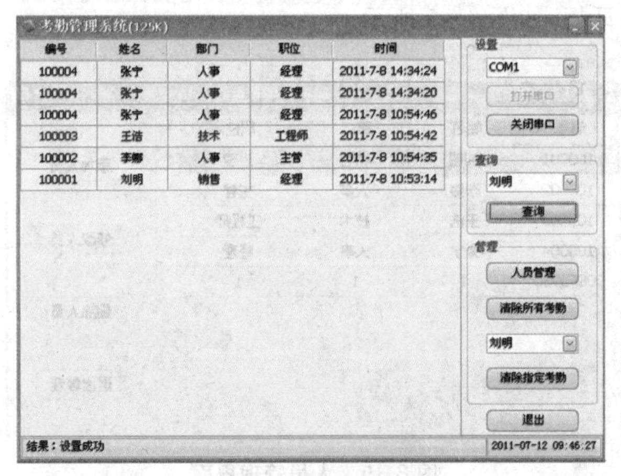

图 6-2　查询功能

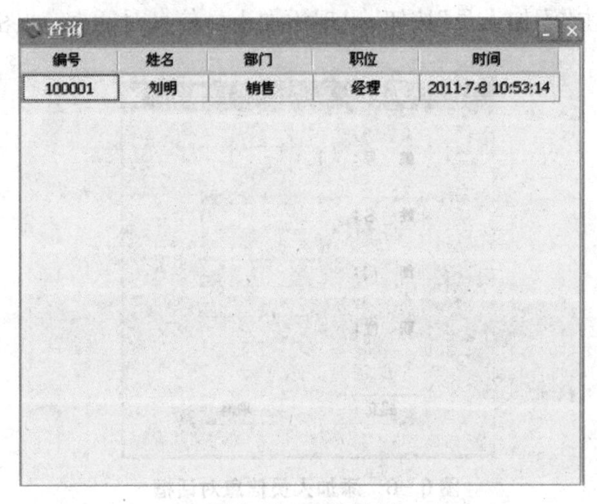

图 6-3　查询结果

⑤ 人员管理：点击“人员管理”按钮，如图 6－4 所示。

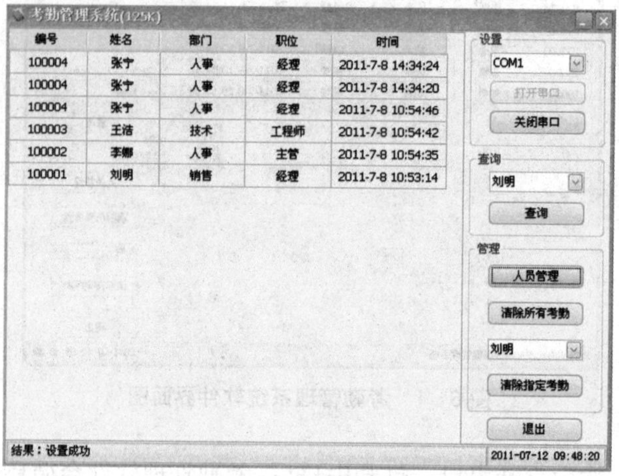

图 6－4　人员管理

出现人员管理对话框，如图 6－5 所示。

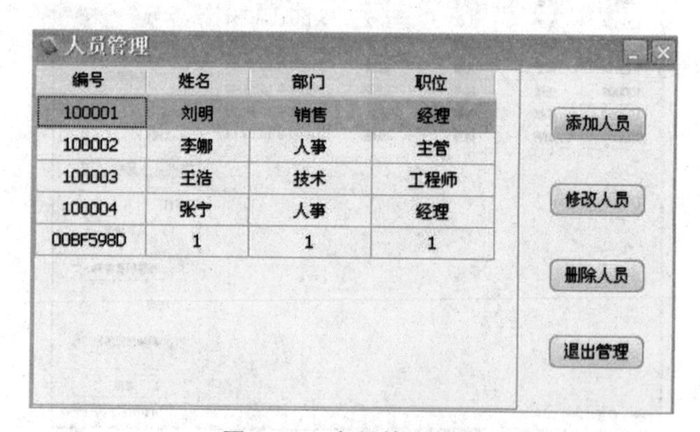

图 6－5　人员管理界面

⑥ 添加人员：点击“添加人员”按钮，出现添加人员信息对话框，如图 6－6 所示。

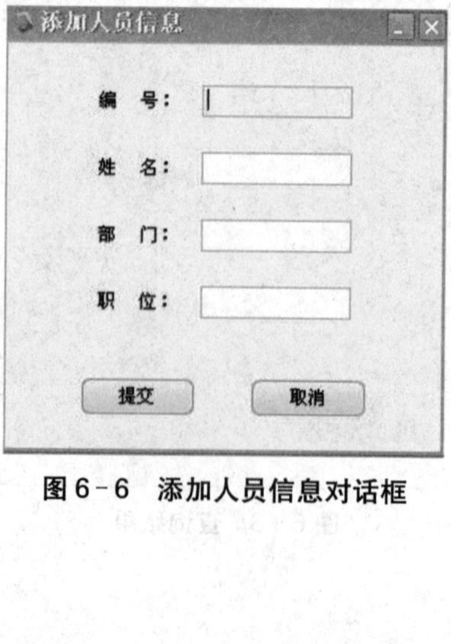

图 6－6　添加人员信息对话框

出现图 6 - 6 后，把 125 kHz 的只读 ID 卡放到 125 kHz 的天线感应区内，这时读取到的 ID 卡号会自动填写在编号栏内，把添加人员的基本信息填写完整，点击“提交”按钮，如图 6 - 7 所示。

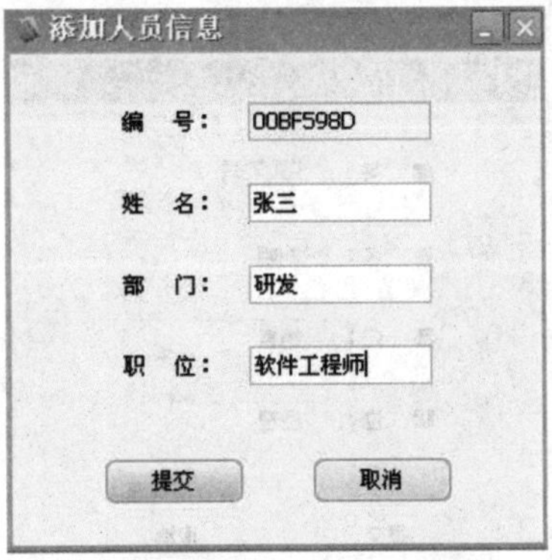

图 6 - 7　填写添加人员信息

提交后，会弹出添加成功的对话框。点“确定”后，返回到人员管理对话框下，这时可以看到刚才添加的人员已经显示在人员管理记录里了，如图 6 - 8 所示。

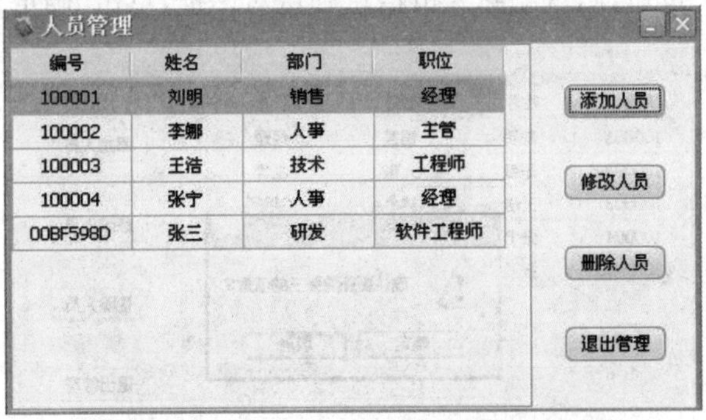

图 6 - 8　添加人员后的人员管理对话框

这时点击“退出管理”按钮，回到考勤管理主界面，可以看到刚才添加的人员已经添加进来，而且有了刷卡时的时间记录，如图 6 - 9 所示。

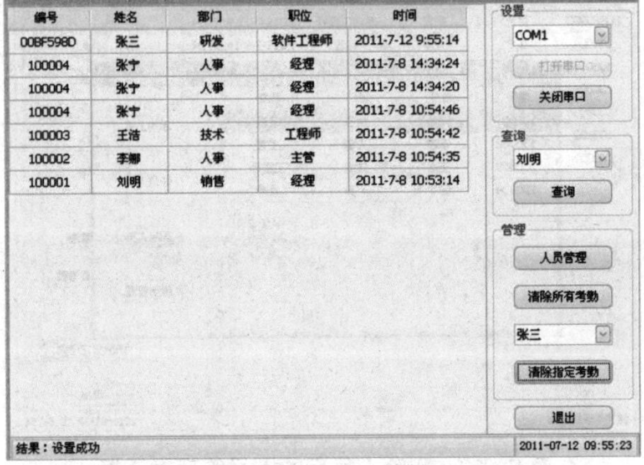

图 6 - 9　添加人员后的主界面

⑦ 修改人员:在人员管理对话框中,选中要修改的人员。选中后,对应人员的信息变成灰色,点击“修改人员”按钮,出现修改人员信息对话框,如图6-10所示,这时可以对人员的基本信息进行修改。

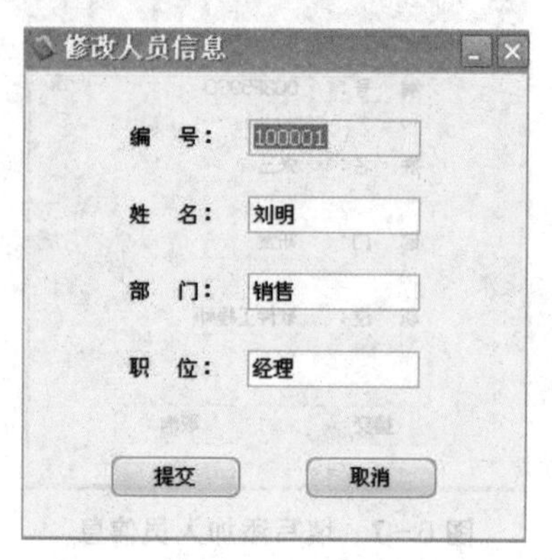

图6-10 修改人员信息对话框

⑧ 删除人员:在人员管理对话框中,选中要删除的人员。选中后,对应人员的信息变成灰色,点击“删除人员”按钮,出现删除人员信息确认对话框,点击“确定”,如图6-11所示。

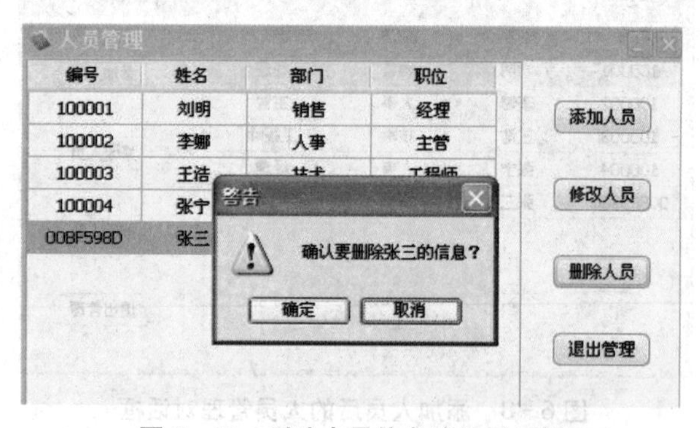

图6-11 删除人员信息确认对话框

删除后,回到人员管理对话框,可以看到该人员的信息已经删除了,如图6-12所示。

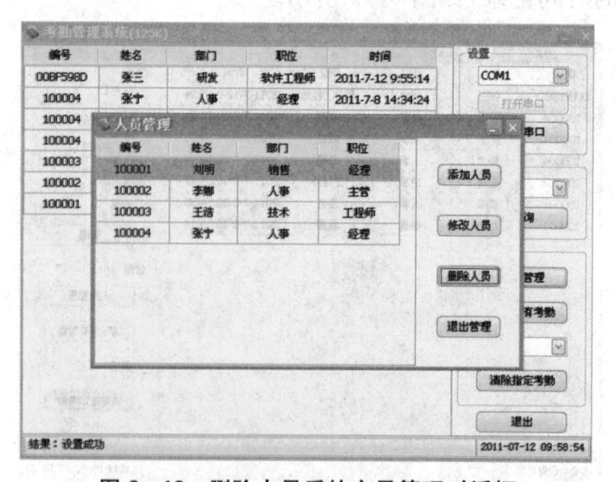

图6-12 删除人员后的人员管理对话框

⑨ 考勤记录管理:包括查询、清除指定考勤记录和清除所有考勤记录。考勤记录的查询参见第④步。在考勤系统主菜单下,选择要清除考勤记录的人员,点击“清除指定考勤”按钮,如图 6－13 所示。

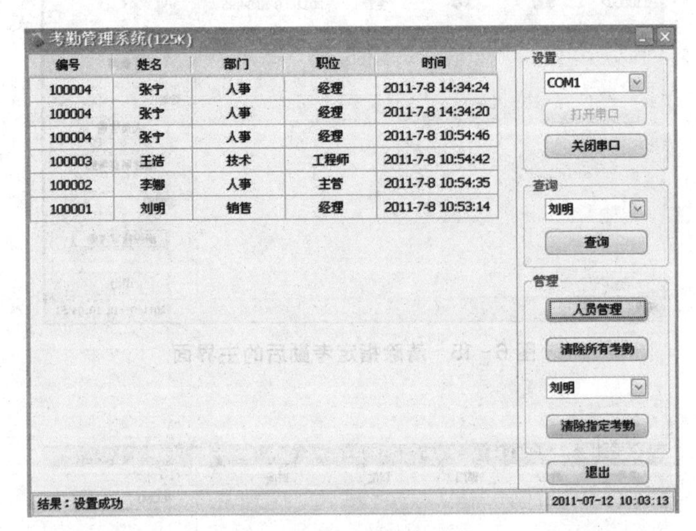

图 6－13　清除指定考勤

点击后出现删除考勤信息确认对话框,如图 6－14 所示,点击“确定”。

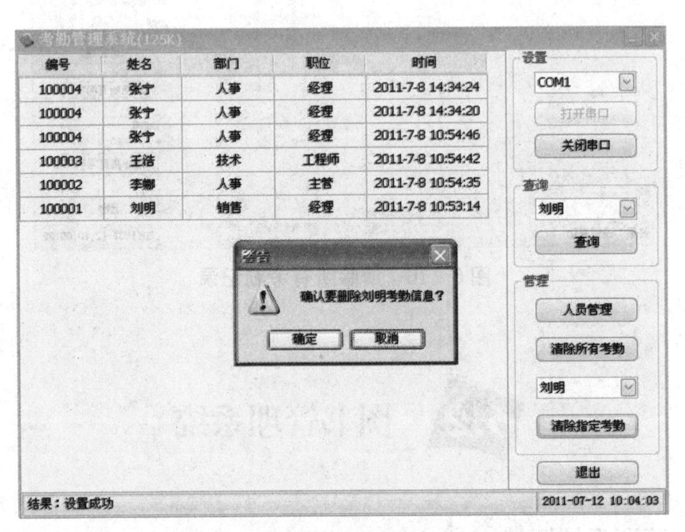

图 6－14　删除考勤信息确认对话框

删除指定人员的考勤信息后,回到考勤管理主界面,这时删除的人员信息已经没有了,表明刚才的删除操作成功,如图 6－15 所示。

在考勤系统主菜单下,点击“清除所有考勤”按钮,清除所有考勤记录,如图 6－16 所示。

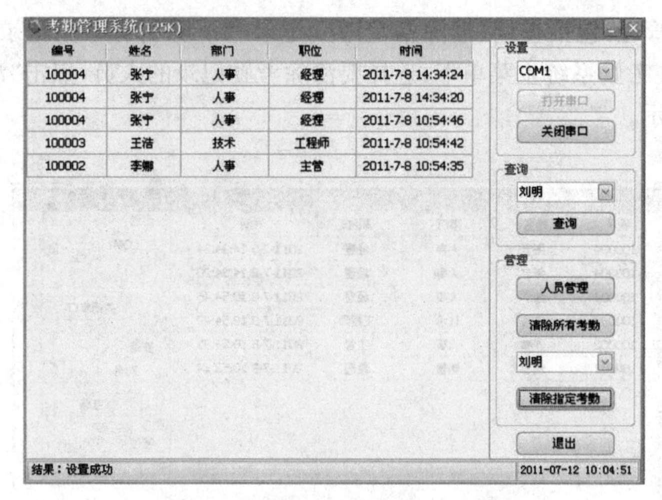

图 6-15 清除指定考勤后的主界面

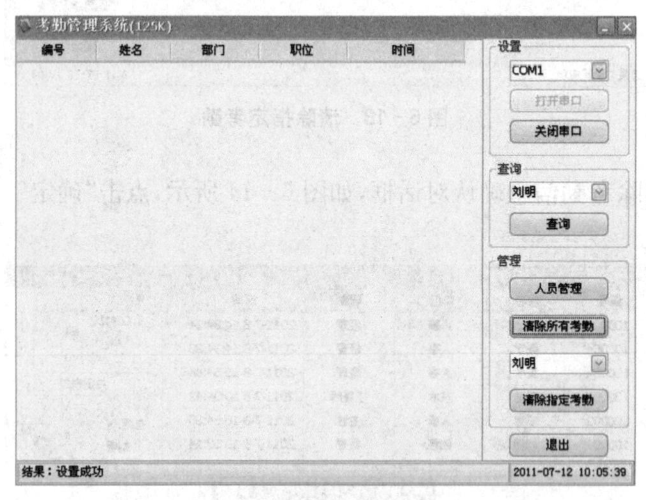

图 6-16 清除所有考勤记录

6.2 图书管理系统

6.2.1 图书管理系统概述

图书管理系统是一个由人、计算机等组成，能对管理信息进行收集、传递、加工、保存、维护和使用的系统。图书管理系统综合运用了管理科学、系统科学、运筹学、统计学、计算机科学等学科的知识，其三要素为：系统的观点、数学的方法以及计算机的应用。

图书管理系统结构主要由四部分组成，即信息源、信息处理器、信息用户、信息管理者。

本系统设计的图书管理系统软件，主要功能如下：

查询功能：对指定图书进行查询，查询记录包含编号、书名、作者、出版社、价格、状态和入馆时间。

图书管理：对图书进行管理，包括添加图书、修改图书和删除图书。

个人管理：对借书人员进行管理，包括已借图书、借阅图书和归还图书。

管理权限：软件分管理员权限和普通用户权限。方便对图书的管理进行权限设定。

6.2.2 图书管理实验

图书管理系统软件界面如图 6-17 所示：

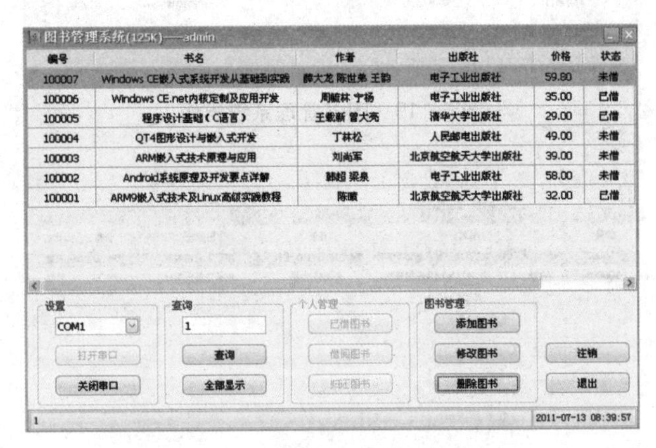

图 6-17 图书管理系统软件界面图

【实验步骤】

① 将串口连接到实验箱 COM1 上，实验箱通电。

② 打开图书管理系统软件。打开后出现登录对话框，如图 6-18 所示，选择管理员权限登录。

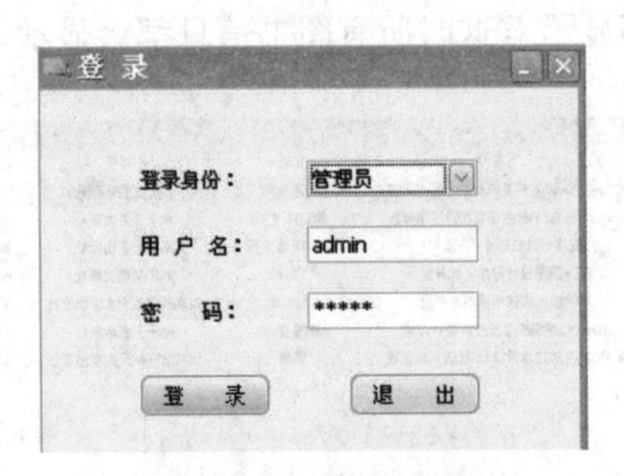

图 6-18 登录对话框

③ 串口设置，如果直接使用 PC 机串口 1，选择 COM1。如果使用 USB 转串口或其他方式，请选择相应串口，然后打开串口。打开串口后，物流管理软件会循环发送寻卡命令，如图 6-19 所示。

④ 查询功能：在查询栏输入要查询的图书书名，查询有模糊查询功能，比如这里输入“w”，点击“查询”，如图 6-20 所示。

图 6-19　图书管理系统界面

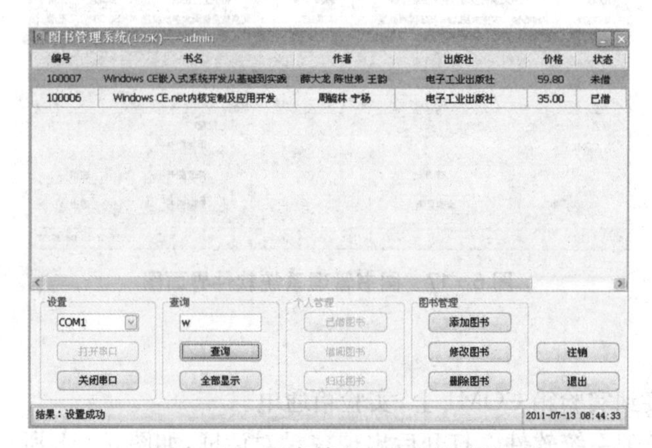

图 6-20　图书管理系统查询功能

查询后，可以点击“全部显示”，这时所有图书信息都会显示，如图 6-21 所示。

图 6-21　查询后全部显示功能

⑤ 添加图书：点击图书管理中“添加图书”按钮，出现添加图书对话框，如图 6-22 所示。

图 6 - 22 添加图书对话框

这时把 125 kHzID 卡放到 125 kHz 天线感应区内，读取 ID 卡号自动填写在图中编号栏内，把该图书的书名、作者、出版社和价格填写完整，然后提交，如图 6 - 23 所示。

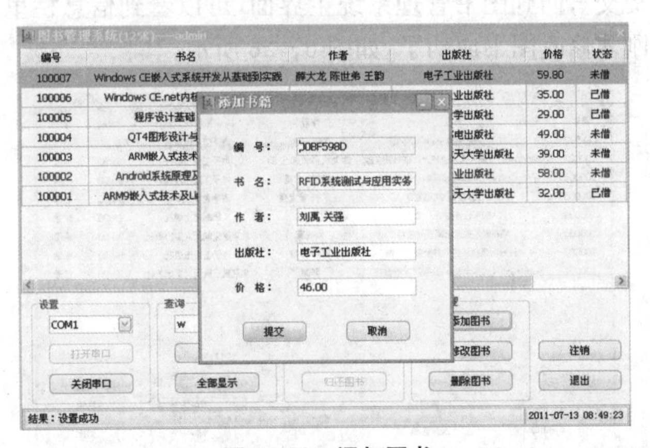

图 6 - 23 添加图书

点击“提交”后，回到图书管理系统主界面，这时可以看到刚才添加的图书信息已经显示出来，表明刚才的添加图书成功了，如图 6 - 24 所示。

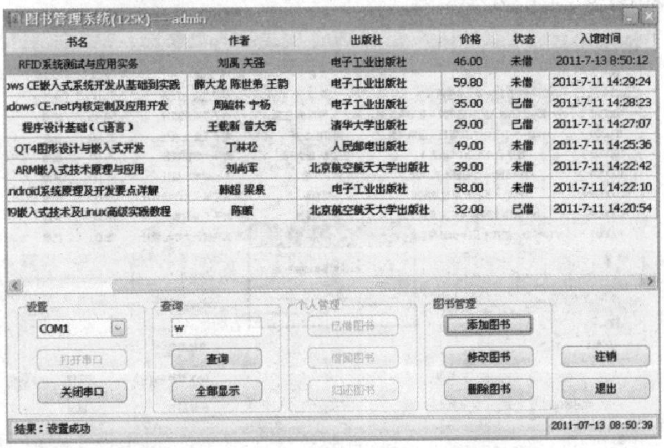

图 6 - 24 添加图书后的主界面

⑥ 修改图书:在信息显示栏里选中要修改的图书,点击图书管理的“修改图书”按钮,出现修改图书对话框,如图 6-25 所示。这里把图书价格改为 56 元,其他不改。

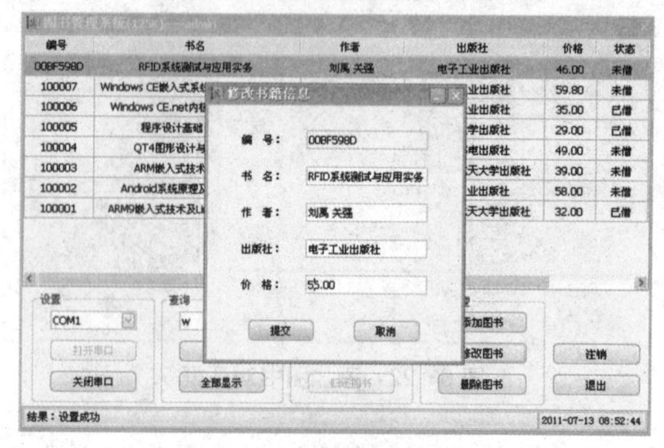

图 6-25 修改图书对话框

修改后,点击“提交”,回到图书管理系统主界面,可以看到信息栏里该图书的价格已经变成 56 元了,表明刚才修改图书成功了,如图 6-26 所示。

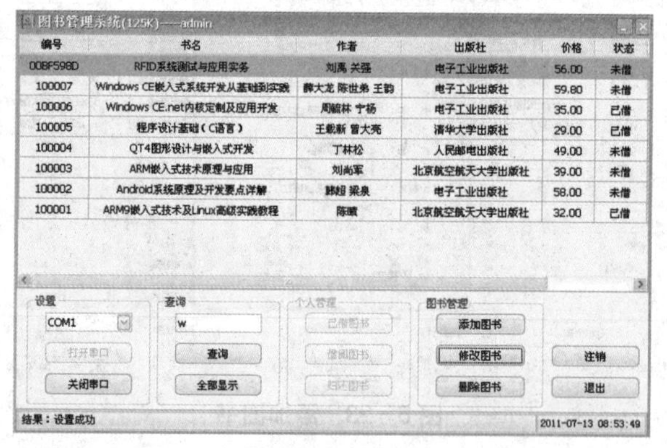

图 6-26 修改图书后的主界面

⑦ 删除图书:在信息显示栏里选中要删除的图书,点击图书管理的“删除图书”按钮,出现删除图书对话框,如图 6-27 所示。

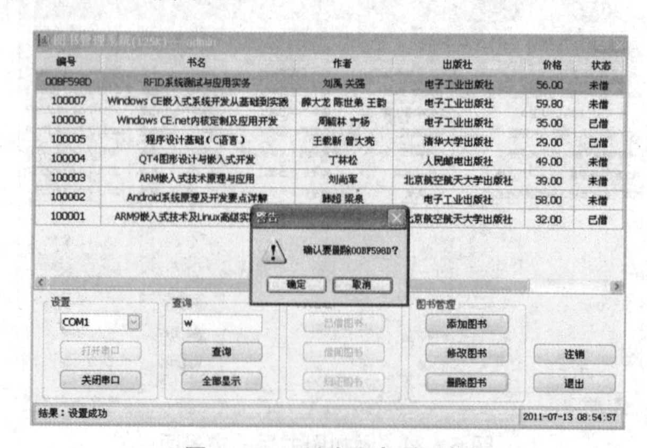

图 6-27 删除图书对话框

点击“确定”，回到图书管理系统主界面，可以看到信息栏里已经没有该图书信息，表明刚才的删除图书成功了，如图 6-28 所示。

图书管理系统(125K)——admin

编号	书名	作者	出版社	价格	状态
100007	Windows CE嵌入式系统开发从基础到实践	薛大龙 陈世弟 王韵	电子工业出版社	59.80	未借
100006	Windows CE.net内核定制及应用开发	周毓林 宁杨	电子工业出版社	35.00	已借
100005	程序设计基础（C语言）	王载新 曾大亮	清华大学出版社	29.00	已借
100004	QT4图形设计与嵌入式开发	丁林松	人民邮电出版社	49.00	未借
100003	ARM嵌入式技术原理与应用	刘尚军	北京航空航天大学出版社	39.00	未借
100002	Android系统原理及开发要点详解	韩超 梁泉	电子工业出版社	58.00	未借
100001	ARM9嵌入式技术及Linux高级实践教程	陈赜	北京航空航天大学出版社	32.00	已借

设置 COM1 打开串口 关闭串口
查询 w 查询 全部显示
个人管理 已借图书 借阅图书 归还图书
图书管理 添加图书 修改图书 删除图书
注销 退出
结果：设置成功 2011-07-13 08:55:55

图 6-28 删除图书后的主界面

⑧ 普通用户：点击主界面的“注销”按钮，出现登录对话框，在登录身份栏选择普通用户，如图 6-29 所示。

图书管理系统(125K)——admin

编号	书名	作者	出版社	价格	状态
100007	Windows CE嵌入式系统开发从基础到实践	薛大龙 陈世弟 王韵	电子工业出版社	59.80	未借
100006	Windows CE.net内核定制及应用开发	周毓林 宁杨	电子工业出版社	35.00	已借
100005	程序设计基础（C语言）	王载新 曾大亮	清华大学出版社	29.00	已借
100004	QT4图形设计		出版社	49.00	未借
100003	ARM嵌入式技		天大学出版社	39.00	未借
100002	Android系统原理		出版社	58.00	未借
100001	ARM9嵌入式技术及		天大学出版社	32.00	已借

登录

登录身份： 普通用户
用 户 名： cvt1001
密 码： ******
登 录 退 出

设置 COM1 打开串口 关闭串口
查询 w 查询 全部显示
借阅图书 归还图书
加图书 修改图书 删除图书
注销 退出
结果：设置成功 2011-07-13 08:57:09

图 6-29 普通用户登录

登录的用户名为 cvt1001，也可以换成其他用户名登录，例如 cvt1002。登录后的管理系统主界面如图 6-30 所示。

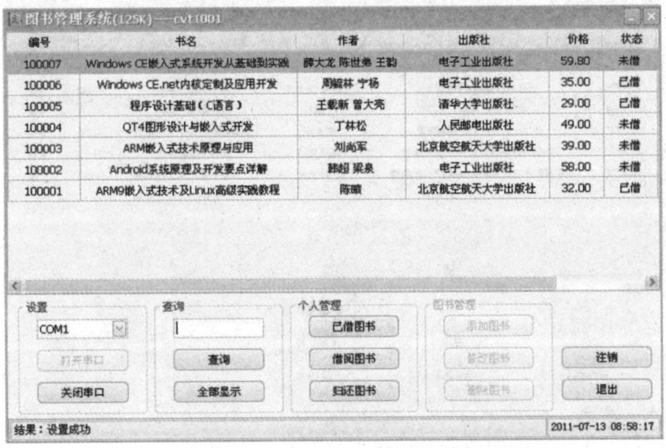

图书管理系统(125K)——cvt1001

编号	书名	作者	出版社	价格	状态
100007	Windows CE嵌入式系统开发从基础到实践	薛大龙 陈世弟 王韵	电子工业出版社	59.80	未借
100006	Windows CE.net内核定制及应用开发	周毓林 宁杨	电子工业出版社	35.00	已借
100005	程序设计基础（C语言）	王载新 曾大亮	清华大学出版社	29.00	已借
100004	QT4图形设计与嵌入式开发	丁林松	人民邮电出版社	49.00	未借
100003	ARM嵌入式技术原理与应用	刘尚军	北京航空航天大学出版社	39.00	未借
100002	Android系统原理及开发要点详解	韩超 梁泉	电子工业出版社	58.00	未借
100001	ARM9嵌入式技术及Linux高级实践教程	陈赜	北京航空航天大学出版社	32.00	已借

设置 COM1 打开串口 关闭串口
查询 查询 全部显示
个人管理 已借图书 借阅图书 归还图书
图书管理 添加图书 修改图书 删除图书
注销 退出
结果：设置成功 2011-07-13 08:58:17

图 6-30 普通用户模式

从图 6-30 可以看出，在普通用户模式下，图书管理按钮不可选，查询和个人管理按钮可选。点击个人管理的“已借图书”按钮，可以查询到 cvt1001 的已借图书，如图 6-31 所示。

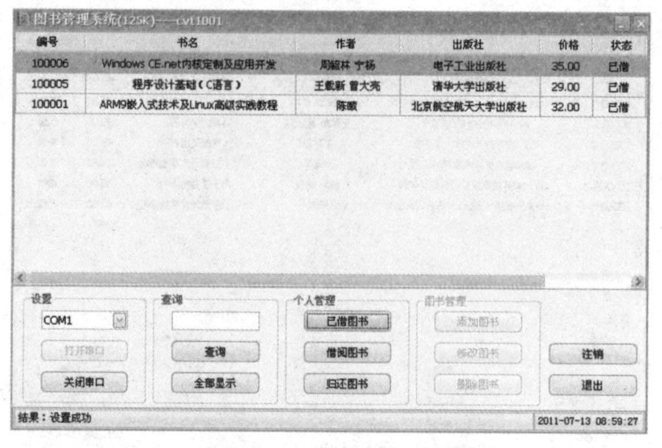

图 6-31 个人管理的已借图书

在信息显示栏里选中要借阅的图书，点击个人管理的“借阅图书”按钮，出现借阅图书对话框，如图 6-32 所示。

图书管理系统(125K)——cvt1001

编号	书名	作者	出版社	价格	状态
100007	Windows CE嵌入式系统开发从基础到实践	薛大龙 陈世帅 王韵	电子工业出版社	59.80	未借
100006	Windows CE.net内核定制及应用开发	周毓林 宁杨	电子工业出版社	35.00	已借
100005	程序设计基础（C语言）	王載新 曾大亮	清华大学出版社	29.00	已借
100004	QT4图形设计与嵌入式开发	丁林松	人民邮电出版社	49.00	未借
100003	ARM嵌入式技术原理与应用	刘尚军	北京航空航天大学出版社	39.00	未借
100002	Android系统原理及开发要点详解	韩超 梁泉	电子工业出版社	58.00	未借
100001	ARM9嵌入式技术及Linux高级实践教程	陈曦	北京航空航天大学出版社	32.00	已借

警告
确认要借阅100007？
确定 取消

设置 COM1 打开串口 关闭串口 查询 查询 全部显示 个人管理 已借图书 借阅图书 归还图书 图书管理 添加图书 修改图书 删除图书 注销 退出

结果：设置成功 2011-07-13 09:00:29

图 6-32 个人管理的借阅图书

点击“确定”，回到图书管理系统主界面，可以看到信息栏里该图书已经从未借状态变成已借状态，表明刚才的借阅图书成功了，如图 6-33 所示。

图书管理系统(125K)——cvt1001

编号	书名	作者	出版社	价格	状态
100007	Windows CE嵌入式系统开发从基础到实践	薛大龙 陈世帅 王韵	电子工业出版社	59.80	已借
100006	Windows CE.net内核定制及应用开发	周毓林 宁杨	电子工业出版社	35.00	已借
100005	程序设计基础（C语言）	王載新 曾大亮	清华大学出版社	29.00	已借
100004	QT4图形设计与嵌入式开发	丁林松	人民邮电出版社	49.00	未借
100003	ARM嵌入式技术原理与应用	刘尚军	北京航空航天大学出版社	39.00	未借
100002	Android系统原理及开发要点详解	韩超 梁泉	电子工业出版社	58.00	未借
100001	ARM9嵌入式技术及Linux高级实践教程	陈曦	北京航空航天大学出版社	32.00	已借

设置 COM1 打开串口 关闭串口 查询 查询 全部显示 个人管理 已借图书 借阅图书 归还图书 图书管理 添加图书 修改图书 删除图书 注销 退出

结果：设置成功 2011-07-13 09:01:29

图 6-33 借阅图书后的主界面

在信息显示栏里选中要归还的图书，点击个人管理的“归还图书”按钮，出现归还图书对话框，如图 6－34 所示。

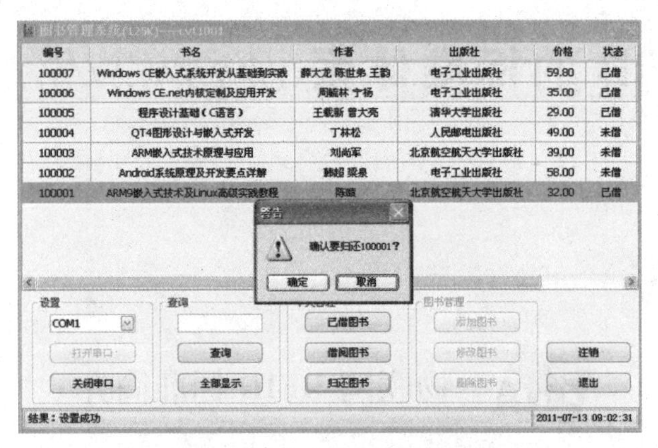

图 6－34　个人管理的归还图书

点击“确定”，回到图书管理系统主界面，可以看到信息栏里该图书已经从已借状态变成未借状态，表明刚才的归还图书成功了，如图 6－35 所示。

图 6－35　归还图书后的主界面

物联网 RFID 的标准体系

物联网 RFID 标准简介

7.1.1 RFID 标准化组织

物联网 RFID 标准体系包含大量的技术专利，标准之争实质就是物品信息控制权之争，会影响一个产业。一个标准体系甚至会影响一个国家的竞争力。

目前还没有全球统一的 RFID 标准体系，各个厂家现有的多种 RFID 产品互不兼容，物联网 RFID 处于多个标准体系共存的阶段。

目前，RFID 技术存在三个标准体系：ISO 标准体系、EPCglobal 标准体系、UID 标准体系和 ISO/IEC、EPCglobal、UID、AIM Global、IP－X 五大标准化组织，如图 7－1 所示。

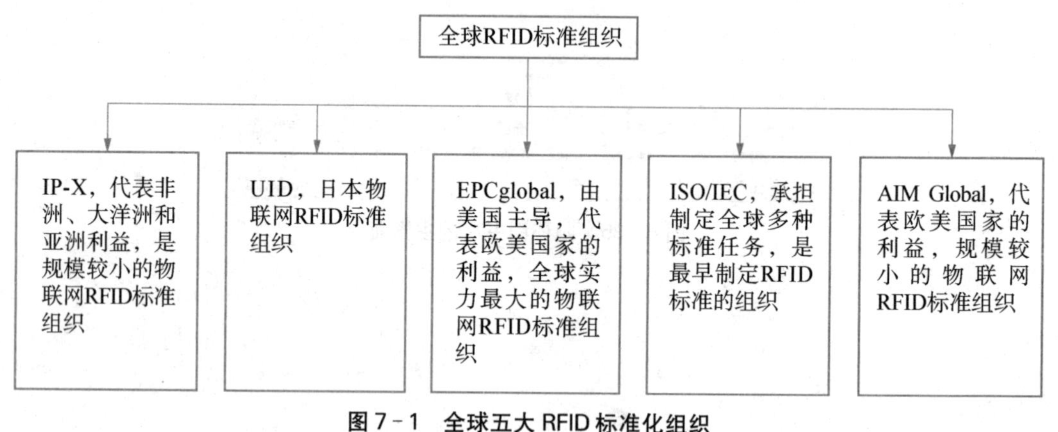

图 7－1　全球五大 RFID 标准化组织

1）ISO/IEC

国际标准化组织（International Organization for Standardization，ISO）简称 ISO，是一个全球性的非政府组织，是国际标准化领域中一个十分重要的组织。ISO 成立于 1946 年，中国是 ISO 的正式成员，代表中国参加 ISO 的国家机构现在是国家质量监督检验检疫总局。

ISO 目前负责绝大部分领域（包括军工、石油、船舶等垄断行业）的标准化活动，现有 117

个成员，代表 117 个国家和地区。ISO 的最高权力机构是每年一次的“全体大会”，其日常办事机构是中央秘书处，设在瑞士的日内瓦。中央秘书处由秘书长领导，现有 170 名职员。ISO 的宗旨是在世界上促进标准化及其相关活动的发展，以便于商品和服务的国际交换，在智力、科学、技术和经济领域开展合作。ISO 通过它的 2 856 个技术机构开展技术活动，其中技术委员会（简称 SC）共 611 个，工作组 2 022 个，特别工作组 38 个。中国于 1978 年加入 ISO，在 2008 年 10 月的第 31 届国际标准化组织大会上，正式成为 ISO 的常任理事国。

国际电工委员会（International Electrotechnical Commission，IEC）简称 IEC，成立于 1906 年，至 2020 年已有 114 年的历史。它是世界上成立最早的国际性电工标准化机构，负责有关电气工程和电子工程领域中的国际标准化工作。国际电工委员会的总部最初位于英国的伦敦，1948 年搬到了位于瑞士日内瓦的现址。1887—1900 年召开的 6 次国际电工会议上，与会专家一致认为有必要建立一个永久性的国际电工标准化机构，以解决用电安全和电工产品标准化问题。1904 年在美国圣路易斯召开的国际电工会议上通过了关于建立永久性机构的决议。1906 年 6 月，13 个国家的代表集中伦敦，起草了 IEC 章程和议事规则，正式成立了国际电工委员会。1947 年作为一个电工部门并入 ISO，1976 年又从 ISO 中分立出来。宗旨是促进电工、电子和相关技术领域有关电工标准化等所有问题上（如标准的合格评定）的国际合作。该委员会的目标是有效满足全球市场的需求；保证在全球范围内优先并最大限度地使用其标准和合格评定计划；评定并提高其标准所涉及的产品质量和服务质量；为共同使用复杂系统创造条件；提高工业化进程的有效性；提高人类健康和安全；保护环境。

RFID 标准化工作最早可以追溯到 20 世纪 90 年代。1995 年国际标准化组织联合技术委员会（Joint Technical Committee，JTC）设立了子委员会 SC31 委员会（以下简称 SC31），负责 RFID 标准化的研究工作。SC31 由来自各个国家的代表组成，他们既是各大公司内部的咨询者，也是不同公司利益的代表者。因此在 RFID 标准化的制定过程中，有企业、区域标准化组织和国家三个层次的利益代表者。

2）EPCglobal

EPCglobal 是国际物品编码协会（EAN International，EAN）和美国统一代码委员会（Uniform Code Council，UCC）受业界委托而成立的非营利组织，负责 EPC 网络的全球化标准，以便更加快速、自动、准确地识别供应链中的商品。

EPCglobal 的目的是促进 EPC 网络在全球范围内更加广泛地应用。EPC 网络由自动识别（Auto-ID）中心开发，其研究总部设在美国麻省理工学院（MIT），并且还有全球顶尖的 5 所研究型大学的实验室参与。2003 年 10 月 31 日以后，自动识别中心的管理职能正式停止，其研究功能并入自动识别实验室。EPCglobal 将继续与自动识别实验室密切合作，以改进 EPC 技术使其满足将来自动识别的需要。

EPCglobal 的主要职责是在全球范围内对各个行业建立和维护 EPC 网络，保证供应链各环节信息的自动、实时识别采用全球统一标准。通过发展和管理 EPC 网络标准来提高供应链上贸易单元信息的透明度与可视性，以此来提高全球供应链的运作效率。

EPCglobal 网络是实现自动即时识别和供应链信息共享的网络平台。通过 EPCglobal 网络，提高供应链上贸易单元信息的透明度与可视性，以此各机构组织将会更有效地运行。通过整合现有信息系统和技术，EPCglobal 网络将提供对全球供应链上贸易单元即时准确的自动识别和跟踪。

3) UID

泛在识别中心(Ubiquitous ID Center)是由日本经济产业省牵头,主要由日本企业组成,目前有日本电子业、信息业和印刷业等 300 多家企业参与。泛在识别中心实际上就是日本电子标签的标准化组织。

日本 UID 标准和欧美 EPC 标准,主要涉及产品的电子编码、RFID 系统及信息网络系统三个部分,其思路在大多层面上都是一致的,但在使用的无线频段、信息位数和应用领域等方面有许多不同点。例如,日本的电子标签采用的频段为 2.45 GHz 和 13.56 MHz,欧美的 EPC 标准采用 UF 频段;902~928 MHz 的日本电子标签的信息位数为 128 位,EPC 标准的位数为 96 位。在 RFID 技术的普及战略方面,EPCglobal 将应用领域限定在物流领域,着重于大规模的成功应用,而泛在识别中心则致力于 RFID 技术在人类生产和生活各个领域中的应用,通过丰富的应用案例来推进 RFID 技术的普及。

4) AIM Global

国际自动识别协会(AIM Global)作为拥有 43 年历史的全球自动识别产业的行业协会,是全球条码、二维码和 RFID 等自动识别技术领域最权威的协会和风向标。全球几乎所有的条码、二维码和 RFID 等国际标准,尤其是国际标准化组织的这些领域标准,往往会先受到国际自动识别协会的各技术标准委员会的审议和研讨。

5) IP-X

IP-X 是规模较小的 RFID 标准化组织,主要在非洲、大洋洲和亚洲推广。目前南非、澳大利亚和瑞士等国家采用 IP-X 标准,我国也在青岛等地对 IP-X 标准技术进行了试点。

目前,全球五大组织与 RFID 标准有关,分别代表了国际上不同的团体或国家的利益。EPCglobal 在全球拥有上百家成员,得到了零售业巨头沃尔玛公司,制造业巨头强生公司、宝洁公司等跨国公司的支持;ISO/IEC 是国际上久负盛名的标准化组织;AIM Global、UID 则代表了以美国和日本为主的相关制造商;IP-X 的成员则以非洲、大洋洲和亚洲等国家为主。比较而言,EPCglobal 集中了欧美等发达国家的生厂商共同制定统一的技术标准,最受重视。

7.1.2 RFID 标准体系构成

RFID 标准化的主要目的在于通过制定、发布和实施标准,解决编码、通信、空中接口和数据共享等问题,最大限度地促进 RFID 技术及相关系统的应用。标准采用过早,有可能会制约技术的发展和进步;采用过晚,可能会限制技术的应用范围。

RFID 标准体系(图 7-2)主要包括 RFID 技术标准、RFID 应用标准、RFID 数据内容标准和 RFID 性能标准。其中,编码标准和通信协议(通信接口)是竞争比较激烈的部分,两者也构成了 RFID 标准的核心。

1) RFID 技术标准

RFID 技术标准主要定义了不同频段的空中接口及相关参数,包括基本术语、物理参数、通信协议和相关设备等。

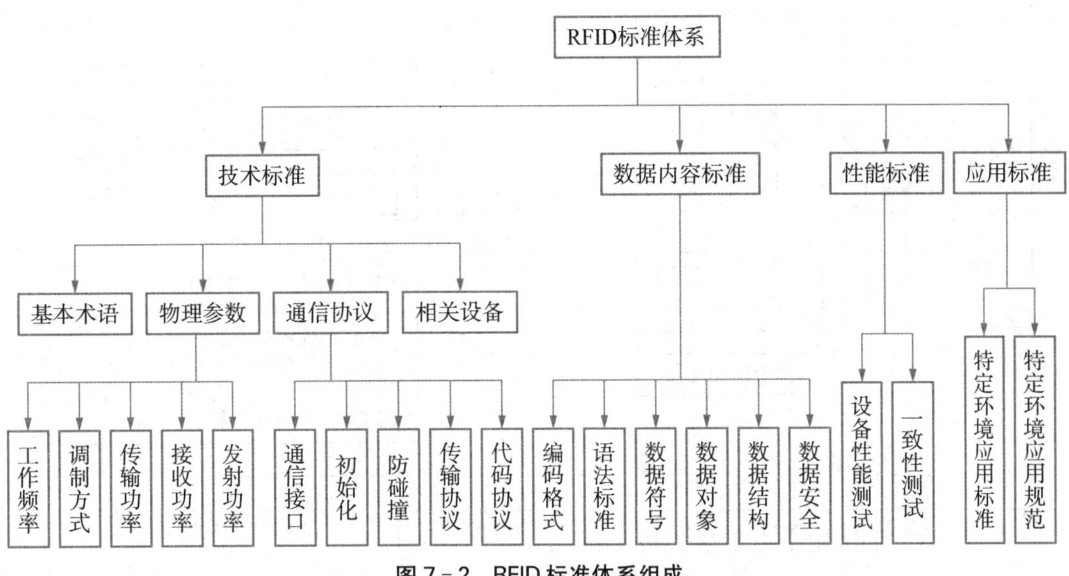

图 7-2 RFID 标准体系组成

2）RFID 应用标准

RFID 应用标准主要涉及特定应用领域或环境中 RFID 的构建规则，包括 RFID 在物流配送、仓储管理、变通运输、信息管理、动物识别、矿井安全、工业制造和休闲娱乐等领域的应用标准与规范。

3）RFID 数据内容标准

RFID 数据内容标准主要涉及数据协议、数据编码规则及语法，包括编码格式、语法标准、数据符号、数据对象、数据结构和数据安全等。RFID 数据内容标准能够支持多种编码格式，比如支持 EPCglobal 和 DOD 等规定的编码格式，也包括 EPCglobal 所规定的标签数据格式标准。

4）RFID 性能标准

RFID 性能标准主要涉及设备性能及一致性测试方法，尤其是数据结构和数据内容（即数据编码格式及其内存分配），主要包括印制质量、设计工艺、测试规范和实验流程等。

 全球三大 RFID 标准体系

7.2.1 ISO/IEC RFID 标准体系

ISO/IEC 标准与 RFID 系统的关系如图 7-3 所示。ISO/IEC 制定的 RFID 标准（图 7-4）可以分为四个方面：数据结构标准（如编码标准 ISO/IEC15691、数据协议 ISO/IEC15692、ISO/IEC15693，它们解决了应用程序、电子标签和空中接口多样性的要求，提供了一套通用的通信机制）、技术标准（ISO/IEC18000 系列）、性能标准（性能测试标准 ISO/IEC18047 和一致性测试标准 ISO/IEC18046）、应用标准。

1）ISO/IEC 技术标准

ISO/IEC 技术标准可以分为数据采集和信息共享两部分。

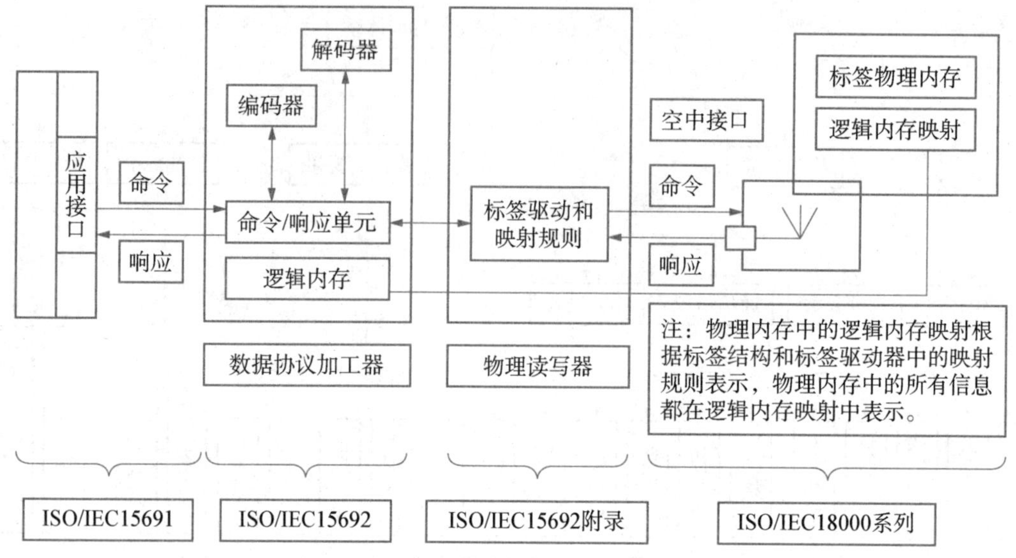

图 7-3　RFID 系统与 ISO/IEC 标准关系图

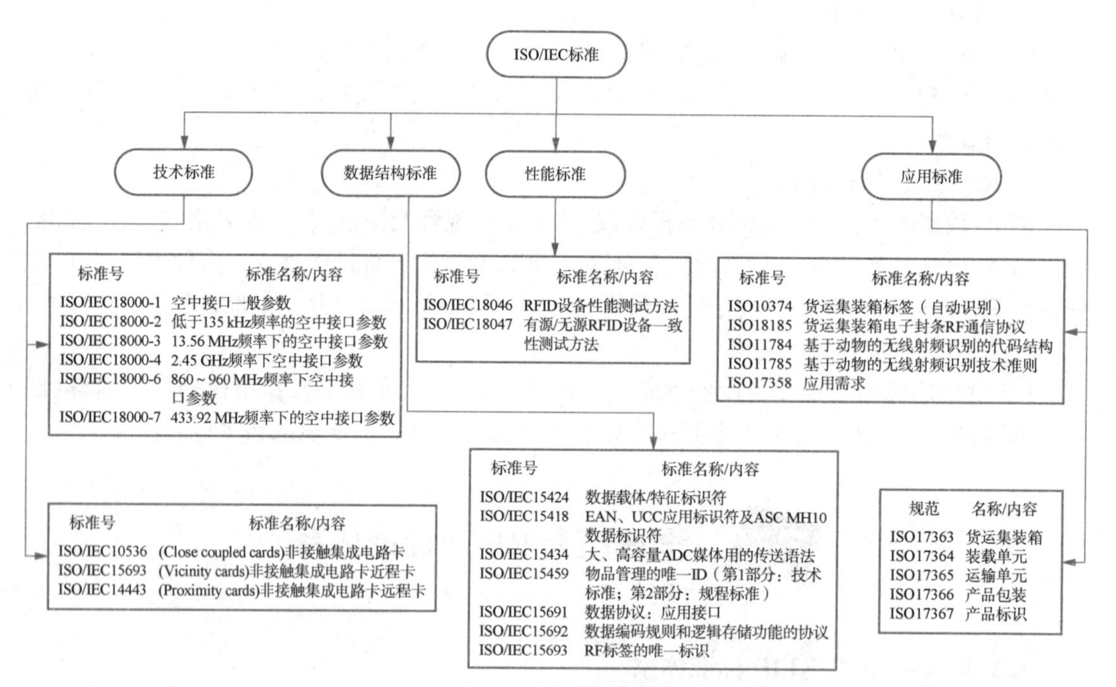

图 7-4　ISO/IEC 标准

数据采集类：技术标准涉及标签、读写器、应用程序等的处理协议。

信息共享类：RFID 应用系统之间实现信息共享所必需的技术标准。

ISO/IEC 技术标准规定了 RFID 有关技术特征、技术参数和技术规范，主要包括 ISO/IEC18000（空中接口参数）、ISO/IEC10536（密耦合非接触集成电路卡）、ISO/IEC15693（疏耦合非接触集成电路卡）及 ISO/IEC14443（近耦合非接触集成电路卡）等，如图 7-5 所示：

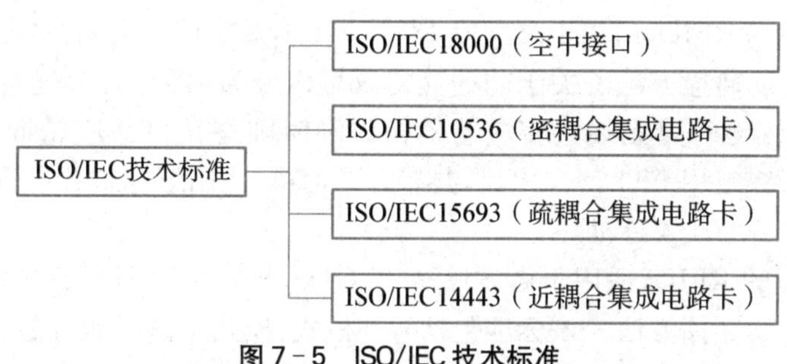

图 7-5 ISO/IEC 技术标准

空中接口通信协议规范读写器与电子标签之间的信息交互，目的是为不同厂家生产设备之间的互联互通。ISO/IEC 制定五种频段的空中接口协议，这种思想充分体现标准统一的相对性，一个标准是对相当广泛的应用系统的共同需求，但不是所有应用系统的需求，一组标准可以满足更大范围的应用需求。

其中 ISO/IEC18000 主要规定了基于物品管理的 RFID 空中接口参数，ISO/IEC18000 包含了有源 RFID 技术标准和无源 RFID 技术标准，如图 7-6 所示。

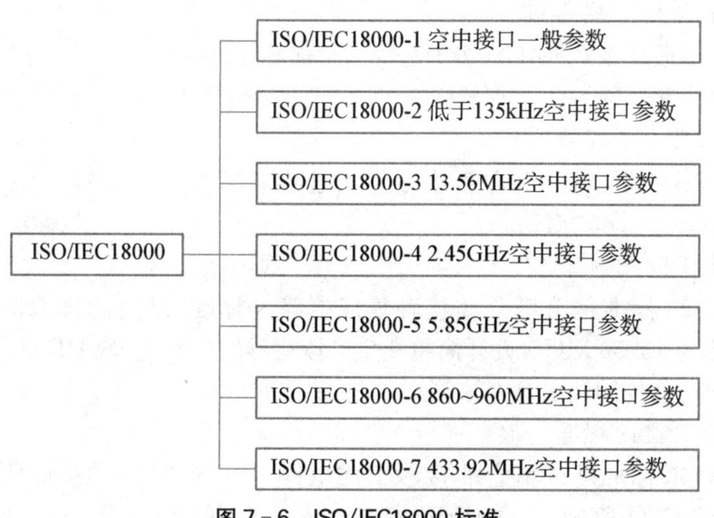

图 7-6 ISO/IEC18000 标准

(1) ISO/IEC18000-1 标准

基于单品管理的 RFID 参考结构和标准化的参数定义。它规范空中接口通信协议中共同遵守的读写器与标签的通信参数表、知识产权基本规则等内容。这样每一个频段对应的标准不需要对相同内容进行重复规定。

(2) ISO/IEC18000-2 标准

基于单品管理的 RFID。适用于中频 125～134 kHz，规定在标签和读写器之间通信的物理接口，读写器应具有与 Type A(FDX)和 Type B(HDX)标签通信的能力；规定协议和指令再加上多标签通信的防碰撞方法。

(3) ISO/IEC18000－3标准

基于单品管理的RFID，适用于高频段13.56 MHz，规定读写器与标签之间的物理接口、协议和命令再加上防碰撞方法。关于防碰撞协议可以分为两种模式：模式1又分为基本型与两种扩展型协议（无时隙无终止多应答器协议和时隙终止自适应轮询多应答器读取协议）；模式2采用时频复用FTDMA协议，共有8个信道，适用于标签数量较多的情形。

(4) ISO/IEC18000－4标准

基于单品管理的RFID，适用于微波段2.45 GHz，规定读写器与标签之间的物理接口、协议和命令再加上防碰撞方法。该标准包括两种模式：模式1是无源标签，工作方式是读写器先讲；模式2是有源标签，工作方式是标签先讲。

(5) ISO/IEC18000－6标准

基于单品管理的RFID，适用于超高频段860～960 MHz，规定读写器与标签之间的物理接口、协议和命令再加上防碰撞方法。它包含Type A、Type B和Type C三种无源标签的接口协议，通信距离最远可以达到10m。其中Type C是由EPCglobal起草，并于2006年7月获得批准，在识别速度、读写速度、数据容量、防碰撞、信息安全、频段适应能力、抗干扰等方面有较大提高。2006年递交V4.0草案，它针对带辅助电源和传感器电子标签的特点进行扩展，包括标签数据存储方式和交互命令。

(6) ISO/IEC18000－7标准

适用于超高频段433.92 MHz，属于有源电子标签，规定读写器与标签之间的物理接口、协议和命令再加上防碰撞方法。有源标签识读范围大，适用于大型固定资产的跟踪。

(7) ISO/IEC10536标准

ISO/IEC10536标准是密耦合非接触集成电路卡标准，最大的读取距离一般不超过1 cm，使用的频率为13.56 MHz。

(8) ISO/IEC15693标准

ISO/IEC15693标准是疏耦合非接触集成电路卡标准，最大的读取距离一般不超过1 m，使用的频率为13.56 MHz，设计简单让生产读写器的成本比ISO/IEC14443低，该标准可以应用于进出门禁控制和出勤考核等。

(9) ISO/IEC14443标准

ISO/IEC14443标准是近耦合非接触集成电路卡标准，最大的读取距离一般不超过10 cm，是ISO/IEC早期制定的RFID标准，技术发展较早，相关标准也较为成熟。ISO/IEC14443－3标准采用13.56 MHz频率，根据信号发送和接收方式的不同，ISO/IEC14443－3标准定义了TYPE A、TYPE B两种卡型。各地公交卡、校园卡主要基于ISO/IEC14443－A标准，中国第二代居民身份证基于ISO/IEC14443－B标准。

2) ISO/IEC数据结构标准

ISO/IEC数据结构标准主要规定数据在标签、读写器到主机（即中间件或应用程序）各个环节的表示形式。因为标签能力（存储能力、通信能力）的限制，在各个环节的数据表示形式必须充分考虑各自的特点，采取不同的表现形式。ISO/IEC数据结构标准如图7－7所示。

(1) ISO/IEC15961标准

标准规定了读写器与应用程序之间的接口，侧重于应用命令与数据协议加工器交换数

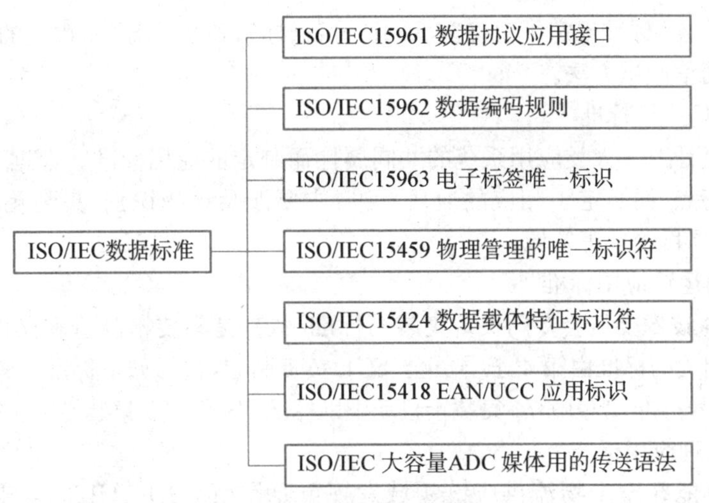

图 7-7 ISO/IEC 数据结构标准

据的标准方式，这样应用程序可以完成对电子标签数据的读取、写入、修改、删除等操作功能。该协议也定义了错误响应消息。

(2) ISO/IEC15962 标准

标准规定了数据的编码、压缩、逻辑内存映射格式，再加上如何将电子标签中的数据转化为应用程序有意义的方式。该协议提供了一套数据压缩的机制，能够充分利用电子标签中有限数据存储空间再加上空中通信能力。

(3) ISO/IEC24753 标准

标准扩展了 ISO/IEC15962 数据处理能力，适用于具有辅助电源和传感器功能的电子标签。增加传感器以后，电子标签中存储的数据量再加上对传感器的管理任务大大增加，ISO/IEC24753 规定了电池状态监视、传感器设置与复位、传感器处理等功能。ISO/IEC24753 与 ISO/IEC15962 一起，规范了带辅助电源和传感器功能电子标签的数据处理与命令交互。它们的作用使得 ISO/IEC15961 独立于电子标签和空中接口协议。

(4) ISO/IEC15963 标准

标准规定了电子标签唯一标识的编码标准，该标准兼容 ISO/IEC7816 - 6、ISO/TS14816、EAN. UCC 标准编码体系、INCITS 256 再加上保留了未来的扩展。

3) ISO/IEC 性能标准

ISO/IEC 性能标准如图 7-8 所示。

性能标准	ISO/IEC18046	RFID设备性能测试方法
	ISO/IEC18047	有源和无源的RFID设备一致性测试方法
	ISO/IEC10373-6	按ISO/IEC 14443 标准对非接触方式IC 卡进行测试的方法

图 7-8 ISO/IEC 性能标准

ISO/IEC18046 标准规定了 RFID 设备性能测试方法，主要内容有标签性能参数及其检测方法与读写器性能参数及其检测方法等。

ISO/IEC18047 标准规定了对确定 RFID 设备(标签和读写器)一致性的方法进行定义,也称空中接口通信测试方法。

4) ISO/IEC 应用标准

应用标准是针对一大类应用系统的共同属性而制定的通用标准。根据 RFID 在不同应用领域的不同特点,而制定了相应的应用标准,主要涉及动物识别、集装箱运输、物流供应链、交通管理和项目管理等领域。

(1) 集装箱运输应用标准

ISO TC104 技术委员会专门负责集装箱标准制定,是集装箱制造和操作的最高权威机构。与 RFID 相关的标准由第 4 子委员会(SC4)负责制定,包括如下标准:ISO6346 集装箱编码、ID 和标识符号标准,ISO10374 集装箱自动识别标准,ISO18185 集装箱电子官方标准。

(2) 物流管理应用标准

为使 RFID 能在整个物流供应链领域发挥重要作用,ISO TC122 包装技术委员会和 ISO TC104 货运集装箱技术委员会成立联合工作组(JWG),负责制定物流供应链系列标准。工作组按照应用要求和货运集装箱、装载单元、运输单元、产品包装、单品五级物流单元,制定 6 个应用标准,有 ISO17358 应用标准、ISO17363～17367 系列标准。

(3) 动物管理应用标准

ISO TC23/SC19 负责制定动物管理 RFID 方面标准,包括 ISO11784、ISO11785 和 ISO14223 这三个标准。

5) ISO/IEC 其他标准

(1) 实时定位标准

实时定位系统可以改善供应链的透明性,提高船队管理、物流和船队安全等。RFID 标签可以解决短距离尤其是室内物体的定位,可以弥补 GPS 等定位系统只能适用于室外的不足。GPS 定位、手机定位再加上 RFID 短距离定位手段与无线通信手段一起可以实现物品位置的全程跟踪与监视,一般用于物流供应链、配送中心和工业环节等领域的物品追踪管理,近年也有应用于针对人员的追踪,包括 ISO/IEC24730 - 1 标准、ISO/IEC24730 - 2 标准、ISO/IEC24730 - 3 标准。

ISO/IEC24730 - 1 标准应用编程接口 API,它规范 RTLS 服务功能再加上访问方法,目的是使应用程序可以方便地访问 RTLS 系统,它独立于 RTLS 的低层空中接口协议。

ISO/IEC24730 - 2 标准适用于 2450 MHz 的 RTLS 空中接口协议。它规范一个网络定位系统,该系统利用 RTLS 发射机发射无线电信标,接收机根据收到的几个信标信号解算位置。发射机的许多参数可以远程实时配置。

ISO/IEC24730 - 3 标准适用于 433 MHz 的 RTLS 空中接口协议。

(2) 软件体系架构标准

2006 年 ISO/IEC 开始重视 RFID 应用系统的标准化工作,将 ISO/IEC24752 调整为六个部分并重新命名为 ISO/IEC24791。制定该标准的目的是对 RFID 应用系统提供一种框架,并规范数据安全和多种接口,便于 RFID 系统之间的信息共享;使得应用程序不再关心多种设备和不同类型设备之间的差异,便于应用程序的设计和开发;能够支持设备的分布式协调控制和集中管理等功能,优化密集读写器组网的性能。该标准主要目的是解决读写器之间再加上应用程序之间共享数据信息,随着 RFID 技术的广泛应用,RFID 数据信息的共享越来越重要。

体系架构：给出软件体系的总体框架和各部分标准的基本定位。体系架构分成三大类：数据平面、控制平面和管理平面。数据平面侧重于数据的传输与处理；控制平面侧重于运行过程中对读写器空中接口协议参数的配置；管理平面侧重于运行状态的监视和设备管理。三个平面的划分可以使得软件架构体系的描述得以简化，每一个平面包含的功能将减少，在复杂协议的描述中经常采用这种方法。每个平面包含数据管理、设备管理、应用接口、设备接口和数据安全五个方面的部分内容。该标准使应用程序不再关心多种设备和不同类型设备之间的差异，便于应用程序的设计和开发，包括 ISO/IEC24791 - 1 标准、ISO/IEC 24791 - 2 标准、ISO/IEC24791 - 3 标准、ISO/IEC24791 - 4 标准、ISO/IEC24791 - 5 标准、ISO/IEC24791 - 6 标准。

7.2.2　UID RFID 标准体系

日本在电子标签方面的发展，始于 20 世纪 80 年代中期的实时嵌入式系统 TRON。T - Engine 是其中可信的体系架构。在 T - Engine 论坛领导下，泛在识别中心于 2003 年 3 月成立，并得到日本政府经济产业省和总务省以及包含微软、日电等重量级企业的支持。泛在识别中心的泛在识别技术填写架构由泛在识别码（uCode）、信息系统服务器、泛在通信器和 uCode 解析服务器等四部分构成。如图 7 - 9 所示：

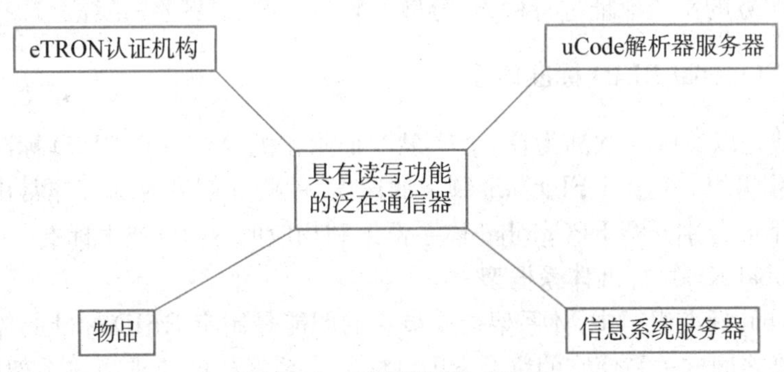

图 7 - 9　泛在识别技术构成

1）uCode

UID 采用 uCode。uCode 是赋予现实世界中任何物理对象的唯一识别码，具备了 128 位的充裕容量，并可以用 128 位为单元进一步扩展至 256 位、384 位或 512 位。uCode 的最大优势是能包容现有编码体系的元编码设计，可以兼容多种编码。uCode 标签具有多种形式，包括条码、射频标签、智能卡、有源芯片等。uCode 标准的主要特点：

① 确保生厂商独立的可用性：多厂商、多标签获取正确的信息。

② 确保安全的对策：提供确保用户安全的技术和对策。

③ 标识的可读性：接受过 uCode 认定的标签和读写器都能够通过 uCode 标识来确认。

④ 使用频率不做强制性规定：可根据情况决定使用多种频率。

⑤ 关于读写距离，受输出电波的影响较大，空中协议可自行开发。

2）泛在通信器

泛在通信器主要由 IC 标签、标签读写器和无线广域通信设备等部分构成，将读到的

uCode信息发送至泛在识别中心的uCode解析服务器，即可获得附有该uCode的物品相关信息的存储位置，即宽带通信网上(例如因特网)的地址。在泛在通信器检索对应地址，即可访问产品信息数据库，从而得到该物品的相关信息。

3) uCode标签分级

uCode标签分级主要是根据标签的安全性进行分类，以便于进行标准化。目前主要分为9类，光学性ID标签(Class 0)、低级RFID标签(Class 1)、高级RFID标签(Class 2)、低级智能标签(Class 3)、高级智能标签(Class 4)、低级主动性标签(Class 5)、高级主动性标签(Class 6)、安全盒(Class 7)、安全服务器(Class 8)。

4) 信息系统服务器

信息系统服务器存储并提供与uCode相关的各种信息，出于安全考虑，采用了eTRON，具有只允许数据移动而无法复制等特点。通过设备自带的eTRON ID，信息系统服务器能够接入多种网络，建立通信连接。利用eTRON，能实现电子票务和电子货币等有价信息的安全流通以及小额付款机制，还能保证安全可靠的通信。

5) uCode解析服务器

uCode解析服务器确定与uCode相关的信息存放在哪个信息系统服务器上。其通信协议为uCode RP和实体传输协议(Entity Transfer Protocol，eTP)，其中eTP是基于eTRON(PKI)的密码认证通信协议。uCode解析服务器是以uCode为主要线索，具有对提供泛在识别相关信息服务的系统地址进行检索、分散型轻量级的目录服务系统。

7.2.3 EPCglobal RFID标准体系

EPCglobal是以美国和欧洲为首，全球很多企业和机构参与的RFID标准化组织，属于联盟性的标准化组织。它在RFID标准制定的速度、深度和广度方面都非常出色，受到全球广泛地关注。下面分别介绍EPCglobal体系框架和相应的RFID技术标准。

1) EPCglobal RFID标准体系框架

在EPCglobal标准组织中，体系架构委员会的职能是制定RFID标准的体系框架，协调各个RFID标准之间的关系使它们符合RFID标准体系框架的要求。体系架构委员会对于复杂的信息技术标准制定来说非常重要。体系架构委员会首先给出EPCglobal RFID体系框架，它是RFID典型应用系统的一种抽象模型，包含三种主要活动，如图7-10所示：

① EPC物理对象交换：用户与带有EPC编码的物理对象进行交互。对于EPCglobal用户来说，物理对象是商品，用户是该物品供应链中的成员。EPCglobal RFID体系框架定义了EPC物理对象交换标准，从而能够保证当用户将一种物理对象提交给另一个用户时，后者将能够确定该物理对象EPC编码并能方便地获得相应的物品信息。

② EPC基础设施：为实现EPC数据的共享，每个用户在应用时为新生成的对象进行EPC编码，通过监视物理对象携带的EPC编码对其进行跟踪，并将搜集到的信息记录到基础设施内的EPC网络中。EPCglobal RFID体系框架定义了用来收集和记录EPC数据的主要设施部件的接口标准，因而允许用户使用互操作部件来构建其内部系统。

③ EPC数据交换：用户通过相互交换数据来提高物品在物流供应链中的可见性。EPCglobal RFID体系框架定义了EPC数据交换标准，为用户提供了一种端到端共享EPC数据的方法，并提供了用户访问EPCglobal核心业务和其他相关共享业务的方法。

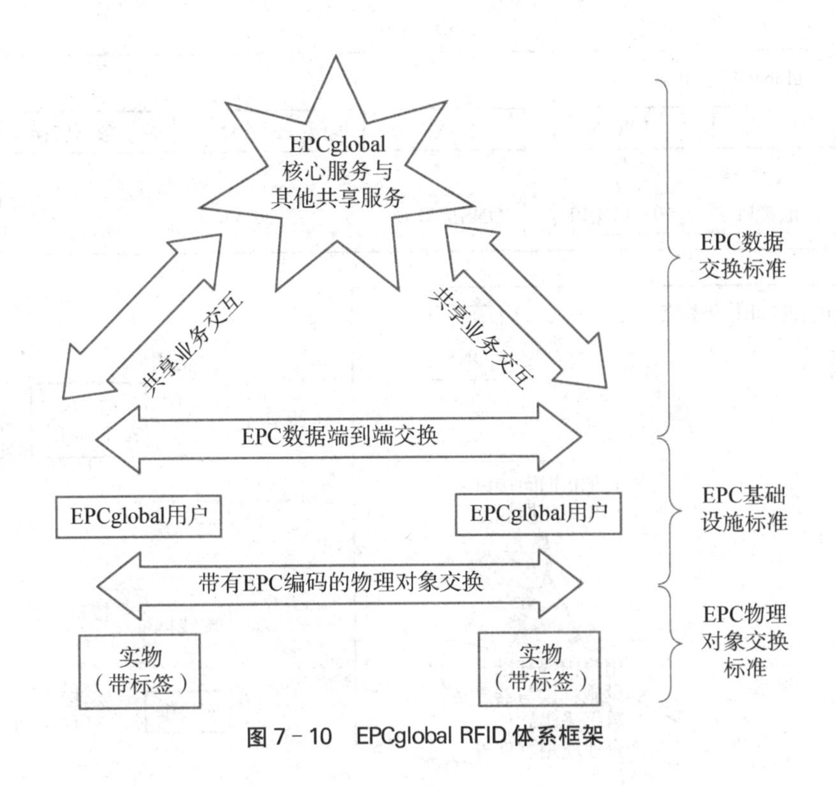

图 7-10 EPCglobal RFID 体系框架

2) EPCglobal 的用户体系框架

体系架构委员会从 RFID 应用系统中凝练出多个用户之间 RFID 体系框架模型图(如图 7-11)和单个用户内部 RFID 体系框架模型图(如图 7-12)。它是典型 RFID 应用系统组成单元的一种抽象模型,目的是表达实体单元之间的关系。在模型图中实线框代表实体单元,可以是标签、读写器等硬件设备,也可以是应用软件、管理软件、中间件等;虚线框代表接口单元,是实体单元之间信息交互的接口。体系结构框架模型清晰地表达了实体单元以及实体单元之间的交互关系,实体单元之间通过接口实现信息交互。接口就是制定通用标准的对象,因为接口统一以后,只要实体单元符合接口标准就可以实现互联互通。这样允许不同厂家根据自己的技术和 RFID 应用特点来实现实体,也就是说提供相当的灵活性,适应技术的发展和不同应用的特殊性。实体就是制定应用标准和通用产品标准的对象。实体与接口的关系,类似于组件中组件实现与组件接口之间的关系,接口相对稳定,而组件的实现可以根据技术特点与应用要求由企业自己决定。

图 7-11 表达了多个用户交换 EPC 信息的 EPCglobal 体系框架模型。它为所有用户的 EPC 信息交互提供了共同的平台,不同用户 RFID 系统之间通过它实现信息的交互。因此需要考虑认证接口、EPCIS 接口、ONS 接口、编码分配管理和标签数据转换。

图 7-12 表达了单个用户系统内部 EPCglobal 体系框架模型,一个用户系统可能包括很多 RFID 读写器和应用终端,还可能包括一个分布式的网络。它不仅需要考虑主机与读写器、读写器与标签之间的交互,读写器性能控制与管理、读写器设备管理,还需要考虑与核心系统、与其他用户之间的交互,确保不同厂家设备之间兼容性。

以下分别介绍 EPCglobal 体系框架中实体单元的主要功能:

① RFID 标签:保存 EPC 编码,还可能包含其他数据。标签可以是有源标签与无源标

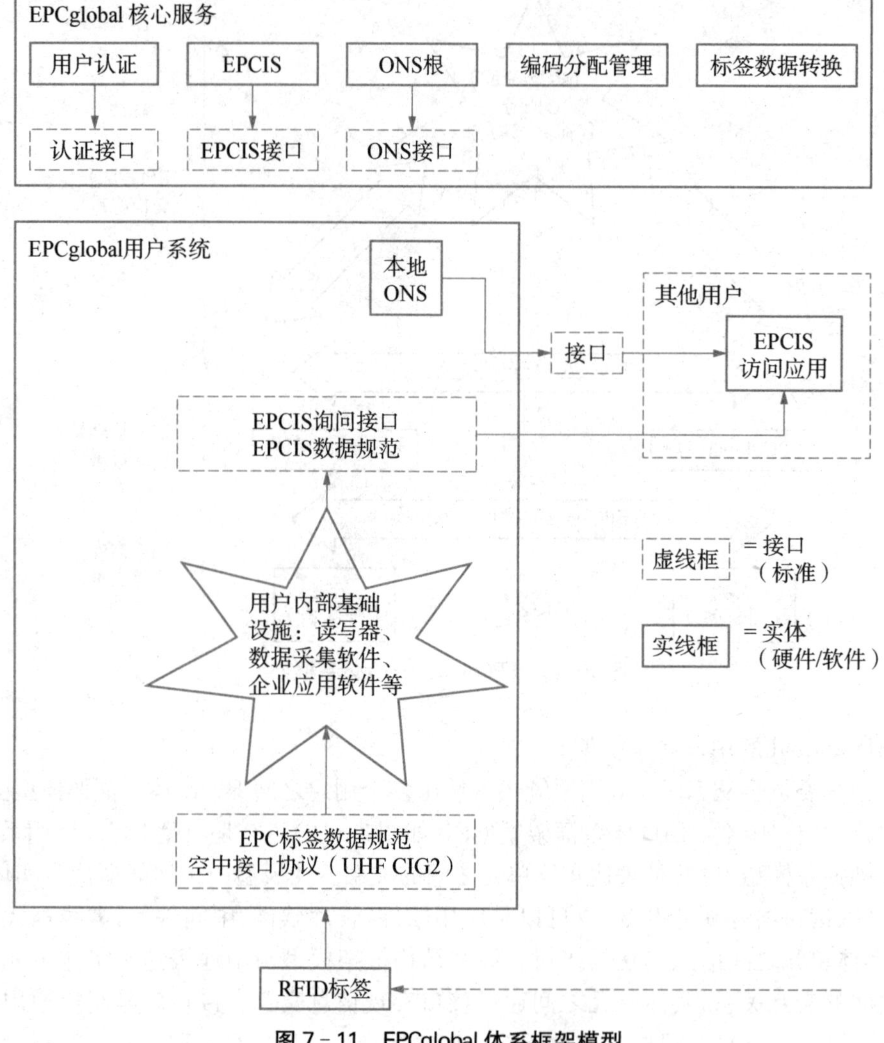

图 7－11　EPCglobal 体系框架模型

签，能够支持读写器的识别、读数据、写数据等操作。

② RFID 读写器：能从一个或多个电子标签中读取数据并将这些数据传送给主机等。

③ 读写器管理：监控一台或多台读写器的运行状态，管理一台或多台读写器的配置等。

④ 中间件：从一台或多台读写器接收标签数据、处理数据等。

⑤ EPCIS 信息服务：为访问和持久保存 EPC 相关数据提供了一个标准的接口，已授权的贸易伙伴可以通过它来读写 EPC 相关数据，具有高度复杂的数据存储与处理过程，支持多种查询方式。

⑥ ONS 根：为 ONS 查询提供查询初始点；授权本地 ONS 执行 ONS 查找等功能。

⑦ 编码分配管理：通过维护 EPC 管理者编号的全球唯一性来确保 EPC 编码的唯一性等。

⑧ 标签数据转换：提供了一个可以在 EPC 编码之间转换的文件，可以使终端用户的基础设施部件自动地知道新的 EPC 格式。

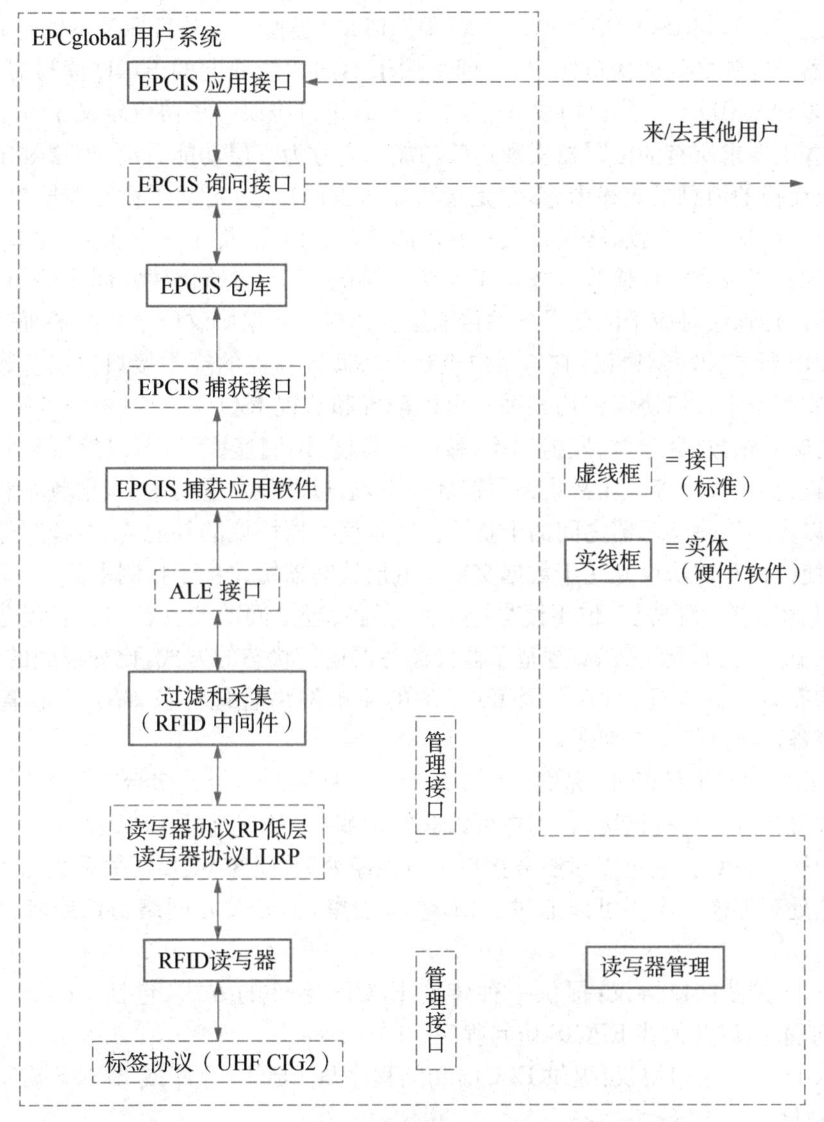

图 7－12 单个用户系统内部 EPCglobal 体系框架模型

⑨ 用户认证：验证 EPCglogal 用户的身份等。

3）EPCglobal RFID 标准

EPCglobal 制定的 RFID 标准，实际上就位于图 7－11、图 7－12 两个体系框架图中的接口单元，包括从数据的采集、信息的发布、信息资源的组织管理、信息服务的发现等方面。除此之外部分实体单元实际上也可能组成分布式网络，如读写器、中间件等，为了实现读写器、中间件的远程配置、状态监视、性能协调等就会产生管理接口。EPCglobal 主要标准如下：

① EPC 标签数据规范：规定了 EPC 编码结构，包括所有编码方式的转换机制等。

② 空中接口协议：它规范了电子标签与读写器之间命令和数据交互，它与 ISO/IEC18000－3、ISO/IEC18000－6 标准对应，其中 UHF C1G2 已经成为 ISO/IEC18000－6C 标准。

③ RP 读写器数据协议：提供读写器与主机（主机是指中间件或者应用程序）之间的数

据与命令交互接口，与 ISO/IEC15961、ISO/IEC15962 类似。它的目标是主机能够独立于读写器、读写器与标签之间的接口协议，也即适用于不同智能程度的 RFID 读写器、条码读写器，适用于多种 RFID 空中接口协议，适用于条形码接口协议。该协议定义了一个通用功能集合，但是并不要求所有的读写器实现这些功能。它分为三层功能：读写器层规定了读写器与主计算机交换的消息格式和内容，它是读写器协议的核心，定义了读写器所执行的功能；消息层规定了消息如何组帧、转换以及在专用的传输层传送，规定安全服务（比如身份鉴别、授权、消息加密以及完整性检验），规定了网络连接的建立、初始化建立同步的消息、初始化安全服务等。传输层对应于网络设备的传输层。读写器数据协议位于数据平面。

④ LLRP 低层读写器协议：它为用户控制和协调读写器的空中接口协议参数提供通用接口规范，它与空中接口协议密切相关。可以配置和监视 ISO/IEC 18000 - 6 Type C 中防碰撞算法的时隙帧数、Q 参数、发射功率、接收灵敏度、调制速率等，可以控制和监视选择命令、识读过程、会话过程等。在密集读写器环境下，通过调整发射功率、发射频率和调制速率等参数，可以大大消除读写器之间的干扰等。它是读写器协议的补充，负责读写器性能的管理和控制，使得读写器协议专注于数据交换。低层读写器协议位于控制平面。

⑤ RM 读写器管理协议：位于读写器与读写器管理之间的交互接口。它规范了访问读写器配置的方式，比如天线数等；规范了监控读写器运行状态的方式，比如读到的标签数、天线的连接状态等。另外还规范了 RFID 设备的简单网络管理协议 SNMP 和管理系统库 MIB。读写器管理协议位于管理平面。

⑥ ALE 应用层事件标准：提供一个或多个应用程序向一台或多台读写器发出，对 EPC 数据请求的方式等。通过该接口，用户可以获取过滤后、整理过的 EPC 数据。ALE 基于面向服务的架构（SOA）。它可以对服务接口进行抽象处理，就像 SQL 对关系数据库的内部机制进行抽象处理那样。应用可以通过 ALE 查询引擎，不必关心网络协议或者设备的具体情况。

⑦ EPCIS 捕获接口协议：提供一种传输 EPCIS 事件的方式，包括 EPCIS 仓库、网络 EPCIS 访问程序，以及伙伴 EPCIS 访问程序。

⑧ EPCIS 询问接口协议：提供 EPCIS 访问程序从 EPCIS 仓库或 EPCIS 捕获应用中得到 EPCIS 数据的方法等。

⑨ EPCIS 发现接口协议：提供锁定所有可能含有某个 EPC 相关信息的 EPCIS 服务的方法。

⑩ TDT 标签数据转换框架：提供了一个可以在 EPC 编码之间转换的文件，它可以使终端用户的基础设施部件自动地知道新的 EPC 格式。

⑪ 用户验证接口协议：验证一个 EPCglogal 用户的身份等，该标准目前正在制定中。

⑫ 物理标记语言（PML）：是用来描述物品静态和动态信息，包括物品位置信息、环境信息、组成信息等。物理标记语言是基于人们广为接受的可扩展标识语言（XML）发展而来的。物理标记语言的目标是为物理实体的远程监控和环境监控提供一种简单、通用的描述语言，可广泛应用在存货跟踪、自动处理事务、供应链管理、机器控制和物对物通信等方面。

4）EPC 工作流程

① 在由 EPC 标签、读写器、EPC 中间件、Internet、ONS 服务器、EPC 信息服务（EPC

IS)以及众多数据库组成的实物互联网中,读写器读出的 EPC 只是一个信息参考(指针)。由这个信息参考从 Internet 找到 IP 地址并获取该地址中存放的相关物品信息,并采用分布式的 EPC 中间件处理由读写器读取的一连串 EPC 信息。

② 由于在标签上只有一个 EPC 代码,计算机需要知道与该 EPC 匹配的其他信息,这就需要 ONS 提供一种自动化的网络数据库服务。EPC 中间件将 EPC 代码传给 ONS,ONS 指示 EPC 中间件到一个保存着产品文件的服务器查找,该文件可由 EPC 中间件复制,因而文件中的产品信息就能传到供应链上,如图 7-13 所示:

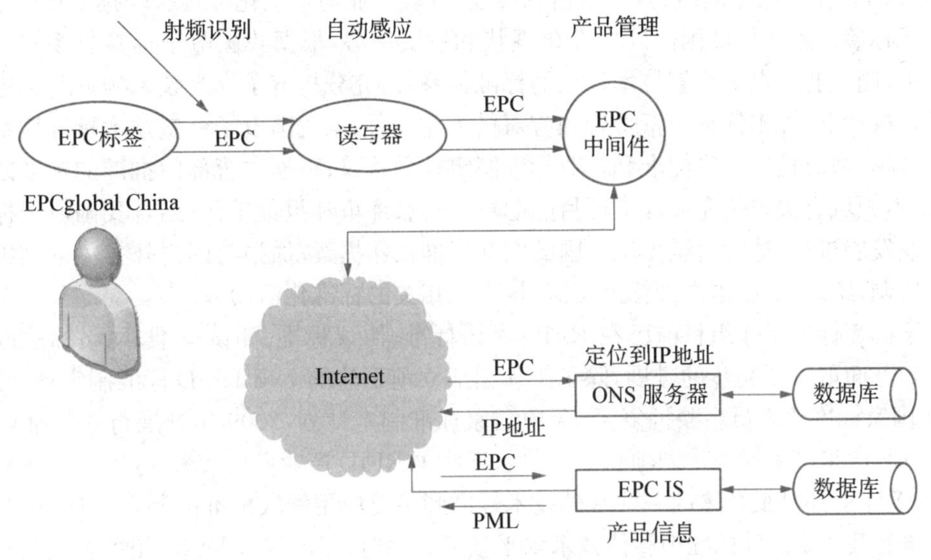

图 7-13 EPC 工作流程

7.3 我国 RFID 标准化

中国的 RFID 标准研究工作起步相对较晚。2005 年 11 月,在国家高技术研究发展计划(2005AA420050)的支持下,中国标准化协会完成了《我国 RFID 标准体系框架报告》和《我国 RFID 标准体系表》两份报告文件,提出制定我国 RFID 标准体系的基本原则:把国际 RFID 应用发展动态和我国 RFID 发展战略相结合,在深入分析国际 RFID 标准体系的基础上,以实现我国 RFID 发展战略为前提,联合相关部门开展我国 RFID 标准体系研究;以保证实际需要为目标,注重自动识别的历史继承性,实现必要的与国际标准的互联互通和与国家标准的兼容;结合国情和产业的实际,为促进我国 RFID 技术发展,提出需要优先制定的系列标准,形成 RFID 发展的标准战略和规划。在这个原则的基础上,通过深入分析国际 RFID 技术标准,考虑标准技术环节、互联互通性和信息安全等方面的因素,提出了我国的 RFID 标准体系参考模型和 RFID 标准体系优先级列表。

我国 RFID 标准体系包括基础技术类标准和应用技术类标准两大类,其中基础技术标准体系包括基础类、管理类、技术类和信息安全类的标准,涉及 RFID 技术术语、编码、频率、空中接口协议、中间件标准、测试标准等多个方面；应用技术标准体系涵盖公共安全、生产管理与控制、物流供应链管理、交通管理方面的应用领域，它们是在 RFID 关于 RFID 标签编码、空中接口协议、读写器协议等基础技术标准之上，针对不同应用对象和应用场合，在使用条件、标签尺寸、标签位置、标签编码、数据内容和格式、使用频段等方面的特定应用要求的具体规范。

我国的 RFID 标准化工作也经历了一些波折。2003 年 11 月，由国家标准化委员会牵头成立了电子标签标准工作组，但工作组成立不到 1 年时间，即于 2004 年 9 月宣布暂停工作。2005 年 12 月，工作组重新组建，改由信息产业部（现工业与信息化部）领导，其工作任务包括研究电子标签技术领域的国内外标准化现状和发展趋势，根据我国电子标签市场和产业发展的需求，制定我国电子标签技术领域的标准体系；研究分析电子标签技术领域与标准相关的知识产权状况，提出评估分析报告和应对措施建议；根据我国电子标签技术标准体系和产业发展进程，适时提出国家标准和行业标准制定计划建议；根据主管部门批准的标准制定计划，组织本领域有关单位完成标准项目的起草、讨论、评审和报批工作；结合我国电子标签技术和产业发展进程，适时组织提出我国的国际标准工作提案；加强与国内外有关标准组织进行技术协调，组织、实施国内外标准交流、培训及相关的标准化活动等。

电子标签标准工作组目前已在 RFID 术语标准、协议标准、测试标准、网络标准以及应用标准等方面取得了初步的进展，除了工作组成立前下达的 7 项 RFID 标准制定计划之外，2008 年国家标准化委员会共批复了 17 项国家标准制定计划，2009 年开展行业标准研究与制定 10 项，申报国家标准计划项目 6 项。由于我国 RFID 产业发展较慢，标准化工作相对滞后，目前关注的还是最急需的一些基础技术标准和主要应用领域标准的制定工作，这在一定程度上导致我国 RFID 标准中整体技术水平较低。同时，目前我国 RFID 相关企业的自主研发和创新能力也难以为自主知识产权 RFID 标准的制定提供必要的技术支持。

从我国 RFID 标准化工作的发展进程来看，关注 RFID 领域各种新技术和新应用模式将是我国迅速介入国际 RFID 标准制定进程的关键所在。以韩国为例，韩国正是利用 RFID 技术与手机结合日益紧密的趋势，依托国内大型电子企业、科研机构以及相关标准化机构，迅速介入移动 RFID 相应关键技术的研发以及移动 RFID 标准的制定当中。经过近 5 年的积累与发展，其制定的移动 RFID 标准已进入 ISO SC31 委员会的正式工作计划中。这也为我国的标准工作带来了有益的启示，只有加强自主创新，着重开展 RFID 新的关键技术和应用的研究，并以此为突破口参与国际标准的制定，这样才能提高我国在国际 RFID 标准化工作中的影响力。

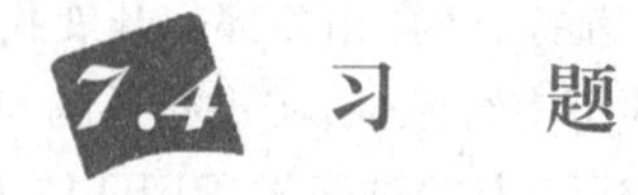

7.4 习　题

1. 现在全球主要存在哪五个 RFID 标准体系？为什么说标准体系非常重要？

2. RFID 的标准体系架构可以分为哪四个部分？

3. 非接触的 RFID 卡主要由 ISO/IEC 14443、ISO/IEC 15693 和 ISO/IEC 10536 定义，这三个标准有什么异同点？

图书在版编目(CIP)数据

RFID技术应用项目化教程/何东主编. —上海:复旦大学出版社,2021.9
电子信息类专业项目化教程系列教材
ISBN 978-7-309-15720-8

Ⅰ. ①R… Ⅱ. ①何… Ⅲ. ①无线电信号-射频-信号识别-教材 Ⅳ. ①TN911.23

中国版本图书馆CIP数据核字(2021)第101126号

RFID技术应用项目化教程
何　东　主编
责任编辑/高　辉

复旦大学出版社有限公司出版发行
上海市国权路579号　邮编:200433
网址:fupnet@fudanpress.com　http://www.fudanpress.com
门市零售:86-21-65102580　团体订购:86-21-65104505
出版部电话:86-21-65642845
上海崇明裕安印刷厂

开本787×1092　1/16　印张12.5　字数304千
2021年9月第1版第1次印刷

ISBN 978-7-309-15720-8/T·697
定价:39.00元